"十二五"职业教育国家规划教材
经全国职业教育教材审定委员会审定

互换性与测量技术
（第二版）

宋欣颖　主编

苗君明　副主编

国家开放大学出版社·北京

图书在版编目（CIP）数据

互换性与测量技术／宋欣颖主编．—2 版．—北京：
国家开放大学出版社，2021.8
　　ISBN 978-7-304-10809-0

　　Ⅰ.①互⋯　Ⅱ.①宋⋯　Ⅲ.①零部件—互换性②零部
件—测量技术　Ⅳ.①TG801

　　中国版本图书馆 CIP 数据核字（2021）第 111758 号

"十二五"职业教育国家规划教材
经全国职业教育教材审定委员会审定

互换性与测量技术（第二版）
HUHUANXING YU CELIANG JISHU（DI-ER BAN）
宋欣颖　主编
苗君明　副主编

出版·发行：国家开放大学出版社
电话：营销中心 010 - 68180820　　　总编室 010 - 68182524
网址：http://www.crtvup.com.cn
地址：北京市海淀区西四环中路 45 号　邮编：100039
经销：新华书店北京发行所

策划编辑：戈　博　　　　　责任校对：吕昀谿
责任编辑：戈　博　　　　　责任印制：武　鹏　陈　路

印刷：廊坊十环印刷有限公司
版本：2021 年 8 月第 2 版　　　2021 年 8 月第 1 次印刷
开本：787 mm×1092 mm　1/16　　印张：19　字数：473 千字

书号：ISBN 978 - 7 - 304 - 10809 - 0
定价：39.80 元

本教材按照现代高职教育的培养目标和要求，定位为高等职业技术学校机械类和机电类专业的技术基础课教材。为使本教材能够达到预期目标，教材编写组在广泛调研高职院校的教学现状、学情、职业岗位要求的前提下，认真研究了专业课程体系、课程教学目标，组织了一批具备较高学术水平、丰富教学经验、较强理论实践能力的学术带头人制订、编写大纲。所编写的大纲及体例均经过编委会认真讨论，以确保本教材的高质量和实用性。本教材按照课程目标，吸取已有教材的优点，注重有所创新，努力做到内容充实、科学规范、结构严谨、理论联系实际。本教材主要有以下特点：

（1）标准新。本教材采用最新国家标准，如 GB/T 1800.1—2020《产品几何技术规范（GPS）线性尺寸公差 ISO 代号体系　第 1 部分：公差、偏差和配合的基础》、GB/T 13319—2020《产品几何技术规范（GPS）几何公差　成组（要素）与组合几何规范》等。

（2）体例新。本教材按照"项目—任务式"体例编写，紧密结合生产和工作实践，严格按照工作流程设计工作任务，并将知识、技能及情感态度有机整合，注重实用性、易学性和趣味性。

（3）内容新。本教材的教学内容体现新知识、新技术、新工艺和新方法，按照岗位需要，应用企业实际图纸，科学创设工作任务，培养学生解决典型任务的职业能力。

（4）服务性。本教材以服务高职高专教学为最高宗旨，认真做好教学内容的选取与设计、信息化教学资源的建设、教学成果的评价与检验工作。本教材配套微课、动画、教学课件等多媒体教学资源及企业真实零件检测案例，方便读者学习实践。

本教材由宋欣颖（辽宁装备制造职业技术学院，教授）担任主编，苗君明（辽宁装备制造职业技术学院，副教授）担任副主编。全书有 11 个项目。项目 1 由宋欣颖编写，项目 2、项目 3、项目 6 由苗君明编写，项目 4、项目 5、项目 8 由许晓琳（辽宁装备制造职业技术学院，讲师）编写，项目 7 由张鑫（辽宁装备制造职业技术学院，讲师）编写，项目 9、项目 10、项目 11 由金凤鸣（辽宁装备制造职业技术学院，讲师）编写。在本教材编写过程中，编者走访调研了多家企业，如沈阳机床股份有限公司。程娜、李文平等企业技术工程师为教材的编写提供了许多生产一线项目载体，并对教材编写提供了宝贵意见，在此表示诚挚感谢！

由于编者水平有限，书中难免有不妥之处，敬请广大读者批评指正。

编　者

2020 年 12 月

CONTENTS 目录

PROJECT

项 目

机械制造业中的互换性与公差

1

▶ 项目导学

　　"互换性与测量技术"是工科机械类及相关专业的一门综合性、实用性都很强的基础课，是学习机械设计、机械制造、数控加工编程与操作等专业课程的先修课程。通过本项目介绍，学生可了解本课程的性质、研究对象、在专业体系中的地位，以及学习方法和要求。

　　互换性生产对我国现代化生产具有十分重要的意义，互换性原则已成为现代制造业中普遍遵守的原则。那么，互换性在机械制造业中的作用体现在哪些方面？如何实现零件的互换性？什么是标准、标准化？为何要制定相关标准？优先数系与标准有什么关系？几何量检测有何重要意义？这些问题都将通过本项目的内容得到解答。

▶ 学习目标

　　认知目标：了解本课程的性质及基本要求；掌握互换性的概念及分类，理解互换性在机械制造业中的作用；理解几何量公差的含义；了解标准与标准化的概念及意义；了解优先数系的概念及意义。

　　情感目标：通过本项目教学内容，激发学生对本课程的兴趣，引导学生初步认识产品精度设计。

　　技能目标：能列举出日常生活和机械制造业中具有互换性的产品，并分析它们在设计、制造、使用、维修等方面的意义；能正确说出几何量公差与加工误差的区别和联系。

任务 1

学会机械零件互换性、公差的概念及作用

情境导入

　　同学王鑫家的洗衣机坏了，他妈妈找出使用说明书，并与厂家维修人员取得了联系。不久，工人师傅上门进行修理并更换了一个配件，王鑫家的洗衣机又可以正常工作了。请同学们讨论，新换的零件与原来的坏损件有什么必然的联系？如果零件之间不能实现相互替换，会有什么情况发生？本任务中，老师将与同学们共同学习机械制造业中的互换性及如何实现机械产品的互换性。

任务要求

　　了解本课程的性质及基本要求；掌握互换性的概念及分类，理解互换性在机械制造业中的作用；理解几何量公差的含义；能分辨加工误差和几何量公差的区别与联系。

子任务 1　会举例说明机械零件互换性的概念、作用及分类

● **工作任务**

　　举例说明什么是机械零件的互换性，以及互换性在机械制造业中的作用体现在哪几方面。

● **知识准备**

　　1. 本课程的性质和要求

　　（1）本课程的性质。

　　本课程是机械类各专业的一门重要基础课，从"精度"和"误差"两方面去分析研究机械零件及机构的几何参数，是联系机械设计课程与工艺课程的纽带，是从基础课学习过渡到专业课学习的桥梁。它研究的是机械设计和制造过程中的几何量公差配合（简称公差配合）与检测技术。

　　任何机械产品的设计，都包括运动设计、结构设计、强度设计和精度设计。互换性与测量技术这门课程研究的主要内容是机械零件的精度设计。

　　机械零件的精度设计，就是要根据使用要求和制造的经济性，正确地给出零件的尺寸公差、形状公差、位置公差和表面粗糙度数值，以便将零件的制造误差限制在一定的范围内，使机械产品装配后能按预期的要求正常工作。在装配图上，须标注配合代号，如图 1-1 所示；在零件图上，须标注公差代号，如图 1-2 所示。

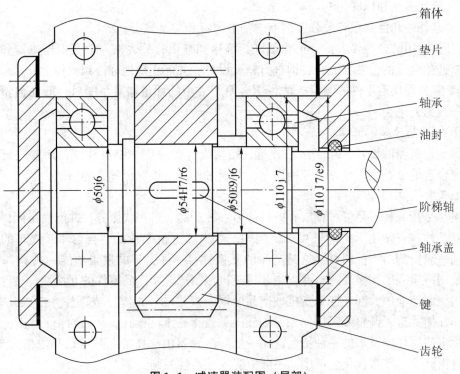

图1-1 减速器装配图（局部）

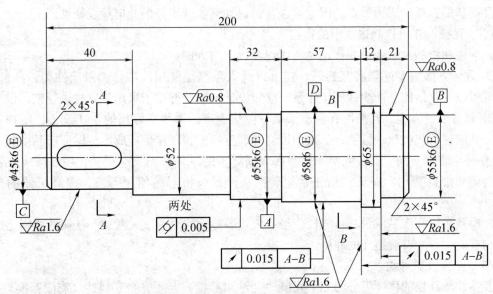

图1-2 阶梯轴零件图

零件加工后是否符合精度要求，只有通过检测才能知道，所以检测是精度要求的技术保证，是本课程研究的另一重要内容。

（2）本课程的基本要求。

学生在具有一定的理论知识和初步的生产实践知识、能读图并懂得图样画法的基础上，完成本课程的学习任务后，应初步达到以下目标：

① 理解互换性和标准化的基本概念。

② 了解各种几何参数有关公差标准的基本内容和主要规定。

③ 对于常用的公差要求，会正确识别、解释和查用有关表格，学会根据机器和零件的功能要求选用合适的公差与配合，即进行精度设计，并能正确地标注到图样上。

④ 了解各种典型零件的测量方法，学会使用常用的计量器具，能对一般几何量进行综合检测和数据处理。

2. 互换性与公差的概念

任何一台机器的设计，除了运动分析、结构设计、强度与刚度计算，还要进行精度设计，确定合理的公差，用公差来控制误差，并通过检测手段保证零件的质量。

（1）互换性的概念。

互换性是指一种产品、过程或服务替代另一种产品、过程或服务，并能满足同样要求的性能。互换性在日常生活中随处可见。例如，灯泡坏了换个新的，自行车、汽车的零件坏了，换同一规格的新零件即可，这是产品的互换性；"百度"的搜索功能"搜狗"也能实现，这是网络服务的互换性。本课程主要讨论机械制造业中产品零件的互换性。

在机械制造业中，互换性是指机械产品中同一规格的一批零件或部件，任取其中一件，不需要作任何挑选、调整或附加加工（如钳工修配）就能装到机器（或部件）上，并且能够达到预定使用性能要求的一种特性，如一批规格为 M10-6H 的螺母可以与规格为 M10-6g 的螺栓自由旋合。在现代化生产中，一般应遵守互换性原则。

机械零件互换性应包括几何量、机械特性和理化性能的互换性。在原材料一定的前提下，几何量的互换性成为重点，因此本课程讨论如何实现零件的几何量互换性。

（2）互换性在机械制造业中的作用。

互换性在机械制造业中的作用主要体现在以下三方面：

① 设计方面。零件具有互换性，就可以最大限度地使用标准件、通用件和标准部件，这样就可以简化绘图、减少计算工作量、缩短设计周期，并便于采用计算机进行辅助设计。

② 制造加工方面。互换性有利于组织专业化生产，采用高效率的生产设备，实现加工过程和装配过程机械化、自动化，从而提高劳动生产率，降低生产成本，保证产品质量。

③ 使用维修方面。互换性便于使磨损或损坏了的零件得到及时更换，可以减少机器的维修时间和维修费用，保证机器正常运转，从而延长机器的使用寿命，提高机器的使用价值。

互换性在提高产品质量、可靠性、经济效益等方面均具有重大意义。互换性原则已成为现代制造业中一个普遍遵守的原则。

（3）互换性的种类。

互换性按互换的程度可分为完全互换性（绝对互换）与不完全互换性（有限互换）。

若零件在装配或更换时，不限定互换范围，以零件装配或更换时不需要任何挑选或修配为条件，则其互换性为完全互换性。如日常生活中所用电灯泡，机械制造中的螺栓、螺母、圆柱销、滚动轴承等。

不完全互换性也称为有限互换性，在零件装配时，允许有附加条件的选择、调整，或只允许零件在一定范围内互换。如机器上某部位精度越高，相配零件精度要求就越高，且加工困难，制造成本高。为此，在实际生产中，往往把零件的精度适当降低，以便于制造，再根据实测尺寸的大小将制成的相配零件分成若干组，使每组内的尺寸差别比较小，然后把相应的零件进行装配。这种仅组内零件可以互换、组与组之间不能互换的互换性，称为分组互换。除分组互换法外，还有修配法、调整法，主要适用于小批量和单件生产。

对标准部件或机构来说，其互换性又可以分为内互换性和外互换性。内互换性指部件或机构内部组成零件间的互换性；外互换性指部件或机构与其配合件间的互换性。例如，滚动轴承内、外圈滚道直径与滚动体（滚珠或滚柱）直径间的配合为内互换性；滚动轴承内圈内径与传动轴的配合、滚动轴承外圈外径与壳体孔的配合为外互换性。

子任务 2 初步理解几何量公差的概念和作用

● 工作任务

如何理解几何量公差和加工误差的关系？几何量公差与产品精度、加工成本、加工难易程度有何关系？

● 知识准备

1. 加工误差

加工零件时，任何加工方法都不可能把工件加工得绝对准确，一批成品工件总是存在不同程度的差异。机械的制造过程包括加工制作和检测，因此制造误差包含加工误差和测量误差。一般情况下，制造误差以加工误差为主。随着制造技术水平的提高，可以减小尺寸误差，但永远不能消除尺寸误差。

对机械加工而言，当产品的原材料一定时，其加工误差主要体现在零件的几何量方面。例如，加工一批同规格的轴，所期望的理想状态如图 1-3 所示，但完工后该批零件的实际情况是每个轴的实际尺寸不等，有形状误差（非理想圆柱面）和位置误差（不垂直于基准平面 A），如图 1-4 所示。几何量误差包括尺寸误差、形状误差、位置误差、表面粗糙度及典型零件（齿轮、螺纹等）精度评定参数等。

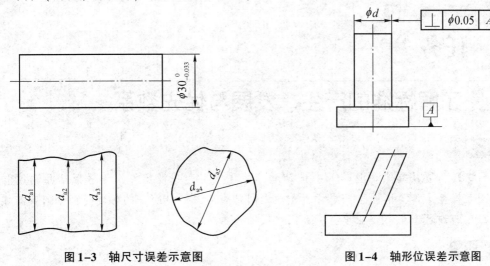

图 1-3 轴尺寸误差示意图   图 1-4 轴形位误差示意图

2. 几何量公差

零件的加工误差可能影响零件的使用性能，但只要将其控制在一定范围内，仍能满足使用功能要求，也就是说仍可以保证零件的互换性要求，允许几何量的变动范围就是几何量公差，简称公差。公差包括尺寸公差、形状公差、位置公差等。

3. 公差与制造精度

为了保证零件的互换性，要用公差来控制误差。公差是由设计人员根据产品使用性能要求给定的，它反映了一批工件对制造精度的要求、经济性要求，并体现加工的难易程度。公差越小，加工越困难，生产成本越高。在满足功能要求的前提下，公差值应尽量规定得大一些，以便获得最佳的经济效益。

工作评价与反馈

学会机械零件互换性、公差的概念及作用		任务完成情况		
		全部完成	部分完成	未完成
自我评价	子任务 1			
	子任务 2			
工作成果（工作成果形式）				
任务完成心得				
任务未完成原因				
本项目教与学存在的问题				

TASK 任务 2

了解标准的产生、发展与优先数系

情境导入

某机床厂需要从其他企业购入一批轴承，并合作生产一批零件，为保证产品精度和质量，实现互换性生产，请同学们思考，企业之间是否应该制订统一的标准呢？如何实施才能保证生产、流通环节中各企业单位、部门之间的技术统一？

任务要求

理解标准和标准化的必要性及重要作用；能识别我国四个级别标准的标志代号；了解优

先数系的构成特点及其在标准中的应用。

子任务1　明确标准的概念、作用及标准化的发展

● **工作任务**

举例说明什么是标准和标准化，以及工业生产中为什么要制定标准。

● **知识准备**

现代化工业生产的特点是规模大，协作单位多，互换性要求高。为了正确协调各生产部门的关系，准确衔接各生产环节，必须有一种协调手段，使分散、局部的生产部门和生产环节保持必要的技术统一，成为一个有机的整体，以实现互换性生产。标准与标准化正是保持这种关系的主要途径和手段，是实现互换性的基础。

1. 标准

标准是指对需要协调统一的重复的事物（如产品、零部件）和概念（如术语、规则、代号）所做的统一规定。它是生产、建设和商品流通等工作中共同遵守的一种技术依据，经一定程序批准后，在一定范围内具有约束力。

标准对于改进产品质量、缩短产品设计周期、开发新产品、协作配套、提高社会经济效益和发展对外贸易等都有重要的意义。

2. 标准化

标准化是指为了在一定的范围内获得最佳秩序，对实际或潜在的问题制定共同的和重复使用的规则的活动。标准化是一个过程，是标准的制定、发布、组织实施和对标准的实施进行监督，以及对标准不断完善、不断修订的循环过程。没有这一过程，标准将是一纸空文。

3. 标准分类

标准需要从不同角度分类。

① 根据标准的有效范围，我国标准分为国家标准（GB）、行业标准（JB）、地方标准（DB）、企业标准（QB）四个级别。从世界范围内，有国际标准（如 ISO 为国际标准化组织制定的标准）和区域标准（如 EN 为欧盟制定的标准）两级。

我国标准的制定原则如下：对于需要在全国范围内统一的技术要求，可制定行业标准，但在公布相应的国家标准后，该行业标准即行废止；对于没有国家标准和行业标准，而又需要在省、自治区、直辖市范围内统一的工业产品的安全、卫生要求，可制定地方标准，但在公布相应的国家标准和行业标准后，该地方标准即行废止；企业生产的产品没有国家标准和行业标准的，应制订企业标准作为企业生产依据；已有国家标准和行业标准的，企业还可以制订严于国家标准和行业标准的企业标准，在企业内部使用。

② 按标准化对象的特性，标准分为技术标准和管理标准。技术标准又可分为基础标准、产品标准、方法标准、安全标准、卫生标准、环境保护标准等。基础标准是指在一定范围内作为标准的基础，并普遍使用、具有广泛指导意义的标准，如极限与配合标准、几何公差标准、渐开线圆柱齿轮精度标准等。基础标准是以标准化共性要求和前提条件为对象的标准，是为了保证产品的结构功能和制造质量而制定的、一般工程技术人员必须采用的通用性标准，也是制定其他标准时可依据的标准。本书所涉及的标准就是基础标准。

③ 按标准的法律属性，标准分为强制性标准和推荐性标准。例如，安全标准、卫生标准、环保标准等是强制性标准，而方法标准、服务标准等是推荐性标准。

4. 我国标准化的发展

我国政府十分重视标准化工作，1958 年发布第一批 120 项国家标准。从 1959 年开始，陆续制定并发布了公差与配合标准、形状和位置公差标准、公差原则标准、表面粗糙度标准、光滑极限量规标准、渐开线圆柱齿轮精度标准、极限与配合标准等许多公差标准。

在国际上，为了促进世界各国在技术上的统一，成立了国际标准化组织（International Standards Organization，ISO）和国际电工技术委员会（International Electrotechnical Commission，IEC），这两个组织负责制定和颁发国际标准。我国于 1978 年恢复参加 ISO 组织后，陆续修订了自己的标准，修订的原则是在立足我国生产实际的基础上向 ISO 靠拢，以利于加强我国在国际上的技术交流和产品互换。

子任务 2　了解优先数系的特点及在标准应用中的意义

● **工作任务**

举例说明在课程中哪些标准的制定采用了优先数系，以及优先数系的特点。

● **知识准备**

1. 优先数系的重要意义

在机械设计中，通常需要确定很多参数，而这些参数往往不是孤立的，一旦选定，这些数值就会按照一定规律向一切有关的参数传播。例如，螺栓的尺寸一旦确定下来，将会影响螺母、丝锥板牙、螺栓孔以及加工螺栓孔的钻头的尺寸等，形成牵一发而动全身的局面。这种技术参数的传播在生产中极为普遍，并跨越行业和部门的界限。由于数值如此不断关联、不断传播，所以不能随意确定机械产品中的各种技术参数。

为使产品的参数选择能遵守统一的规律，使参数选择一开始就纳入标准化轨道，必须对各种技术参数的数值作出统一规定。GB/T 321—2005《优先数和优先数系》就是其中最重要的一个标准，工业产品技术参数应尽可能符合它的规定。

【知识链接】优先数与优先数系是 19 世纪末（1877 年）由法国人查尔斯·雷诺（Charles Renard）首先提出的。当时，载人升空的气球所使用的绳索尺寸由设计者随意规定，多达 425 种。雷诺根据单位长度不同直径绳索的质量级数来确定绳索的尺寸，按几何公比递增，每进 5 项，使项值增大 10 倍，把绳索规格减少到 17 种，并在此基础上产生了优先数系的系列。后来为了纪念雷诺，将优先数系称为 Rr 数系。

2. 优先数系、优先数的构成

GB/T 321—2005 与国际标准均采用公比为 $q = \sqrt[r]{10}$ 的十进等比数列作为标准数值系列——优先数系，记作"Rr"。根据 r 的不同，Rr 优先数系分为五个系列：R5、R10、R20、R40、R80。前四个系列为基本系列，R80 为补充系列，R 分别取值 5、10、20、40 和 80。

优先数系是十进等比数列，五个系列的公比分别为 $q_5 \approx 1.6$，$q_{10} \approx 1.25$，$q_{20} \approx 1.12$，$q_{40} \approx 1.05$，$q_{80} \approx 1.03$。优先数系中的数值可方便地向两端延伸，只要知道一个十进段内的

优先数值，其他十进段内的数值就可由小数点的前后移位得到。

优先数系中的任何一个项值都是优先数，优先数的理论值为 $(\sqrt[r]{10})Nr$，其中 Nr 是任意整数。按照此式计算得到的优先数的理论值，除 10 的整数幂外，其余项值均为无理数，在工程上不宜直接使用，实际应用的都是经过化整后的近似值。根据化整取值的精确程度，优先数可以分为计算值、常用值和化整值：

计算值——取五位有效数字，供精确计算用。

常用值——取三位有效数字，为常用值。

化整值——取两位有效数字，一般不宜采用。

优先数系基本系列的常用值见表 1-1。

表 1-1　优先数系基本系列常用值（GB／T 321—2005）

R5	R10	R20	R40	R5	R10	R20	R40	R5	R10	R20	R40
1.00	1.00	1.00	1.00			2.24	2.24		5.00	5.00	5.00
			1.06				2.36				5.30
		1.12	1.12	2.50	2.50	2.50	2.50			5.60	5.60
			1.18				2.65				6.00
	1.25	1.25	1.25			2.80	2.80	6.30	6.30	6.30	6.30
			1.32				3.00				6.70
		1.40	1.40		3.15	3.15	3.15			7.10	7.10
			1.50				3.35				7.50
1.60	1.60	1.60	1.60			3.55	3.55		8.00	8.00	8.00
			1.70				3.75				8.50
		1.80	1.80	4.00	4.00	4.00	4.00			9.00	9.00
			1.90				4.25				9.50
	2.00	2.00	2.00			4.50	4.50	10.00	10.00	10.00	10.00
			2.12				4.75				

3. 优先数系的优点

（1）Rr 数系可向两端无限延伸，使用范围不受限制。

（2）Rr 数系是等比数列，它的相邻两项间的相对差（后项−前项）近似不变，数系中的数经过乘、除、乘方、开方等运算后还是数系中的数。

（3）Rr 数系具有相关性，这种相关性表现为在上一级的优先数系中隔项取值，就会得到下一系列的优先数系；反之，在下一系列中插入比例中项，就得到上一系列。例如，在 R40 系列中隔项取值，就能得到 R20 系列，在 R20 系列中隔项取值，就能得到 R10 系列；在 R5 系列中插入比例中项，就能得到 R10 系列，在 R20 系列中插入比例中项，就能得到 R40 系列。

4. 优先数系派生系列

为使优先数系具有更宽广的适应性，可以从基本系列中每逢 p 项留取一个优先数，生成新的派生系列 Rr/p。例如，从 R5 系列每逢 2 项选一项构成派生系列 R5/2。

R5 …，1.00，1.60，2.50，4.00，6.30，10.00，16.00，25.00，40.00，63.00，100.00，…

R5/2 …，1.00，2.50，6.30，16.00，40.00，100.00，…

5. 优先数系的选用原则

（1）遵守先疏后密的规则，即按 R5、R10、R20、R40、R80 的顺序选用，优先选用公比较大的系列，以免规格过多。

（2）应先选用基本系列，后选用派生系列，即当基本系列不能满足分级要求时，才选用派生系列。

注意：应优先采用公比较大和延伸项含有项值 1 的派生系列，根据经济性和需要量等不同条件，还可分段选用最合适的系列，以复合系列的形式来组成最佳系列。

工作评价与反馈

了解标准的产生、发展与 优先数系		任务完成情况		
		全部完成	部分完成	未完成
自我评价	子任务 1			
	子任务 2			
工作成果 （工作成果形式）				
任务完成心得				
任务未完成原因				
本项目教与学存在的问题				

巩固与提高

一、选择题

1. 具有互换性的零件应是_____。

    A. 相同规格的零件   B. 不同规格的零件

    C. 形状和尺寸完全相同的零件   D. 公差相同的零件

2. 保证互换性生产的基础是_____。

    A. 标准化   B. 生产现代化

    C. 大批量生产   D. 协作化生产

3. 下列论述中正确的是_____。

    A. 具有互换性的零件，其几何参数应是绝对准确的

B. 在装配时，只要不需经过挑选就能装配，就称为有互换性

C. 一个零件经过调整后再进行装配，检验合格，也称为具有互换性的生产

D. 不完全互换会降低使用性能，但经济效益较好

二、判断题

1. 完全互换性的装配效率一定高于不完全互换性。（　　）
2. 装配零件时仅需稍作修配和调整便能装配的性质称为互换性。（　　）
3. 为使零件的几何参数具有互换性，必须把零件的加工误差控制在给定的范围内。（　　）

三、填空题

1. 为了保证零件的互换性，要用_____来控制误差。
2. 根据零件互换程度的不同，互换性可分为_____和_____。
3. 实行专业化协作生产必须采用_____原则。

四、简答题

1. 什么是互换性？互换性有什么作用？请列举互换性应用实例。
2. 完全互换性与不完全互换性有何区别？各用于什么场合？
3. 什么是标准、标准化？分别有何作用？标准化与互换性生产有何联系？
4. 试写出下列基本系列和派生系列中自1以后的5个优先数的常用值：R10、R10/2、R5/3。

测量技术基础

▶ 项目导学

在机械制造中，测量技术是进行质量管理的手段，是贯彻质量标准的技术保证。零件互换性和精度需要通过测量或检验方能确定，测量技术水平的高低反映一个国家的科技发展水平，对机械制造业有一定的制约作用。因此，测量技术和设计、制造一样，是机械制造中不可缺少的部分，它是现代机械制造业发展的要求和保障。在测量过程中，应保证计量单位统一和量值准确。为了完成对完工零件几何量的测量，获得可靠的测量结果，还应正确选择计量器具和测量方法，研究测量误差和测量数据处理方法。

▶ 学习目标

认知目标：了解测量的基本概念与测量要素、量块及其使用方法、测量精度的基本概念；掌握计量器具与测量方法的分类、测量器具与测量方法的主要度量指标、测量误差的分类及其处理方法；了解长度基准的概念和长度量值传递系统的应用；掌握量块的特点、精度和使用方法；掌握计量器具的选择原则和方法。

情感目标：通过测量技术基础认知和计量器具选择，培养学生的质量观念和意识，以及具备经济成本意识的职业素养。

技能目标：能根据要求正确使用量块；能正确处理测量数据；能正确选择计量器具。

任务 1

测量技术基础知识认知

情境导入

某机械加工厂小李师傅加工了一批阶梯轴零件，在课堂上展示所加工零件的图片及零件图纸，请同学们讨论，这些零件可以采用哪些计量器具进行测量？如何正确使用这些测量器具？从本任务开始，我们将学习测量技术基础知识，并学会正确使用常用测量器具。

任务要求

理解并能运用测量技术基础知识；正确理解常用计量器具的类型与技术指标；掌握常用计量器具的使用方法。

子任务 1　学会测量技术基础知识

● 工作任务

在利用立式光学计对阶梯轴 φ28.785 mm 的轴径进行测量时，需要组合量块进行比较测量，请选取合适的量块进行组合以获取所需的公称尺寸 φ28.785 mm。

● 知识准备

1. 测量技术的基本知识

在机械制造中，测量技术是进行质量管理的手段，是贯彻质量标准的技术保证。零件几何量合格与否，需要通过测量或检验方能确定。测量技术水平的高低反映一个国家的科技发展水平，对机械制造业有一定的制约作用。

（1）测量的概念。

测量是指以确定被测对象的量值为目的而进行的全部操作，其实质是将被测量 L 与具有计量单位的标准量 E 进行比较，从而得出其比值 q 的过程，即 $q = L/E$。

这个表达式说明，在被测量 L 一定的条件下，比值的大小完全取决于所采用的计量单位 E，而且成反比关系。同时，它也说明计量单位的选择取决于被测量值所要求的精确程度。

因此，测量就是确定比值 $q = L/E$，最后确定被测量 $L = qE$ 的过程。

几何量的测量是指通过一定手段测量几何量的具体数值，如用千分尺测量轴的直径尺寸。

一个完整的几何量测量过程包括被测对象、计量单位、测量方法及测量精度四个要素。

① 被测对象。被测对象主要指几何量，包括长度、角度、表面粗糙度、形状与位置误差，以及螺纹、齿轮的各种几何参数等。

② 计量单位。属于国际单位制的单位都是我国的法定计量单位。在机械制造中，常用的长度单位为毫米（mm），在机械图样上，可省略标注以毫米为单位的量；角度单位为弧度（rad），实用中常以度（°）、分（′）、秒（″）为单位，$1° = 0.017\ 453\ 3$ rad，$1° = 60′$，$1′ = 60″$。

③ 测量方法。测量方法是指在进行测量时所采用的测量器具、测量原理和测量条件的总和。根据被测对象的特点，如精度、大小、轻重、材质、数量等来确定所用的计量器具，确定最合适的测量方法以及测量的主客观条件，如温度、湿度、振动和压强等。

④ 测量精度。测量精度是指测量结果与真值的一致程度。由于各种因素的影响，任何测量过程均不可避免地会出现测量误差。测量结果越接近真值，则测量精度越高；反之，则测量精度偏低。

（2）检验。

检验是指为确定被测量的实际几何参数是否在规定的极限范围内，从而作出合格与否的判断。只是为了判断被检测对象是否合格，并不要求测量的具体数值。如用光滑极限量规、样板等专用量具判断零件的合格性。检验的特点是不能测得被测量的实际数值，只能确定被测量是否在允许的极限范围之内。

（3）检定。

检定是为评定计量器具的精度指标是否符合该计量器具所规定的要求的过程。例如，用量块来检定千分尺的精度指标等。

2. 基准与量值传递

（1）长度单位与量值传递系统。

① 长度单位。为保证测量过程中标准量的一致，必须建立统一的长度单位基准。1984年国务院发布了《关于在我国统一实行法定计量单位的命令》，决定在采用先进的国际单位制的基础上，进一步统一我国的计量单位，并发布了《中华人民共和国法定计量单位》，其中规定长度的基本单位为米（m）。机械制造中常用的长度单位为毫米（mm），1 mm $= 10^{-3}$ m；精密测量时，多采用微米（μm）为单位，1 μm $= 10^{-3}$ mm；进行超高精密测量时，则采用纳米（nm）为单位，1 nm $= 10^{-3}$ μm。

米的最初定义始于1791年的法国，规定通过巴黎的地球子午线的四千万分之一为长度单位米，并制成 1 m 的基准尺。1889 年，第 1 届国际计量大会上规定，用热膨胀系数小的铂铱合金制成的具有刻度线的基准尺作为国际米原器。1983 年，第 17 届国际计量大会正式通过米的新定义："米是光在真空中 1/299 792 458 s 时间间隔内所经路径的长度。"

1985 年，我国用自己研制的碘吸收稳定的 0.633 μm 氦氖激光辐射来复现我国的国家长度基准。

② 长度量值传递系统。在实际生产和科研中，不便于用光波作为长度基准进行测量，而是采用各种计量器具进行测量。为了保证量值统一，必须把长度基准和量值准确地传递到生产中应用的计量器具与工件上去。因此，必须建立一套从长度的最高基准到被测工件的严密而完整的长度量值传递系统。我国从组织上，自国务院到地方，已建立起各级计量管理机构，负责其管辖范围内的计量工作和量值传递工作。在技术上，从国家波长基准开始，长度量值分为两个平行的系统向下传递，如图 2-1 所示。量块（端面量具）和线纹尺（刻线量具）是实现光波长度到测量实践之间的尺寸传递媒介。其中，以量块作为媒介的传递系统

应用广泛。

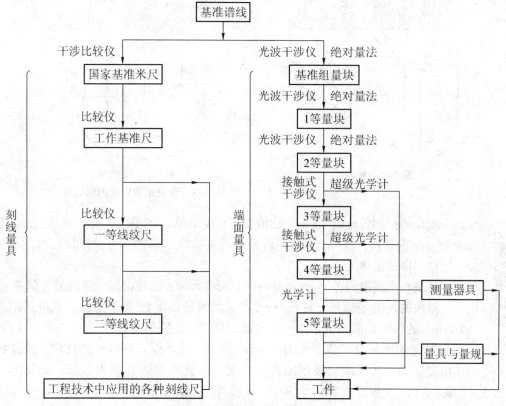

图 2-1　我国长度量值传递系统

（2）量块。

量块又称为块规，是保持长度单位统一的基本工具。在机械制造中，量块可用来检定、校准量具和量仪，相对测量时可用于调整量具或量仪的零位；同时，量块也可以用于精密测量、精密划线和精密机床调整。

① 量块的基本知识。

量块通常采用线膨胀系数小、性能稳定、耐磨、不易变形的材料制成，如铬锰钢等。它的形状有长方体和圆柱体，但绝大多数是长方体，如图 2-2 所示。其上有两个相互平行、非常光洁的工作面，称为测量面，其余四个为侧面。标称长度为 5.5 mm 及小于它的量块，代表其标称长度的数码字和制造者商标刻印在一个测量面上，此面称为上测量面。与此相对的面为下测量面。标称长度大于 5.5 mm 但小于 1000 mm 的量块，其标称长度的数码字和制造者商标刻印在面积较大的一个侧面上，当此面顺向面对观测者放置时，它右边的那个面为上测量面，左边的那个面为下测量面。

② 量块的尺寸。

量块的中心长度 L：即从一个测量面上的中点到与该量块另一个测量面相研合的辅助体表面之间的距离（图 2-3）。

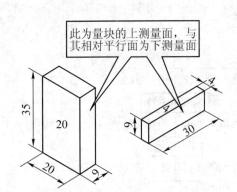

此为量块的上测量面，与
其相对平行面为下测量面

图 2-2 量块

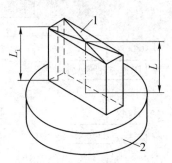

1—量块；2—辅助体

图 2-3 量块及相研合的辅助体

微课：量块
及其典型
应用实例

量块的标称长度 l：按一定比值复现长度单位 m 的量块长度。例如，标称长度为 25 mm 的量块，其以比值 1∶40 复现长度单位 1 m 的长度值。量块的标称长度一般都刻印在量块上。

量块长度极限偏差（t_e）：量块中心长度与标称长度之间允许的最大偏差。

量块的长度变动量允许值（t_v）：量块测量面上任意点位置（不包括距测面 0.8 mm 的区域）测得的最大长度与最小长度之差的绝对值。

③ 量块的精度等级。按 JJG 146—2011《量块检定规程》的规定，量块按制造精度（即量块长度的极限偏差和长度变动量允许值）分为五级：K 级、0 级、1 级、2 级、3 级（表2-1）。其中，K 级为校准级，精度为最高级。

表 2-1 量块级的要求（JJG 146—2011）

标称长度 l_n/mm	K 级		0 级		1 级		2 级		3 级	
	$\pm t_R$	t_P	$\pm t_e$	t_v	$\pm t_e$	t_v	$\pm t_e$	t_v	$\pm t_e$	t_v
	最大允许值/μm									
$l_n \leqslant 10$	0.20	0.05	0.12	0.10	0.20	0.16	0.45	0.30	1.0	0.50
$10 < l_n \leqslant 25$	0.30	0.05	0.14	0.10	0.30	0.16	0.60	0.30	1.2	0.50
$25 < l_n \leqslant 50$	0.40	0.06	0.20	0.10	0.40	0.18	0.80	0.30	1.6	0.55
$50 < l_n \leqslant 75$	0.50	0.06	0.25	0.12	0.50	0.18	1.00	0.35	2.0	0.55
$75 < l_n \leqslant 100$	0.60	0.07	0.30	0.12	0.60	0.20	1.20	0.35	2.5	0.60
$100 < l_n \leqslant 150$	0.80	0.08	0.40	0.14	0.80	0.20	1.6	0.40	3.0	0.65

在计量部门，量块按检定精度（中心长度测量极限误差和平面平行性允许偏差）分为五等：1 等、2 等、3 等、4 等、5 等（表2-2）。其中，1 等精度最高，此后依次降低，5 等最低。

表 2-2　量块等的要求（JJG 146—2011）

标称长度 l_n/mm	1 等		2 等		3 等		4 等		5 等	
	测量不确定度	长度变动量	测量不确定度	长度变动量	测量不确定度	长度变动量	测量不确定度	长度变动量	测量不确定度	长度变动量
	最大允许值/μm									
$l_n \leqslant 10$	0.022	0.05	0.06	0.10	0.11	0.16	0.22	0.30	0.6	0.50
$10 < l_n \leqslant 25$	0.025	0.05	0.07	0.10	0.12	0.16	0.25	0.30	0.6	0.50
$25 < l_n \leqslant 50$	0.030	0.06	0.08	0.10	0.12	0.18	0.30	0.30	0.8	0.55
$50 < l_n \leqslant 75$	0.035	0.06	0.09	0.12	0.18	0.18	0.35	0.35	0.9	0.55
$75 < l_n \leqslant 100$	0.040	0.07	0.10	0.12	0.20	0.20	0.40	0.35	1.0	0.60

注：1. 距离测量面边缘 0.8 mm 范围内不计；

　　2. 表面测量不确定度的概率为 0.99。

量块按级使用时，应以量块的标称长度作为工作尺寸，该尺寸包括量块的制造误差。量块按等使用时，应以检定后所给出的量块中心长度的实际尺寸作为工作尺寸，该尺寸排除了量块制造误差的影响，仅包含较小的测量误差。因此，按"等"使用比按"级"使用时的测量精度高。例如，标称长度为 30 mm 的 0 级量块，其长度的极限偏差为 ±0.000 20 mm，若按"级"使用，不管该量块的实际尺寸如何，均按 30 mm 计，则引起的测量误差为 0.000 20 mm。但是，若该量块经检定后，确定为 3 等，其实际尺寸为 30.000 12mm，测量极限误差为 ±0.000 15 mm。显然，按"等"使用，即按尺寸为 30.000 12 mm 使用的测量极限误差为 ±0.000 15 mm，比按"级"使用测量精度高。

④ 量块的使用。量块的基本特性除了稳定性、耐磨性和准确性，还有一个重要特性——研合性。所谓研合性，是指两个量块的测量面相互接触，并在不大的压力下做一些切向相对滑动就能黏附在一起的性质。利用这一性质，把量块研合在一起，便可以组成所需要的各种尺寸，如图 2-4 所示。

量块是成套供应的，国家标准共规定了 17 种系列的成套量块，表 2-3 列出了其中四套量块的尺寸系列。在使用组合量块时，为了减少量块组合的累积误差，应尽量减少量块的块数，一般不超过 5 块。

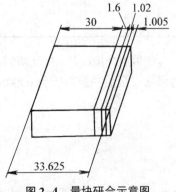

图 2-4　量块研合示意图

表 2-3 成套量块的尺寸 (GB / T 6093—2001)

套别	总块数	级别	尺寸系列/mm	间隔/mm	块数
1	91	00, 0, 1, 2	0.5		1
			1		1
			1.001, 1.002, …, 1.009	0.001	9
			1.01, 1.02, …, 1.49	0.01	49
			1.5, 1.6, …, 1.9	0.1	5
			2.0, 2.5, …, 9.5	0.5	16
			10, 20, …, 100	10	10
2	83	00, 0, 1, 2	0.5		1
			1		1
			1.005		1
			1.01, 1.02, …, 1.49	0.01	49
			1.5, 1.6, …, 1.9	0.1	5
			2.0, 2.5, …, 9.5	0.5	16
			10, 20, …, 100	10	10
3	46	0, 1, 2	1		1
			1.001, 1.002, …, 1.009	0.001	9
			1.01, 1.02, …, 1.09	0.01	9
			1.1, 1.2, …, 1.9	0.1	9
			2, 3, …, 9	1	8
			10, 20, …, 100	10	10
4	38	0, 1, 2	1		1
			1.005		1
			1.01, 1.02, …, 1.09	0.01	9
			1.1, 1.2, …, 1.9	0.1	9
			2, 3, …, 9	1	8
			10, 20, …, 100	10	10

选取组合量块时，应从所需的尺寸的最小尾数开始，逐一选取。例如，要组成 38.935 mm 的尺寸，最后一位数字为 0.005，因而可采用 83 块一套，则有

38.935
-1.005 ——第一块量块尺寸
——————
37.93
-1.43 ——第二块量块尺寸
——————
36.5
-6.5 ——第三块量块尺寸
——————
30 —— 第四块量块尺寸

（3）角度量块。

① 角度单位与量值传递系统。角度也是机械制造中非常重要的几何参数之一。我国法定计量单位规定，平面角的单位为弧度（rad）及度（°）、分（′）、秒（″）。

1 rad 是指在一个圆的圆周上截取弧长与该圆的半径相等时所对应的中心平面角，$1° = (\pi/180)$ rad。度、分、秒的关系采用 60 进位制，即 $1° = 60′$，$1′ = 60″$。

由于任何一个圆周均可形成封闭的 360°（2π rad）中心平面角，因此，角度不需要和长度一样再建立一个自然基准。但在计量部门，为了工作方便，在高精度的分度中，常以多面棱体作为角度基准来建立角度传递系统。

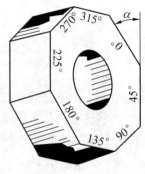

图 2-5　正八面棱体

多面棱体是用特殊合金钢或石英玻璃精细加工而成的，常见的有四、六、八、十二、二十四、三十六、七十二等正多面棱体。图 2-5 为正八面棱体，在任意轴切面上，相邻两面法线间的夹角为 45°。它可作为 $n×45°$ 角度的测量基准，其中 $n = 1, 2, 3, \cdots$。

以多面棱体为基准的角度量值传递系统如图 2-6 所示。

图 2-6　角度量值传递系统

② 角度量块。在角度量值传递系统中，角度量块是量值传递媒介，它的性能与长度量块类似，用于检定和调整普通精度的测角仪器，校正角度样板，也可直接用于检验工件。

角度量块有三角形和四边形两种，如图 2-7 所示。三角形角度量块只有一个工作角，角度值为 10°～79°。四边形角度量块有四个工作角，角度值为 80°～100°，并且短边相邻的两个工作角之和为 180°，如图 2-7 所示，$\alpha + \delta = \beta + \gamma$。

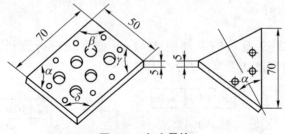

图 2-7　角度量块

与成套的长度量块一样，角度量块也由若干块组成，以满足测量不同角度的需要。角度量块可以单独使用，也可在 10°～350° 内组合使用。

● **工作步骤**

① 从 83 块一套的量块中选取量块组成尺寸为 28.785 mm 的量块，如下：

$$28.785$$
$$-1.005——第一块量块尺寸$$

$$27.78$$
$$-1.28——第二块量块尺寸$$

$$26.5$$
$$-6.5 ——第三块量块尺寸$$

$$20 —— 第四块量块尺寸$$

即从 83 块一套的量块中按需要选用 1.005 mm、1.28 mm、6.5 mm、20 mm 四块量块。

② 将选取的量块研合在一起，顺序如下：先将小尺寸 1.005 mm 和 1.28 mm 量块研合，再将研合好的量块与中等尺寸 6.5 mm 量块研合，最后与大尺寸 20 mm 量块研合（图 2-8）。

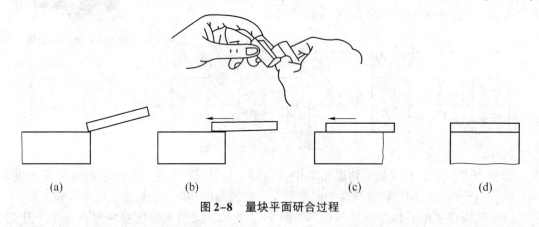

| (a) | (b) | (c) | (d) |

图 2-8 量块平面研合过程

子任务 2 常用测量器具的使用

● **工作任务**

用游标卡尺对图 2-9 所示的零件中 ϕ 42mm 的直径进行测量，用外径千分尺测量 ϕ 25 mm 的直径，并将测量结果填入表 2-4 中。

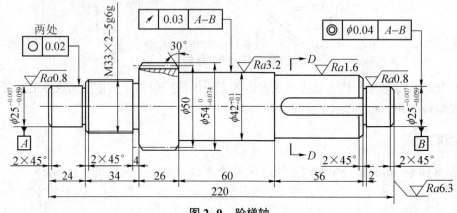

图 2-9 阶梯轴

表 2-4 轴径测量数据记录表格

被测零件名称		尺寸标注		上极限尺寸 D_{max}	下极限尺寸 D_{min}
测量器具	名称	测量范围/mm	示值范围/mm	分度值/μm	仪器不确定度/μm
测量示意图					
测量数据		实际偏差/μm			实际尺寸/mm
测量截面		I — I	II — II	III — III	I — I	II — II	III — III
测量方向	A—A						
	B—B						
合格性判断							

● **知识准备**

1. 计量器具的分类

计量器具（或称为测量器具）是指用于测量的量具、量规、量仪（计量器具）和计量装置等。

（1）量具。

量具通常是指结构比较简单的测量工具，包括单值量具、多值量具和标准量具等。

单值量具是用来复现单一量值的量具，如量块、角度块等，通常都是成套使用。

多值量具是一种能复现一定范围的一系列不同量值的量具，如线纹尺等。

标准量具是用作计量标准，供量值传递的量具，如量块、基准米尺等。

（2）量规。

量规是一种没有刻度的，用以检验零件尺寸或形状、相互位置的专用检验工具。它只能判断零件是否合格，不能测出具体尺寸，如光滑极限量规、螺纹量规等。

（3）量仪。

量仪即计量器具，是指将被测的量值转换成可直接观察的指示值或等效信息的计量器具，按工作原理和结构特征，量仪可分为机械式量仪、电动式量仪、光学式量仪、气动式量仪等。

机械式量仪是指通过机械结构实现对被测量的感应、传递和放大的计量器具，如机械式比较仪、指示表和扭簧比较仪等。

电动式量仪是指将被测量通过传感器转变为电量（如电压、电流、电阻等），再经过变换而获得读数的计量器具，如电感比较仪、电容比较仪、触针式轮廓仪、圆度仪等。

光学式量仪是指利用光学原理实现对被测量的转换和放大的计量器具，如光学比较仪、投影仪、自准直仪、工具显微镜、光学分度头、干涉仪等。

气动式量仪是指依靠压缩空气，通过气动系统的状态（流量或压力）变化来实现对被测量的转换的计量器具，如水柱式气动量仪和浮标式气动量仪等。

（4）计量装置。

计量装置是一种专用检验工具，可以迅速地检验更多或更复杂的参数，从而有助于实现自动测量和自动控制，如自动分选机、检验夹具、主动测量装置等。

2. 计量器具的基本技术指标

计量器具的计量参数是表征计量器具的技术性能和功用的指标，也是选择和使用计量器具、研究和判断测量方法正确性的依据。基本计量参数主要有以下几项。

（1）刻度间距。

刻度间距是指计量器具刻度标尺或刻度盘上两个相邻刻度线中心线之间的距离，如图 2-10（a）所示。为了便于读数，刻度间距不宜太小，一般为 1.0~2.5 mm。例如，游标卡尺的主尺和游标尺的刻度间距分别为 1 mm 和 0.98 mm。

（2）分度值和分辨力。

分度值是指计量器具标尺上每一个刻度间距所代表的被测量的量值。一般长度计量器具的分度值有 0.1 mm、0.05 mm、0.02 mm、0.01 mm、0.002 mm 和 0.001 mm 等几种。例如，千分表的分度值为 0.001 mm，百分表的分度值为 0.01 mm、0.02 mm，游标卡尺的主尺和游标尺的分度值分别为 1 mm 和 0.02 mm。对于没有标尺或刻度盘的量具或量仪，就不称分度值，而称分辨力。分辨力是指示装置对紧密相邻量值有效辨别的能力。数字式指示装置的分辨力为末位的字码。一般来说，计量器具的分度值越小，该计量器具的精度越高。

（3）示值范围。

示值范围是指由计量器具所指示的被测量的最低值到最高值的范围（或起始值到终止值）。如图 2-10（b）所示，计量器具的示值范围为±0.1 mm。

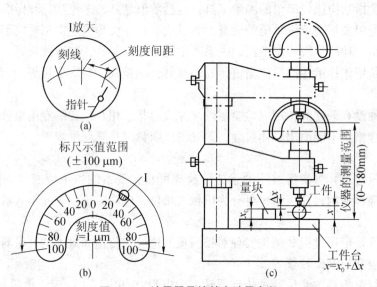

图 2-10　计量器具的基本计量参数

（4）测量范围。

测量范围是指计量器具所能测量几何量的最小值到最大值的范围。如某一千分尺的测量范围为 25～50 mm。图 2-10（c）所示的测量范围为 0～180 mm。

（5）灵敏度。

灵敏度是指计量器具对被测量变化的反应能力。若被测量的变化为 ΔL，计量器具上相应的变化为 Δx，则灵敏度为 $S=\Delta x/\Delta L$。

当 Δx 和 ΔL 为同一类量时，灵敏度又称为放大比，其值为常数。放大比 K 可以用式（2-1）来表示：

$$K=c/i \tag{2-1}$$

式中：c——计量器具的刻度间距；

　　　i——计量器具的分度值。

通常，计量器具的分度值越小，灵敏度越高。

（6）测量力。

测量力是指计量器具的测头与被测表面之间的接触压力。在接触量中，要求有一定的恒定测量力。测量力太大会使零件或测头变形，测量力不恒定会使示值不稳定。

（7）示值误差。

示值误差是指计量器具上的示值与被测量真值的代数差。

（8）示值变动。

示值变动是指在测量条件不变的情况下，用计量器具对同一被测量进行多次测量（一般为 5～10 次）所得示值中的最大差值。

（9）回程误差。

回程误差（滞后误差）是指在相同条件下，对同一被测量进行往返两个方向测量时，计量器具示值的最大变动量。

（10）测量不确定度。

测量不确定度是指由于测量误差的存在而对被测量值不能确定的程度。测量不确定度用极限误差表示，它是一个综合指标，受示值误差、示值变动、回程误差、灵敏度及调整标准间误差等的综合影响。如分度值为 0.01 mm 的外径千分尺，在车间的条件下测量一个尺寸为 0～50 mm 的零件时，其测量不确定度为±0.004 mm，这说明测量结果与被测量真值之间的差值在±0.004 mm 之间变化。

3. 测量方法的分类

可以从不同角度对测量方法进行分类。

（1）按是否直接测量出所需的量值分类。

① 直接测量：从计量器具的读数装置上直接测得参数的量值或相对于基准量的偏差。

直接测量又可分为绝对测量和相对测量。若测量读数可直接表示出被测量的全值，则这种测量方法就称为绝对测量，如用游标卡尺测量零件尺寸。若测量读数仅表示测量相对于已知标准量的偏差值，则这种方法为相对测量。例如，使用量块和千分表测量零件尺寸，先用量块调整计量器具零位，后用零件代替量块，则该零件尺寸就等于计量器具标尺上读数值和量块值的代数和。

② 间接测量：先测量有关量，并通过一定的函数关系求得被测量的量值。例如，测

量大尺寸圆柱形零件直径 D 时，先测量出其周长 L，再按公式 $D=L/\pi$ 求得零件的直径 D。

为了减少测量误差，一般采用直接测量，必要时可采用间接测量。

（2）按被测表面与计量器具的测量头是否接触分类。

① 接触测量：测量时计量器具的测量头与被测表面直接接触，并有机械作用的测量力的测量方法，如用游标卡尺、千分尺测量零件的尺寸。

② 非接触测量：被测零件表面与测量头没有机械接触，如光学投影测量、激光测量、气动测量。

接触测量会产生测量力，引起被测表面和计量器具有关部分产生弹性变形，因此会带来测量误差，影响测量精度，而非接触测量无此影响。

（3）按工件上同时测量被测量参数的多少分类。

① 单项测量。单项测量是对工件上每项几何量分别进行的测量。如用工具显微镜分别测量螺纹单一中径、螺距和牙型半角的实际值，并分别判断它们各自的合格性。

② 综合测量。综合测量也称为综合检验，是同时测量工件上某些相关几何量的综合结果，以判断综合结果是否合格。如用螺纹通规检验螺纹的单一中径、螺距和牙型半角实际值的综合结果（作用中径）是否合格。

就工件整体来讲，单项测量的效率比综合测量的效率低，单项测量的结果可用于工艺分析。综合测量的结果适用于只要求判断合格与否，而不需要得到具体误差值的场合。

（4）按测量在加工中所起的作用分类。

① 主动测量：在加工过程中对被测几何量进行的测量。其测量结果用来控制零件的加工过程，及时防止废品的产生。

② 被动测量：在零件加工完后对被测几何量进行的检验测量。其测量结果只用于判断零件是否合格，发现并剔除不合格品。

主动测量常应用在生产线上，使检验与加工过程紧密结合，充分发挥检测的作用，这也是检测技术发展的方向；被动测量是为了验收而测量。

（5）按被测量在测量过程中所处的状态分类。

① 静态测量：在测量过程中，计量器具的测量头与被测零件处于相对静止的状态，被测量的量值是固定的，如用游标卡尺、千分尺测量零件的尺寸等。

② 动态测量：在测量过程中，计量器具的测量头与被测零件处于相对运动的状态，被测量的量值是变化的，如用申动轮廓仪测量表面粗糙度，在磨削过程中测量零件，用圆度仪测量圆度误差等。

（6）按决定测量结果的全部因素或条件是否改变分类。

① 等精度测量：决定测量精度的全部因素或条件都不变时的测量。例如，同一人员，使用同一台仪器，在同样的条件下，以同样的方法和测量次数，同样仔细地测量同一个量的测量。

② 不等精度测量：在测量过程中，决定测量精度的全部因素或条件可能完全改变或部分改变的测量，如改变上述测量过程中一个或几个甚至全部条件或因素的测量。

一般情况下都采用等精度测量。不等精度测量的数据处理过程比较复杂，只运用于重要科研实验中的高精度测量。

上述测量方法的分类是根据不同特征进行的。对于某一具体几何量的测量，要具体分析，以得到最佳的测量结果。

4. 常用测量器具的测量原理、基本结构与使用方法

（1）游标类量具。

游标类量具是利用游标读数原理制成的一种常用量具，它具有结构简单、使用方便、测量范围大等特点。常用的游标类量具有游标卡尺、深度游标尺、高度游标尺，如图 2-11 所示，它们的读数原理相同，差别主要在于测量面的位置不同。

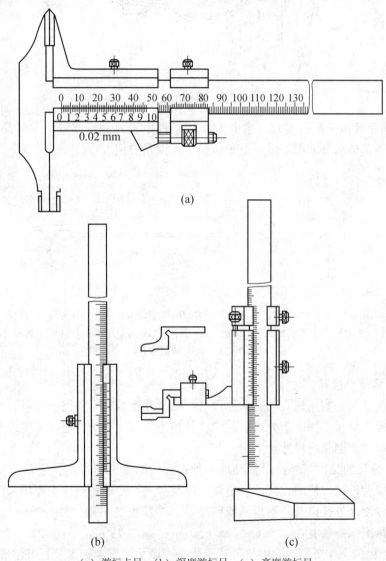

（a）游标卡尺；（b）深度游标尺；（c）高度游标尺

图 2-11 游标量具

游标类量具的主体是一个刻有刻度的尺身，沿着尺身滑动的尺框上装有游标，游标量具的读数值有 0.1 mm、0.05 mm、0.02 mm 三种。

为了方便读数，有的游标卡尺装有测微表头。图 2-12 所示为带表游标卡尺，它通过机

械传动装置将两只测量爪的相对移动转变为指示表的回转运动，并借助尺身刻度和指示表对两只测量爪的相对位移所分隔的距离进行读数。

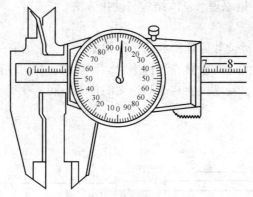

图 2-12　带表游标卡尺

图 2-13 所示为电子数显卡尺，它具有非接触性电容式测量系统，由液晶显示器显示。其外形结构及各部分名称如图所示。电子数显卡尺测量方便可靠。

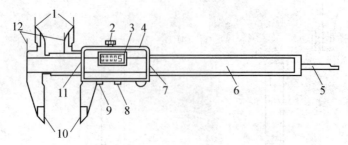

1—内测量爪；2—紧固螺钉；3—液晶显示器；4—数据输出端口；5—深度尺；6—尺身；
7、11—防尘板；8—置零按钮；9—米制、英制转换按钮；10—外测量爪；12—台阶测量面

图 2-13　电子数显卡尺

（2）螺旋测微类量具。

螺旋测微类量具是利用螺旋副运动原理进行测量和读数的一种测微量具，按用途分为外径千分尺、内径千分尺、深度千分尺。其中，外径千分尺用得最普遍，主要用于测量轴类零件；内径千分尺用于测量内尺寸。

① 外径千分尺的结构。外径千分尺是一种重要的精密测量器具，它具有体积小、坚固耐用、测量准确度较高、使用方便、容易调整以及测力恒定的特点，主要用来测量工件外尺寸，如长度、厚度、外径以及凸肩板厚或壁厚等。按精度的不同，外径千分尺分为 0 级、1 级和 2 级，测量范围一般有 0～25 mm，25～50 mm，50～75 mm，…，275～300 mm。外径千分尺的外形如图 2-14 所示，它由尺架、测微头、测力装置和锁紧装置等组成。

尺架 1 是千分尺主体，一端压入固定测砧 2，另一端压入螺纹轴套 4。固定测砧和测微螺杆的测量面上都镶有硬质合金，以提高测量面的使用寿命。尺架的两侧面覆盖着绝热板 12，使用千分尺时，手拿在绝热板上，防止人体的热量影响千分尺的测量精度。测微螺杆 3 中部为外螺纹，与螺纹轴套的内螺纹配合组成精密螺旋副。螺纹轴套内螺纹做成三瓣。在三瓣的外圆锥纹上与调节螺母 7 配合，对调节螺母进行调节，可调整螺旋副配合间隙。测微螺

杆的前段是光滑圆柱，与螺纹轴套的孔配合，作为测微螺杆移动的导向，其端部焊接硬质合金片，并与固定砧座端部焊接的硬质合金片组成两平行的测量面。测微螺杆另一端的圆锥与锥度接头 8 配合，通过测力装置的螺纹紧固，压迫垫片 9，使开槽的锥度接头下压，并张开，从而使测微螺杆与微分筒 6 和测力装置 10 连接在一起。

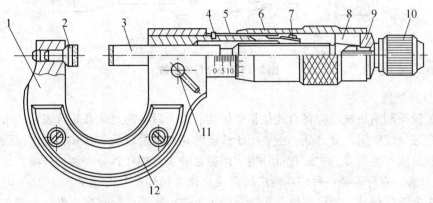

1—尺架；2—固定测砧；3—测微螺杆；4—螺纹轴套；5—固定刻度套筒；6—微分筒；
7—调节螺母；8—接头；9—垫片；10—测力装置；11—锁紧螺钉；12—绝热板

图 2–14 外径千分尺外形图

② 检测原理。用千分尺测量零件的尺寸，就是把被测零件置于千分尺的两个测量面之间，所以两个测砧面之间的距离就是零件的测量尺寸。当测微螺杆在螺纹轴套中旋转时，由于螺旋线的作用，测量螺杆有轴向移动，使两个测砧面之间的距离发生变化，如测微螺杆按顺时针方向旋转一周，两个测砧面之间的距离就缩小一个螺距。同理，若测微螺杆按逆时针方向旋转一周，则两个测砧面的距离就增大一个螺距。常用千分尺测微螺杆的螺距为 0.5 mm。因此，当测微螺杆顺时针旋转一周时，两个测砧面之间的距离就缩小 0.5 mm。当测微螺杆顺时针旋转不到一周时，缩小的距离就小于一个螺距，它的具体数值可从与测微螺杆结成一体的微分筒的圆周刻度上读出。微分筒的圆周上刻有 50 个等分线，当微分筒转一周时，测微螺杆就推进或后退 0.5 mm，微分筒转过它本身圆周刻度的一小格时，两个测砧面之间转动的距离为 0.01 mm。

千分尺的固定套筒上刻有轴向中线，作为微分筒读数的基准线。另外，为了计算测微螺杆旋转的整数转，固定套筒中线的两侧刻有两排刻线，刻线间距均为 1 mm，上、下两排相互错开 0.5 mm。

外径千分尺的读数方法如下：先读整数——微分筒的棱边作为整数毫米的读数指示线，在固定套管上露出来的刻度线数值，就是被测尺寸的毫米整数和半毫米数；再读小数——读出微分筒上的尺寸，要看清微分筒圆周上哪一格与固定套筒的中线基准对齐，将格数乘0.01 mm 即得微分筒上的尺寸。将上面两个数相加，即为千分尺上测得尺寸。

如图 2–15（a）所示，在固定套筒上读出的尺寸为 8 mm，微分筒上读出的尺寸为 27（格）×0.01 mm =0.27 mm，两数相加即得出被测零件的尺寸为 8.27mm；如图 2–15（b）所示，在固定套筒上读出的尺寸为 8.5 mm，在微分筒上读出的尺寸为 27（格）×0.01 mm =0.27 mm，两数相加即得出被测零件的尺寸为 8.77 mm。

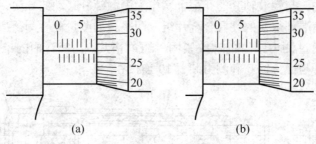

(a)　　　　　　　(b)

图 2-15　千分尺的读数

（3）机械量仪。

机械量仪是利用机械结构将直线位移经传动、放大后，通过读数装置表示出来的一种测量器具。机械量仪应用十分广泛，主要用于长度的相对测量以及形状和相互位置误差的测量等。机械量仪的种类很多，主要有百分表、内径百分表、杠杆百分表和杠杆齿轮比较仪等。

① 百分表。百分表是一种应用较广的机械量仪，其外形及传动见图 2-16。当切有齿条的测量杆 5 上下移动时，带动与齿条相啮合的小齿轮 1 转动，此时与小齿轮固定在同一轴的大齿轮 2 也跟着转动。通过大齿轮即可带动中间齿轮 3 以及与中间齿轮固定在同一轴上的指针 6。这样通过齿轮传动系统就可将测量杆的微小位移经放大变为指针的偏转，并由指针在刻度盘上指出相应的数值。

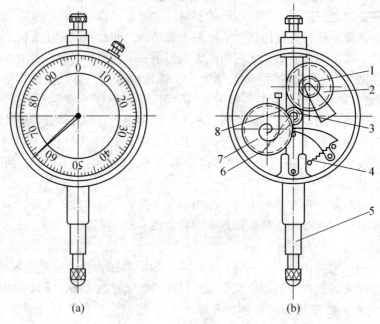

(a)　　　　　　　　　　　(b)

1—小齿轮；2、7—大齿轮；3—中间齿轮；
4—弹簧；5—测量杆；6—指针；8—游丝

图 2-16　百分表

为了消除齿轮传动系统中齿侧间隙引起的测量误差，在百分表内装有游丝 8，由游丝产生的扭转力矩作用在大齿轮 7 上。大齿轮 7 也与中间齿轮 3 啮合，这样可保证齿轮在正转或反转时都在同一齿侧面啮合。弹簧 4 用来控制百分表测量力。

微课：指示
性量具的
使用方法

百分表的分度值为 0.01 mm，表盘圆周刻有 100 条等分刻线。因此，百分表的齿轮传动系统应使测量杆移动 1 mm，指针回转一圈。百分表的示值范围有 0 ~ 3 mm、0 ~ 5 mm、0 ~ 10 mm 三种。

② 内径百分表。内径百分表是一种用比较法来测量中等精度孔径的量仪，尤其适用于测量深孔孔径。国产的内径百分表可以测量 10 ~ 450 mm 的内径，测量范围有 6 ~ 10 mm、10 ~ 18 mm、18 ~ 35 mm、35 ~ 50 mm、50 ~ 160 mm、100 ~ 250 mm、250 ~ 450 mm 等多种规格。根据被测尺寸的大小，可以选用相应测量范围的内径指示表及适当的可换测量头，它由指示表和装有杠杆系统的测量装置组成。图 2-17 所示为内径百分表结构图。

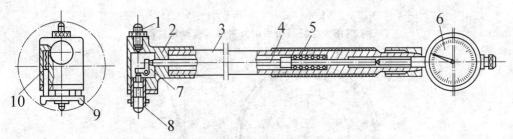

1—可换测量头；2—测量套；3—测杆；4—长传动杆；5、10—弹簧；
6—指示表；7—等臂直角杠杆；8—活动测量头；9—定位装置

图 2-17　内径百分表结构图

内径百分表的活动测量头 8 受到一定的压力，向内推动等臂直角杠杆 7 绕支点回转，并通过长传动杆 4 推动指示表 6 的测杆而进行读数。活动测量头两侧设有对称的定位弦片，定位弦片在弹簧的作用下对称地压靠在被测孔壁上，以保证两测头的轴线处于被测孔的直径截面内。

用内径指示表检测内径，是利用相对法进行测量的。先根据孔的公称尺寸组合量块组，并将量块组装在量块夹中组成标准尺寸 L，用该标准尺寸 L 来调整内径指示表的零位，然后用内径指示表测出孔径相对零位的偏差值 ΔL，则被测孔径尺寸 D 为

$$D = L + \Delta L \qquad (2-2)$$

③ 杠杆百分表。杠杆百分表又称为靠表，其分度值为 0.01 mm，示值范围一般为 ± 0.4 mm。

杠杆百分表的外形与传动原理如图 2-18 所示。它是由杠杆、齿轮传动机构等组成的。测量杆 6 摆动，通过杠杆 5 使扇形齿轮 4 绕其轴摆，并带动与它相啮合的小齿轮 1 转动，使固定在同一轴上的指针 3 偏转。

当测量杆的测头摆动 0.01 mm 时，杠杆、齿轮传动机构的指针正好偏转一小格，这样就得到 0.01 mm 的读数值。杠杆百分表的体积小，测量杆的方向又易改变，在校正工件和测量工件时使用都很方便，尤其对于小孔的校正和在机床上校正零件时，由于空间的限制，百分表放不进去，这时使用杠杆百分表就显得比较方便了。

④ 杠杆齿轮比较仪。它是将测量杆的直线位移，通过杠杆齿轮传动系统变为指针在表盘上的角位移，表盘上有不满一周的均匀刻度。图 2-19 是杠杆齿轮比较仪的外形图和传动示意图。

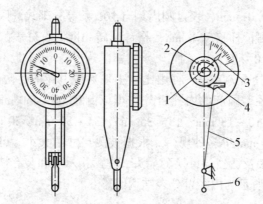

1—小齿轮；2—大齿轮；3—指针；4—扇形齿轮；5—杠杆；6—测量杆

图 2-18　杠杆百分表的外形图与传动示意图

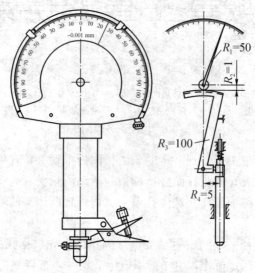

图 2-19　杠杆齿轮比较仪的外形图和传动示意图

当测量杆移动时，杠杆绕轴转动，并通过杠杆短臂 R_4 和长臂 R_3 将位移放大。同时，扇形齿轮带动与其啮合的小齿轮转动，这时小齿轮分度圆半径 R_2 与指针长度 R_1 又起放大作用，使指针在标尺上指示出相应的测量杆的位移值。

K 为杠杆齿轮比较仪的灵敏度，其计算公式为

$$K = \frac{R_1}{R_2} \cdot \frac{R_3}{R_4} \tag{2-3}$$

杠杆齿轮比较仪的分度值为 0.001 mm，标尺的示值范围为 ±0.1 mm。

（4）光学量仪。

光学量仪是利用光学原理制成的光学仪器。在长度测量中应用比较广泛的光学量仪有立式光学计、万能测长仪、工具显微镜等。下面以 JD3 型投影立式光学计为例进行介绍。

JD3 型投影立式光学计是一种精度较高、结构简单的精密光学机械长度计量器具。它利用标准量块与被测件相比较的方法来测量零件外形的微差尺寸，可以检定 5 等精度量块和 1 级精度柱形量规，也可以用于对圆柱形、球形等工件的直径或样板工件的厚度以及外螺纹的

中径做比较测量。

　　JD3 型投影立式光学计的结构如图 2-20 所示。它主要由立式光学计管、工作台、立柱、投影灯等部分组成。立式光学计管是由上端壳体 12 及下端测量管 17 两部分组成的，上端壳体 12 内装有隔热玻璃、分划板、反射棱镜、投影物镜、直角棱镜、反光镜、投影屏及放大镜等光学零件，壳体的右侧装有调节零位的微动螺钉 4，转动零位微动螺钉 4 可使分划板得到一个微小的移动而使投影屏上的刻线像迅速对准零位。测量管 17 插入仪器主体横臂 7 内，测量管内装有准直物镜、平面反光镜及光学杠杆放大系统的测量杆，测帽 18 装在测量杆上，测量杆上下移动时，使其上端的钢珠顶起平面反光镜倾斜一个 φ 角，其平面反光镜与测量杆由两个抗拉弹簧牵制，对被测件有一定的压力。测量杆的上下升降是借助于测帽提升器 9 的杠杆作用而实现的。测帽提升器 9 上有一个滚花螺钉，可调节其上升的距离，以便将工件方便地推入测帽下端，并靠两个抗拉弹簧的压力使测帽与被测件良好地接触。

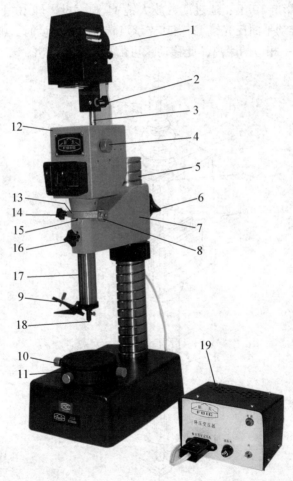

1—投影灯；2—投影灯固定螺钉；3—支柱；4—零位微动螺钉；5—立柱；6—横臂固定螺钉；7—横臂；
8—微动偏心手轮；9—测帽提升器；10—工作台调整螺钉；11—工作台底盘；12—壳体；13—微动托圈；
14—微动托圈固定螺钉；15—光管定位螺钉；16—测量管固定螺钉；17—测量管；18—测帽；19—6V 15W 变压器

图 2-20　JD3 型投影立式光学计结构图

　　投影灯 1 安装在光学计管顶端的支柱上，并用固定螺钉固紧，其电源线接在 6V 15W 的低压变压器上，照明灯的功率是15 W，投影下端装有滤色片组，也可根据需要将滤色片组拧下来获得白光照明。

JD3 型投影立式光学计的主要技术参数如下：仪器的测量范围为 0 ~ 180 mm；仪器的分度值为 0.001 mm；仪器的示值范围为±0.1 mm；仪器的不确定度为±0.25 μm（按仪器的最大示值误差给出）；测量不确定度为± (0.5+L/100) μm（按仪器的总测量误差给出）。

JD3 型投影立式光学计的检测原理如图 2–21 所示。利用光学杠杆的放大原理，将微小的位移量转换为光学影像的移动。由白炽灯泡 1 发出的光线经过聚光镜 2 和滤色片 6，经过隔热玻璃 7 照射分划板 8 的刻线面，再经过反射棱镜 9 后射向准直物镜 12。由于分划板 8 的刻线面置于准直物镜 12 的焦平面上，所以成像光束通过准直物镜 12 后成为一束平行光入射于平面反光镜 13 上，根据自准直原理，分划板刻线的像被平面反光镜 13 反射后，再经准直物镜 12 被反射棱镜 9 反射成像在投影物镜 4 的物平面上，然后通过投影物镜 4、直角棱镜 3 和反光镜 5 成像在投影屏 10 上，通过读数放大镜 11 观察投影屏 10 上的刻线像。当被测尺寸变动使测量杆 14 推动平面反光镜 13 绕其支承点转过某一角度时，则分划板上的标尺像将向后（或向左）移动一相应的距离，此移动量可由投影屏上读出。

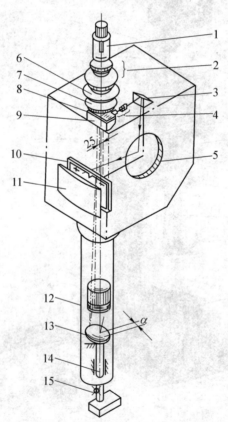

1—白炽灯泡；2—聚光镜；3—直角棱镜；4—投影物镜；5—反光镜；6—滤色片；7—隔热玻璃；
8—分划板；9—反射棱镜；10—投影屏；11—读数放大镜；12—准直物镜；13—平面反光镜；14—测量杆；15—测帽

图 2–21　JD3 型投影立式光学计检测原理图

用立式光学计检测轴径属于比较法测量，即先根据被测轴的公称尺寸 $L_{标准}$，组合量块组作为测量标准量，调整仪器的零位，再在仪器上测量出被测件与公称尺寸的偏差值 ΔL，即可求出被测量：

$$L = L_{标准} + \Delta L \qquad\qquad (2-4)$$

式中：L——被测尺寸的测量值；

$L_{标准}$——量块的实际尺寸；

ΔL——量块尺寸和被测尺寸之差。

● 工作步骤

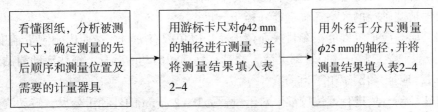

1. 用游标卡尺测量 $\phi 42$ mm 轴径的具体操作步骤

① 测量前，应把卡尺擦干净，检查卡尺的两测量面和测量刃口是否平直无损，把两只量爪紧密贴合时，应无明显的间隙，同时游标和主尺的零位刻线要相互对准，这个过程称为校对游标卡尺的零位。移动尺框时，活动要自如，不应过松或过紧，更不能有晃动现象。用固定螺钉固定尺框时，卡尺的读数不应有所改变。在移动尺框时，松开固定螺钉，但不宜过松，以免掉落。

② 对零件进行测量。测量时，卡尺两测量面的连线应垂直于被测量表面，不能歪斜。可以轻轻摇动卡尺，放正垂直位置，如图 2-22 所示。否则，若量爪在如图 2-22 所示的错误位置上，将使测量结果 a 比实际尺寸 b 大。先把卡尺的活动量爪张开，使量爪能自由地卡进工件，把零件贴靠在固定量爪上，然后移动尺框，用轻微的压力使活动量爪接触零件。如卡尺带有微动装置，此时可拧紧微动装置上的固定螺钉，再转动调节螺母，使量爪接触零件并读取尺寸。绝不可把卡尺的两个量爪调节到接近甚至小于所测尺寸，把卡尺强制卡到零件上。否则，就会使量爪变形，或使测量面过早磨损，从而使卡尺失去应有的精度。

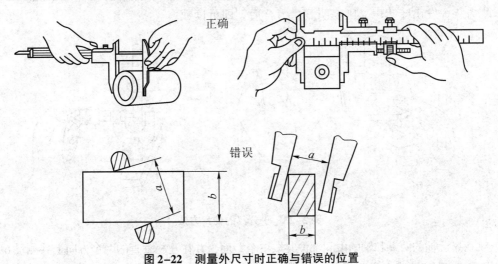

图 2-22 测量外尺寸时正确与错误的位置

注意：用游标卡尺测量零件时，不应过分地施加压力，所用压力应使两个量爪刚好接触零件表面。如果测量压力过大，不但会使量爪弯曲或磨损，且量爪在压力作用下产生弹性变形，使测量得到的尺寸不准确。在游标卡尺上读数时，应水平地拿着卡尺，朝着亮光的方向，使人的视线尽可能和卡尺的刻线表面垂直，以免由于视线的歪斜造成读数误差。

③ 在靠近轴的两端和轴的中间部位共取三个截面，并在互相垂直的两个方向上共测量6次。

④ 将测量结果填入实验报告。

⑤ 卡尺用完后，平放入盒子内。卡尺不能放在磁场附近，以免磁化，影响其正常使用。

2. 用外径千分尺测量 $\phi25$ mm 轴径的具体操作步骤

① 根据被测轴径的大小正确选择外径千分尺。

② 测量前，应把零件的被测量表面擦干净，以免因有脏物存在而影响测量精度。同时，两测头应光洁平整，微分筒应转动灵活，并没有晃动和串动的感觉，锁住活动测砧后，拧动测力装置时，应能发出均匀的咔咔声。

③ 对外径千分尺进行零位校准。对于量程为 0~25 mm 的外径千分尺，转动测微螺杆使动、定测头微接触后（若测量范围大于 0~25 mm 时，应该在两测砧面间放上校对样棒），拧动测力装置至发出咔咔声时，检查微分筒的端面是否正好使固定套筒上的"0"刻线露出来，同时微分筒圆周上的"0"刻线是否对准固定套筒的中线，如果两者位置都是正确的，则认为千分尺的零位是对的，否则就要进行零位校准。

进行零位校准时，锁紧测微螺杆，用千分尺的专用扳手插入固定套管的小孔内，扳转固定套管，使固定套管纵刻线与微分筒上零线对准；若偏离零线较大，需用小的螺钉旋具将固定套管上的紧固螺钉松脱，并使用测微螺杆与微分筒松动，转动微分筒，则能进行初步的调整（即粗调），再按上述步骤进行微调即可。

④ 千分尺测量采用双手操作，左手捏住尺架上的绝热板，右手先转动微分筒，后拧紧测力装置，如图2-23（a）所示。对于小工件测量，可用支架固定住千分尺，左手拿工件，右手拧测力装置，如图2-23（b）所示。测量时，还必须正确选择测砧与被测面的接触位置。进尺时，先调整可动测砧与固定测砧之间的距离，使其稍大于被测尺寸。放入测量位置后，拧动测力装置，并同时微微前、后、左、右摆动测杆或工件，使测杆与被测尺寸线重合，测力装置发出咔咔声，则表明测量力合适，即可读数。

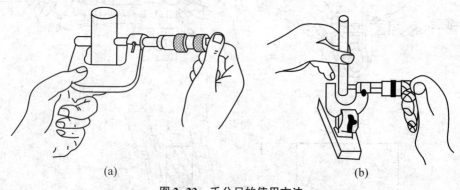

(a)　　　　　　　　　　(b)

图2-23　千分尺的使用方法

⑤ 在靠近轴的两端和轴的中间部位共取三个截面，并在互相垂直的两个方向上共测量6次。

⑥ 将测量结果填入实验报告。

⑦ 用完千分尺后，用纱布擦干净，在测砧与螺杆之间留出一点空隙，放入盒中。如长

期不用，可抹上黄油或机油，放置在干燥的地方，并注意不要让它接触腐蚀性的气体。

工作评价与反馈

测量技术基础知识认知		任务完成情况		
		全部完成	部分完成	未完成
自我评价	子任务1			
	子任务2			
工作成果 （工作成果形式）				
任务完成心得				
任务未完成原因				
本项目教与学存在的问题				

T ASK 任务 2

测量数据处理

情境导入

某机械加工厂小王师傅加工了一批套筒零件，在课堂上展示所加工零件的图片及零件图纸，请同学们讨论，这些零件可以采用哪些计量器具进行测量？在完成零件测量后，如何进行数据处理？从本任务开始，我们将学习测量误差及数据处理方法，并学会对测量数据进行正确处理。

任务要求

理解并能运用误差的相关知识；掌握测量数据的处理方法；能对测量数据进行正确处理。

● 工作任务

用内径百分表对图 2-24 所示的套筒零件进行 12 次测量，并将测量结果记录在表 2-5 中，然后对测量数据进行正确处理。

$\phi 90H7^{+0.035}_{0}$

图 2-24 套筒

表 2–5 套筒孔径测量数据记录表

被测零件	名称	尺寸标注	最大极限尺寸	最小极限尺寸
计量器具	名称	测量范围	示值范围	分 度 值
测量次数	测得值 X_i	残差 $(V_i = X_i - \overline{X})/\mu m$		$V_i^2/\mu m^2$
单次测量的标准偏差				
算术平均值的标准偏差				
测量结果			合格性判断	

● 知识准备

1. 测量误差概述

(1) 测量误差的概念。

任何测量过程, 无论采用如何精密的测量方法, 由于计量器具本身的误差以及测量方法和测量条件的限制, 其测得值都不可能为被测几何量的真值, 即任何一次测量都会存在误差, 即使对同一被测几何量连续进行多次的测量, 其测得值也不一定完全相同, 只能与其真值相近似。这种计量器具本身的误差和测量条件的限制而导致的测量结果与被测量真值之差称为测量误差。测量误差常采用以下两种指标来评定:

① 绝对误差 δ。它是指测得值 x 与其真值 x_0 之差, 即

$$\delta = x - x_0 \tag{2-5}$$

由定义可以看出, 不特别指明时, 测量误差默认为绝对误差。由于真值是无法得到的,

一般以更高精度仪器的测得值来代替；因测量结果可能大于或小于真值，故绝对误差 δ 为代数差，可以为正值、零或负值。

$$x_0 = x \pm \delta \qquad (2-6)$$

δ 的绝对值越小，被测几何量的测得值就越接近其真值，测量精度就越高，反之越低。

② 相对误差 f。相对误差是指测量的绝对误差的绝对值与被测量真值之比。在实际测量中，由于被测量真值是未知的，一般用测得值 x 代替真值 x_0 进行计算，即

$$f = \frac{|\delta|}{x_0} \approx \frac{|\delta|}{x} \qquad (2-7)$$

用 x 代替 x_0，其差异极其微小，不影响对测量精度的评定。相对误差是一个无量纲的数据，常以百分比的形式表示。

例如，测量某两个轴颈尺寸分别为 20 mm 和 200 mm，它们的绝对误差都是 0.02 mm，但是，其相对误差分别为 $f_1 = \frac{0.02}{20} = 0.1\%$，$f_2 = \frac{0.02}{200} = 0.01\%$，故前者的相对精度比后者低。在公称尺寸不同时，相对误差比绝对误差能更好地说明测量的精确程度。

（2）测量误差的来源。

产生测量误差的因素很多，主要有以下几方面。

① 计量器具引起的误差。它是指计量器具本身所具有的误差，包括计量器具的设计、制造和使用过程中产生的各项误差。

设计计量器具时，为了简化结构而采用近似设计（例如，杠杆齿轮比较仪中测量杆的直线位移与指针的角位移不成比例，而表盘标尺却采用等分刻度），或者设计的计量器具不符合阿贝（Abbe）原则（在测量工件时，要求被测量与计量器具的标准量在同一条直线上，这样仪器误差最小），都会产生测量误差。

计量器具零件的制造与装配误差也会产生测量误差，如游标卡尺刻线不准确、指示盘刻度线与指针的回转轴的安装有偏心等；计量器具的零件在使用过程中的变形、滑动表面的磨损等，也会产生测量误差。

此外，相对测量时使用的标准器具（如量块、线纹尺等）的误差，也将直接反映到测量结果中。

② 测量方法误差。它是指测量方法不完善所引起的误差。如计算公式不准确、测量方法选择不当、测量基准不统一、工件安装与定位不正确等引起测量的误差。

③ 测量环境误差。它是指测量时的环境条件与规定的条件不一致所引起的误差。规定条件包括温度、湿度、气压、振动、灰尘等测量因素要求，其中在工业制造测量中以温度的影响最大。国家标准规定标准温度为 20 ℃，测量长度时，实际温度偏离此标准温度，计量器具与被测工件因材料不同所引起的测量误差 δ 为

$$\delta = x[\alpha_2(t_2 - 20) - \alpha_1(t_1 - 20)] \qquad (2-8)$$

式中：x ——被测工件的尺寸；

t_1、t_2——计量器具、被测工件的温度，℃；

α_1、α_2——计量器具、被测工件材料的线膨胀系数。

④ 人员误差。它是指测量人员的主观因素和操作技术所引起的误差。例如，测量人员技术不熟练、使用计量器具不正确、读取示值的分辨能力不强等，都会引起测量误差。

总之，造成测量误差的因素很多，有些误差是不可避免的，有些是可以避免或减小的。测量时，应设法减小或消除各种因素对测量结果的影响，以提高测量精度。

（3）测量误差的种类。

测量误差根据性质可分为随机误差、系统误差和粗大误差。

① 随机误差。随机误差是在一定测量条件下，多次测量同一量值时，其数值大小和符号以不可预见的方式变化的误差。随机误差是测量过程中多种因素作用的综合结果。如计量器具中机构的间隙，运动件间摩擦力的变化，测量过程中温度的波动、振动，测量力的不稳定，量仪的示值变动，读数不一致等，都会引起随机性的测量误差。如果某一次测量结果无规律可循，可进行大量、多次重复测量，即发现随机误差分布服从一定的统计规律。

② 系统误差。系统误差是指在一定测量条件下，同一被测量在多次测量过程中，误差的大小和符号均保持不变或按一定规律变化的误差。前者称为定值系统误差，如千分尺的零位不正确而引起的测量误差；后者称为变值系统误差，如随温度线性变化的误差。当测量条件一定时，系统误差就获得客观上的一个定值，采用多次测量的平均也不能减弱它的影响。

③ 粗大误差。粗大误差是指由于主观上疏忽大意或客观条件发生突然变化而产生的明显超出规定条件下预期的误差。在正常情况下，一般不会产生这类误差。例如，由于操作者在测量过程中看错、读错、记错以及突然的冲击振动而引起的测量误差。通常情况下，这类误差的数值都比较大，使测量结果明显歪曲，一次正确的测量不应包含粗大误差。

因此，在进行误差分析时，主要分析系统误差和随机误差，剔除粗大误差。

（4）测量精度的分类。

测量精度是指测得值与真值的接近程度。精度是误差的相对概念。由于误差分为系统误差和随机误差，笼统的精度概念不能反映上述误差的差异，从而引出如下概念。

① 精密度：指测量结果中随机误差大小的程度，可简称为"精度"。

② 正确度：指测量结果中系统误差大小的程度，是所有系统误差的综合。

③ 精确度：指测量结果受系统误差与随机误差综合影响的程度，也就是说，它表示测量结果与真值的一致程度。精确度亦称为准确度。

在具体的测量过程中，精密度高，正确度不一定高；正确度高，精密度也不一定高。精密度和正确度都高，则精确度就高。以射击为例，如图 2-25 所示，（a）表示系统误差大而随机误差小，正确度低而精密度高；（b）表示系统误差小而随机误差大，即正确度高而精密度低；（c）表示系统误差和随机误差均小，即精确度高。

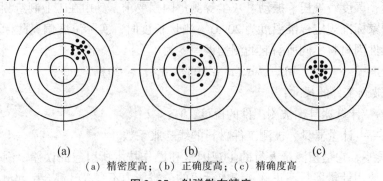

(a)　　　　　　　(b)　　　　　　　(c)

（a）精密度高；（b）正确度高；（c）精确度高

图 2-25　射弹散布精度

2. 随机误差

（1）随机误差的分布规律及其特性。

可用试验方法发现随机误差的规律。实践表明，大多数情况下，随机误差符合正态分布。为了便于理解，现举例说明。例如，在立式光学计上对某一工件的某一部位采用同一方法进行 150 次重复测量，得到 150 个测量读数，其中最大值为 12.051 5 mm，最小值为 12.040 5 mm。按测得值大小分别归入 11 组，分组间隔为 0.001 mm，有关数据见表 2-6。

表 2-6　测量数据统计表

组号	尺寸分组区间/mm	区间中心值 x_i /mm	出现次数 n_i	频率 n_i/n
1	12.040 5 ~ 12.041 5	12.041	1	0.007
2	12.041 5 ~ 12.042 5	12.042	3	0.020
3	12.042 5 ~ 12.043 5	12.043	8	0.053
4	12.043 5 ~ 12.044 5	12.044	18	0.120
5	12.044 5 ~ 12.045 5	12.045	28	0.187
6	12.045 5 ~ 12.046 5	12.046	34	0.227
7	12.046 5 ~ 12.047 5	12.047	29	0.193
8	12.047 5 ~ 12.048 5	12.048	17	0.113
9	12.048 5 ~ 12.049 5	12.049	9	0.060
10	12.049 5 ~ 12.050 5	12.050	2	0.013
11	12.050 5 ~ 12.051 5	12.051	1	0.007
	间隔区间 $\Delta x = 0.001$	测得值的平均值 $\bar{x} = \dfrac{1}{n} \sum_{i=1}^{n} x_i = 12.046$	$n = 150$	$\sum_{i=1}^{n} \dfrac{n_i}{n} = 1$

将表 2-6 中的数据画成图形，横坐标表示测得值 x_i，纵坐标表示出现的次数 n_i 或频率，并以每组的区间与相应的频率为边长画方框图，便得到频率直方图，连接各组中心值的纵坐标值所得折线，称为测得值的实际分布曲线，如图 2-26（a）所示。

如果上述试验的测量次数无限增大（ $n \rightarrow +\infty$ ），分组间隔无限减小（ $\Delta x \rightarrow 0$ ），则实际分布曲线就会变成一条光滑的正态分布曲线，也叫高斯曲线，如图 2-26（b）所示。横坐标表示随机误差 δ，纵坐标表示概率密度 y。从随机误差的正态分布曲线图可以看出，随机误差具有以下四个特性。

① 对称性：绝对值相等、符号相反的随机误差出现的概率相等。

② 单峰性：绝对值小的随机误差出现的概率比绝对值大的误差出现的概率要大。

③ 抵偿性：在一定的测量条件下，多次重复测量，各次随机误差的代数和趋于零。

④ 有界性：在一定的测量条件下，随机误差的绝对值不会超出一定界限。

因此，可以用概率论和数理统计的一些方法来研究随机误差的分布特性，从而估算误差的范围，对测量结果进行处理。

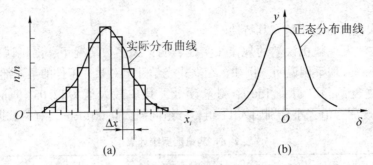

（a）频率直方图；（b）正态分布曲线

图2-26 频率直方图和正态分布曲线

（2）随机误差的评定指标。

根据概率论的原理，正态分布曲线可用下面的数学表达式表示：

$$y = f(\delta) = \frac{1}{\sigma\sqrt{2\pi}} e^{-\frac{\delta^2}{2\sigma^2}} \tag{2-9}$$

式中：y——概率密度函数；

δ——随机误差；

σ——标准偏差；

e——自然对数的底，$e = 2.718\ 28\cdots$。

从式（2-9）可以看出，概率密度 y 与随机误差 δ 及标准偏差 σ 有关，当 $\delta = 0$ 时，y 最大，$y_{max} = \frac{1}{\sigma\sqrt{2\pi}}$。不同的 σ 对应不同形状的正态分布曲线，σ 越小，y_{max} 值越大，曲线越陡，随机误差分布越集中，即测得值分布得越集中，测量的精密度越高；反之，σ 越大，y_{max} 值越小，曲线越平坦，随机误差分布越分散，即测得值分布得越分散，测量的精密度越低。如图 2-27 所示，$\sigma_1 < \sigma_2 < \sigma_3$，而 $y_{1max} > y_{2max} > y_{3max}$。根据误差理论，正态分布曲线中心位置的均值 u 代表被测量的真值 x_0，标准偏差 σ 代表测得值的分散程度。因此，σ 可作为各测得值的精密度指标。随机误差的标准偏差 σ 可用式（2-10）计算：

$$\sigma = \sqrt{\frac{\delta_1^2 + \delta_2^2 + \cdots + \delta_n^2}{n}} = \sqrt{\frac{\sum_{i=1}^{n} \delta_i^2}{n}} \tag{2-10}$$

式中：n——测量次数；

δ_i——第 i 列所对应的随机误差（$\delta_i = x_i - x_0$）。

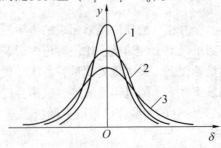

图2-27 标准偏差 σ 与正态分布曲线的关系

（3）随机误差的极限值。

由随机误差的有界性可知，随机误差不会超出某一范围。随机误差的极限值是指测量极限误差，也就是测量误差可能出现的极限值。

在多数情况下，随机误差呈正态分布，由概率论可知，正态分布曲线和横坐标轴之间所包含的面积等于所有随机误差出现的概率和。如果随机误差落在整个分布范围（$-\infty$，$+\infty$）内，则其概率 P 为

$$P(-\infty, +\infty) = \int_{-\infty}^{+\infty} y\mathrm{d}\delta = \int_{-\infty}^{+\infty} \frac{1}{\sigma\sqrt{2\pi}} \mathrm{e}^{-\frac{\delta^2}{2\sigma^2}}\mathrm{d}\delta = 1$$

而随机误差落在（$-\delta$，$+\delta$）的概率为

$$P(-\delta, +\delta) = \int_{-\delta}^{+\delta} y\mathrm{d}\delta = \int_{-\delta}^{+\delta} \frac{1}{\sigma\sqrt{2\pi}} \mathrm{e}^{-\frac{\delta^2}{2\sigma^2}}\mathrm{d}\delta$$

为计算方便，令 $z = \delta/\sigma$，则 $\mathrm{d}z = \mathrm{d}(\delta/\sigma)$，将其代入上式，得

$$P = \int_{-z}^{+z} \frac{1}{\sigma\sqrt{2\pi}} \mathrm{e}^{-\frac{z^2}{2}}\mathrm{d}z = \frac{2}{\sqrt{2\pi}} \int_{0}^{z} \mathrm{e}^{-\frac{z^2}{2}}\mathrm{d}z$$

令 $P = 2\phi(z)$，则

$$\phi(z) = \frac{1}{\sqrt{2\pi}} \int_{0}^{z} \mathrm{e}^{-\frac{z^2}{2}}\mathrm{d}z \tag{2-11}$$

式（2-11）是将所求概率转化为变量 z 的函数，该函数称为拉普拉斯（Laplace）函数，也称为概率函数积分。只要确定了 z 的值，就可以计算出 $\phi(z)$ 的值。实际使用时，可直接查正态分布函数积分表。表2-7列出了四个特殊区间的概率值。

表2-7　四个特殊 z 值对应的概率

z	$\delta = \pm z\sigma$	不超出 $|\delta|$ 的概率 $P = 2\phi(z)$
1	$\pm 1\sigma$	0.682 6
2	$\pm 2\sigma$	0.954 4
3	$\pm 3\sigma$	0.997 3
4	$\pm 4\sigma$	0.999 36

由表2-7可见，正态分布的随机误差99.73%可能分布在 $\pm 3\sigma$ 范围内，而超出该范围的概率仅为0.27%。因此，可将 $\pm 3\sigma$ 看成是单次测量的随机误差的极限值，将此值称为极限误差，记作

$$\delta_{\mathrm{lim}} = \pm 3\sigma = \pm 3\sqrt{\frac{\sum_{i=1}^{n} \delta_i^2}{n}} \tag{2-12}$$

选择不同的 z 值，就可以对应不同的概率，进而得到不同的极限误差，但其可信度也不同。例如，选 $z=2$ 时，可信度为95.44%，意味着按照 $\pm 2\sigma$ 估计随机误差时，在100个零件中，可能有4.56个零件超差；而选 $z=3$ 时，可信度为99.73%，意味着按照 $\pm 3\sigma$ 估计随机误差时，在1000个零件中，可能有2.7个零件超差。

例如，某次测量的测得值为50.002 mm，若已知总体标准偏差 $\sigma = 0.000\ 3$ mm，置信度

取 99.73% 时，其测量结果应为

$$(50.002 \pm 3 \times 0.000\ 3)\ \text{mm} = (50.002 \pm 0.000\ 9)\text{mm}$$

即被测几何量的真值有 99.73% 的可能性为 50.001 1 ~ 50.002 9 mm。

因此，当取置信度为 99.73% 时，单次测量结果可表示为

$$x = x_i \pm \delta_{\text{lim}} = x_i \pm 3\sigma \tag{2-13}$$

式中：x_i——某一次的测量值。

（4）测量列中随机误差的处理。

由分析可知，随机误差的出现是不规则的，也是不可避免和无法消除的，可用数理统计的方法将多次测量同一量的各测得值做统计处理，来估计和评定测量结果。

① 测量列的算术平均值 $\bar{x}$。由于测量误差的存在，在同一条件下，对同一被测量进行多次重复测量，将得到一系列不同的测量值，设测量列为 $x_1, x_2, \cdots, x_n$，则算术平均值为

$$\bar{x} = \frac{1}{n}\sum_{i=1}^{n} x_i \tag{2-14}$$

式中：n——测量次数。

当 $n \to \infty$ 时，$\bar{x}$ 就接近于真值。因此，在多次测量时，常用 $\bar{x}$ 代替真值 x_0 进行计算。

② 残差（残余误差）。残余误差 v_i 简称为残差，是指用算术平均值 $\bar{x}$ 代替真值 x_0 后计算得到的误差。一个测量列就对应着一个残差。

$$v_i = x_i - \bar{x} \tag{2-15}$$

当测量次数 n 足够大时，残差的代数和趋近于零，即 $\sum_{i=1}^{n} v_i = 0$；残差的平方和 $\sum_{i=1}^{n} v_i^2$ 为最小，即 $\sum_{i=1}^{n} v_i^2 = \min$。

③ 测量列算术平均值的标准偏差 $\sigma_{\bar{x}}$。它是表征随机误差分散程度的指标。由于随机误差 δ_i 是未知量，实际测量时常用残差 v_i 代替随机误差 δ_i，所以测量列中单次测量值的标准偏差 σ 的估算值为

$$\sigma \approx \sqrt{\frac{\sum_{i=1}^{n} v_i^2}{n-1}} = \sqrt{\frac{\sum_{i=1}^{n}(x_i - \bar{x})^2}{n-1}} \tag{2-16}$$

计算测量列算术平均值的标准偏差 $\sigma_{\bar{x}}$：

$$\sigma_{\bar{x}} = \frac{\sigma}{\sqrt{n}} \approx \sqrt{\frac{\sum_{i=1}^{n} v_i^2}{n(n-1)}} \tag{2-17}$$

④ 测量列测量结果的表示。当取置信度为 99.73% 时，测量列的极限误差 $\delta_{\text{lim}\bar{x}}$ 为

$$\delta_{\text{lim}\bar{x}} = \pm 3\sigma_{\bar{x}} \tag{2-18}$$

测量列的测量结果可表示为

$$x_0 = \bar{x} \pm \delta_{\text{lim}\bar{x}} = \bar{x} \pm 3\sigma_{\bar{x}} \tag{2-19}$$

3. 系统误差

系统误差以一定的规律对测量结果产生较显著的影响。因此，分析处理系统误差的关键在于发现系统误差，并设法消除或减小系统误差，以有效提高测量精度。

（1）系统误差的发现。

① 定值系统误差的发现：一般通过用更高精度的计量器具进行检测确定。

调整计量器具的零位，如测量前对千分尺等量具进行调零处理。

对于标准量具或标准件，事先进行检定，在测量结果中予以消除，如量块按等使用就可提高其测量精度。

② 变值系统误差的发现：一般采用残差观察法，即根据测量值的残差，进行列表或作图进行观察，发现其误差变化规律。

若残差大体正、负相同，无明显的变化规律，如图 2-28（a）所示，则可认为不存在变值系统误差。

若残差有规律地递增或递减，如图 2-28（b）所示，则存在线性变化系统误差。例如，随着时间的推移，温度逐渐均匀变化，由于工件的热膨胀，长度随着温度而变化，所以在一系列测量值中就存在随时间线性变化的系统误差。

若残差周期性地逐渐由负变正或由正变负，或符合某种函数变化，如图 2-28（c）所示，则存在周期性系统误差。例如，百分表的指针回转中心与刻度盘中心有偏心时，指针在任意转角位置的误差按正弦规律变化。

若残差按某种特定的规律变化，如图 2-28（d）所示，则存在复杂变化的系统误差。

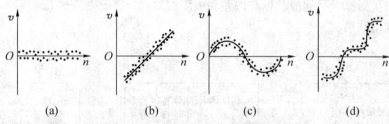

图 2-28　用残差作图判断系统误差

（2）系统误差的消除。

一般地，变值系统误差的消除形式多样，一般采用结果修正法。例如，对于带有方向性的已定系统误差，采用抵消法消除。如测量结果出现正、负相间的规律，用平均值法处理。例如，测量零件上螺纹的螺距时，为了抵消工件安装不正确引起的系统误差，可分别测量左、右牙面螺距，再取其算术平均值。

用两次读数然后取平均值法是一种常用的消除系统误差的方法。例如，用水平仪测量某一平面的倾斜角，由于水平仪气泡原始零位不准确而产生的系统误差为正值，若将水平仪调头再测一次，则产生系统误差为负值，且大小相等，因此可取两次读数的算术平均值作为测量结果。

系统误差的消除比较复杂，本书只做简介，实践时请参阅有关文献。

4. 粗大误差

粗大误差的特点是误差较大，对测量结果产生明显的歪曲，应从测量数据中予以剔除。判断粗大误差常用拉依达（Pauta）准则，又称 3σ 准则，即凡是绝对值大于 3σ 的残差，就可看成粗大误差。其判别式为

$$|v_i| > 3\sigma \qquad\qquad (2\text{-}20)$$

剔除具有粗大误差的测量值后，应根据剩余的测量值重新计算 σ，再根据 3σ 准则判断

是否还含有粗大误差。

需要说明的是：3σ 准则适合于多次测量的判断，当测量次数少于 10 次时，应采用其他方法判断。

5. 等精度直接测量列的数据处理

对测量结果进行数据处理是为了找出被测量最可信的数值以及评定这一数值所包含的误差。在相同的测量条件下，对同一被测量进行多次连续测量，可得到一测量列。测量列中可能同时存在随机误差、系统误差和粗大误差，为了得到正确的测量结果，必须对这些误差进行处理。

对于定值系统误差，应在测量过程中予以判别处理，用修正值法消除或减小，而后得到的测量列的数据处理按以下步骤进行：

① 计算测量列的算术平均值；

② 计算测量列的残差；

③ 判断变值系统误差；

④ 计算任一测得值的标准偏差；

⑤ 判断有无粗大误差，若有，则应予以剔除，并重新组成测量列，重复上述计算，直到剔除完为止；

⑥ 计算测量列算术平均值的标准偏差和极限误差；

⑦ 确定测量结果。

● **工作步骤**

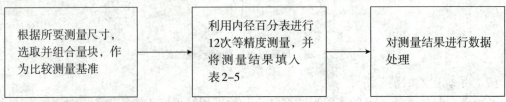

1. 利用内径百分表测量孔径的步骤

① 根据被测零件公称尺寸选择适当的可换测头装入量杆的头部，用专用扳手扳紧锁紧螺母。

② 将百分表与测杆安装在一起，使表盘与两测头连线平行，且表盘指针压 1 ~ 2 圈，调整好后转动锁紧螺母固紧。

③ 按被测孔径的公称尺寸组合量块，擦净后装夹在量块夹内。

④ 将内径百分表的两测头放入量块夹内，并按图 2-29（a）的方法轻轻摆动量杆使百分表读数最小，然后可转动百分表的滚花环，将百分表调零（指针转折点位置）。

⑤ 手握内径百分表的隔热手柄，先将内径百分表的活动测头轻轻压入被测孔径中，然后放入可换测头。当测头达到指定的测量部位时，按图 2-29（b）的方法使表微微地在轴向截面内摆动，读出百分表最小读数，即为该测量点孔径的实际偏差。

测量时实际偏差的正、负符号判断法如下：百分表指针按顺时针方向未达到"零"点的读数是正值，表针按顺时针方向超过"零"点的读数是负值。

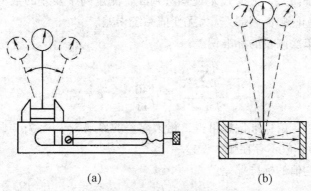

(a)　　　　　　　　(b)

图 2-29　内径指示表找转折点

⑥ 在靠近套筒的两端和中间部位共取 6 个截面，并在每个截面互相垂直的两个方向上，共测量 12 次。

⑦ 将测量结果填入实验报告用表 2-5，测量数据见表 2-8。

2. 对等精度测量数据进行数据处理的步骤

假定定值系统误差已被消除。

表 2-8　测量数据及计算表

序号	测得值 x_i /mm	残差（$v_i = x_i - \bar{x}$）/μm	残差的平方 v_i^2 /μm²
1	90.004	-3	9
2	90.009	+2	4
3	90.009	+2	4
4	90.004	-3	9
5	90.008	+1	1
6	90.009	+2	4
7	90.006	-1	1
8	90.008	+1	1
9	90.008	+1	1
10	90.005	-2	4
11	90.008	+1	1
12	90.006	-1	1
	$\bar{x} = 90.007$	$\sum_{i=1}^{n} v_i = 0$	$\sum_{i=1}^{12} v_i^2 = 40$

解：① 计算算术平均值：

$$\bar{x} = \frac{1}{n}\sum_{i=1}^{n} x_i = \frac{1}{12}\sum_{i=1}^{12} x_i = 90.007 \text{（mm）}$$

② 计算残差：残差 $v_i = x_i - \bar{x}$，同时为了后续计算，需计算出 v_i^2 和 $\sum_{i=1}^{n} v_i$，见表 2-8。

③ 判断变值系统误差：根据残差观察法判断，测量列中残差的数值大体上正、负不规则相间，无明显的变化规律，所以认为无变值系统误差。

④ 计算测量列单次测量的标准偏差：

$$\sigma \approx \sqrt{\frac{\sum\limits_{i=1}^{n} v_i^2}{n-1}} = \sqrt{\frac{40}{11}} = 1.9 \ (\mu m)$$

⑤ 判断粗大误差：由标准偏差可得，粗大误差的界限 $3\sigma = 5.7\mu m$，由表 2-8 可知所列残差均小于该界限值，故不存在粗大误差。

⑥ 计算算术平均值的标准偏差：

$$\sigma_{\bar{x}} = \frac{\sigma}{\sqrt{n}} = \frac{1.9}{\sqrt{12}} = 0.55 \ (\mu m)$$

当取置信度为 99.73% 时，测量列的极限误差 $\delta_{\lim\bar{x}}$ 为

$$\delta_{\lim\bar{x}} = \pm 3\sigma_{\bar{x}} = \pm 0.001\ 6 \ (mm)$$

⑦ 测量结果：测量列的测量结果可表示为

$$x_0 = \bar{x} \pm \delta_{\lim\bar{x}} = 90.007 \pm 0.001\ 6 \ (mm)$$

工作评价与反馈

测量数据处理	任务完成情况		
	全部完成	部分完成	未完成
自我评价			
工作成果 （工作成果形式）			
任务完成心得			
任务未完成原因			
本项目教与学存在的问题			

TASK
任务 3

计量器具选择

情境导入

某汽车配件厂小张师傅加工了一批阶梯轴零件，在课堂上展示所加工零件的图片及零件

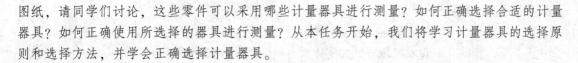

图纸，请同学们讨论，这些零件可以采用哪些计量器具进行测量？如何正确选择合适的计量器具？如何正确使用所选择的器具进行测量？从本任务开始，我们将学习计量器具的选择原则和选择方法，并学会正确选择计量器具。

任务要求

　　理解计量器具的选择原则；掌握计量器具的选择方法；能根据被测工件精度要求正确选择计量器具。

● **工作任务**

　　图 2-30 所示阶梯轴零件的尺寸为 $\phi 55\text{k}6^{+0.021}_{+0.002}$ mm，根据其精度要求选择合适的计量器具，并利用计量器具对其进行测量，将测量数据填入表 2-4 中。

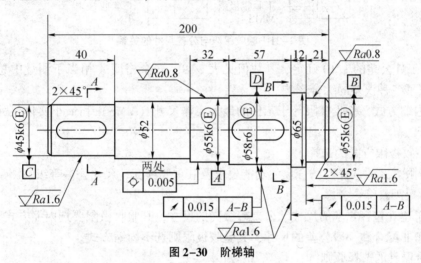

图 2-30　阶梯轴

● **知识准备**

　　由于任何测量都存在测量误差，所以在验收产品时，测量误差的主要影响是产生两种错误判断：一是把超出公差界限的废品误判为合格品接收，称为误收；二是将接近公差界限的合格品误判为废品而给予报废，称为误废。

　　误收和误废不利于质量的提高和成本的降低。为了适当控制误废，尽量减少误收，根据我国的生产实际，GB/T 3177—2009《产品几何技术规范（GPS）光滑工件尺寸的检验》中规定了验收极限、计量器具的测量不确定度允许值和计量器具的选用原则（但对温度、压陷效应等不进行修正）。

　　1. 工件尺寸验收极限的确定

　　验收极限是检验工件尺寸是否合格的尺寸界限。

　　（1）验收极限尺寸的确定。

　　验收极限尺寸可按下列方式之一确定：

　　① 内缩方式。验收极限是从规定的最大实体尺寸（MMS）和最小实体尺寸（LMS）分别向工件公差内移动一个安全裕度（A）来确定，如图 2-31 所示。

孔尺寸的验收极限：

$$\begin{cases} 上验收极限 = 最小实体尺寸（LMS）-安全裕度（A） \\ 下验收极限 = 最大实体尺寸（MMS）+安全裕度（A） \end{cases}$$

轴尺寸的验收极限：

$$\begin{cases} 上验收极限 = 最大实体尺寸（MMS）-安全裕度（A） \\ 下验收极限 = 最小实体尺寸（LMS）+安全裕度（A） \end{cases}$$

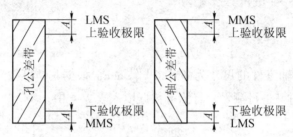

图2-31　验收极限与公差尺寸的关系

A 值按工件公差的 1/10 确定，其数值见表 2-9。安全裕度 A 相当于测量中总的不确定度，它表征了各种误差的综合影响。

② 不内缩方式。验收极限等于工件的最大实体尺寸（MMS）和最小实体尺寸（LMS），即 A 值等于零。

（2）验收极限方式的选择。

验收极限方式的选择要结合尺寸功能要求及其重要程度、尺寸公差等级、测量不确定度和工艺能力等因素综合考虑。

① 对于遵守包容要求的尺寸、公差等级高的尺寸，其验收极限要选内缩方式。

② 对于非配合和一般公差的尺寸，其验收极限则选不内缩方式。

2. 计量器具的选择原则

要测量零件上某一尺寸，可以选择不同的计量器具。在进行计量器具选择时，既要保证测量的精确度，即满足测量的精度要求，又要争取测量的经济性，即尽量降低生产成本。一般来说，我们选取的应该是既能满足精度要求而精度又较低的计量器具。在综合考虑中，应按以下五点要求进行选择。

（1）根据被测工件的批量选择计量器具。

对于单件或少量的测量，应以选择通用量具或万能计量器具为主；对于大批量的工件，则应选用高效率的自动化专用检验器具。

（2）根据被测工件尺寸的大小确定计量器具的规格（测量范围、示值范围）。

选择计量器具时，应使计量器具的测量范围能容纳工件，或测头能伸入被测部位。

（3）根据被测工件的公差选择计量器具的精度。

公差值越大，对测量的精度要求越低；公差值越小，对测量的精度要求就越高。所选计量器具的精度指标，必须满足被测对象的精度要求，才能保证测量的准确性。一般情况下，计量器具测量极限误差限制在被测尺寸公差的 1/10～1/3，尺寸精度较高时取 1/3，精度较低时取 1/10。

（4）在满足测量精度的情况下考虑经济性原则。

在保证测量准确度的前提下，应考虑计量器具的经济性指标，即选用成本较低、操作方便、维护保养容易、对操作者技术水平和熟练程序要求不高的计量器具。

（5）根据被测工件的具体情况进行选择。

应根据被测工件的结构、形状、质量、材料、刚性及表面粗糙度等选择计量器具。对于很粗糙的表面，不能用高精度的计量器具去测量；工件的材料较软（如铜、铅等）、刚性较差时，就不应用测量力大的计量器具，或只好选用非接触式量仪；工件太重，就不应置于仪器上测量，而应考虑将仪器或量具置于工件上测量等。

3. 计量器具的选择

应按照计量器具的测量不确定度允许值（u_1）选择计量器具。选择时，应使所选用的计量器具的测量不确定度数值等于或小于选定的 u_1 值。

计量器具的测量不确定度允许值（u_1）按测量不确定度（u）与工件公差的比值分档。IT6～IT11 级分为 Ⅰ、Ⅱ、Ⅲ 三档，分别为工件公差的 1/10、1/6、1/4，见表 2-9。IT12～IT18 级分为 Ⅰ、Ⅱ 两档。

表 2-9　安全裕度（A）与计量器具的测量不确定度允许值（u_1）

（单位：μm）

公差等级		6					7					8				
公称尺寸/mm		T	A	u_1			T	A	u_1			T	A	u_1		
大于	至			Ⅰ	Ⅱ	Ⅲ			Ⅰ	Ⅱ	Ⅲ			Ⅰ	Ⅱ	Ⅲ
—	3	6	0.6	0.5	0.9	1.4	10	1.0	0.9	1.5	2.3	14	1.4	1.3	2.1	3.2
3	6	8	0.8	0.7	1.2	1.8	12	1.2	1.1	1.8	2.7	18	1.8	1.6	2.7	4.1
6	10	9	0.9	0.8	1.4	2.0	15	1.5	1.4	2.3	3.4	22	2.2	2.0	3.3	5.0
10	18	11	1.1	1.0	1.7	2.5	18	1.8	1.7	2.7	4.1	27	2.7	2.4	4.1	6.1
18	30	13	1.3	1.2	2.0	2.9	21	2.1	1.9	3.2	4.7	33	3.3	3.0	5.0	7.4
30	50	16	1.6	1.4	2.4	3.6	25	2.5	2.3	3.8	5.6	39	3.9	3.5	5.9	8.8
50	80	19	1.9	1.7	2.9	4.3	30	3.0	2.7	4.5	5.8	46	4.6	4.1	6.9	10
80	120	22	2.2	2.0	3.3	5.0	35	3.5	3.2	5.3	7.9	54	5.4	4.9	8.1	12
120	180	25	2.5	2.3	3.8	5.6	40	4.0	3.6	6.0	9.0	63	6.3	5.7	9.5	14
180	250	29	2.9	2.6	4.4	6.5	46	4.6	4.1	6.9	10	72	7.2	6.5	11	16
250	315	32	3.2	2.9	4.8	7.2	52	5.2	4.7	7.8	12	81	8.1	7.3	13	18
315	400	36	3.6	3.2	5.4	8.1	57	5.7	5.1	8.5	13	89	8.9	8.0	13	20
400	500	40	4.0	3.6	6.0	9.0	63	6.3	5.7	9.5	14	97	9.7	8.7	15	22

续表

公差等级		9					10					11			
公称尺寸/mm		T	A	u₁			T	A	u₁			T	A	u₁	
				I	II	III			I	II	III			I	II	III
大于	至															
—	3	25	2.5	2.3	3.8	5.6	40	4.0	3.6	6.0	9.0	60	6.0	5.4	9.0	14
3	6	30	3.0	2.7	4.5	6.8	48	4.8	4.3	7.2	11	75	7.5	6.8	11	17
6	10	36	3.6	3.3	5.4	8.1	58	5.8	5.2	8.7	13	90	9.0	8.1	14	20
10	18	43	4.3	3.9	6.5	9.7	70	7.0	6.3	11	16	110	11	10	17	25
18	30	52	5.2	4.7	7.8	12	84	8.4	7.6	13	19	130	13	12	20	29
30	50	62	6.2	5.6	9.3	14	100	10	9.0	15	23	160	16	14	24	36
50	80	74	7.4	6.7	11	17	120	12	11	18	27	190	19	17	29	43
80	120	87	8.7	7.8	13	20	140	14	13	21	32	220	22	20	33	50
120	180	100	10	9.0	15	23	160	16	15	24	36	250	25	23	38	56
180	250	115	12	10	17	26	185	19	17	28	42	290	29	26	44	65
250	315	130	13	12	19	29	210	21	19	32	47	320	32	29	48	72
315	400	140	14	13	21	32	230	23	21	35	52	360	36	32	54	81
400	500	155	16	14	23	35	250	25	23	38	56	400	40	36	60	90

公差等级		12				13				14				15			
公称尺寸/mm		T	A	u₁		T	A	u₁		T	A	u₁		T	A	u₁	
				I	II			I	II			I	II			I	II
大于	至																
—	3	100	10	9.0	15	140	14	13	21	250	25	23	38	400	40	36	60
3	6	120	12	11	118	180	18	16	27	300	30	27	45	480	48	43	72
6	10	150	15	14	23	220	22	20	33	360	36	32	54	580	58	52	87
10	18	180	18	16	27	270	27	24	41	430	43	39	65	700	70	63	110
18	30	210	21	19	32	330	33	30	50	520	52	47	78	840	84	76	130
30	50	250	25	23	38	390	39	35	59	620	62	56	93	1000	100	90	150
50	80	300	30	27	45	460	46	41	69	740	74	67	110	1200	120	110	180
80	120	350	35	32	53	540	54	49	81	870	87	78	130	1400	140	130	210
120	180	400	40	36	60	630	63	57	95	1000	100	90	150	1600	160	150	240
180	250	460	46	41	69	720	72	65	110	1150	115	100	170	1800	180	170	280
250	315	520	52	47	78	810	81	73	120	1300	130	120	190	2100	210	190	320
315	400	570	57	51	86	890	89	80	130	1400	140	130	210	2300	230	210	350
400	500	630	63	57	95	970	97	87	150	1500	150	140	230	2500	250	230	380

公差等级		16				17				18			
公称尺寸/mm		T	A	u_1		T	A	u_1		T	A	u_1	
大于	至			I	II			I	II			I	II
—	3	600	60	554	90	1000	100	90	150	1400	140	135	21
3	6	750	75	68	110	1200	120	110	180	1800	180	160	170
6	10	900	90	81	140	1500	150	140	230	2200	220	200	330
10	18	1100	110	100	170	1800	180	160	270	2700	270	240	400
18	30	1300	120	200	2	100	210	190	320	3300	330	300	490
30	50	1600	160	140	240	2500	250	220	380	3900	390	350	580
50	80	1900	190	170	290	3000	300	270	450	4600	460	410	690
80	120	2200	220	200	330	3500	350	320	530	5400	540	480	810
120	180	2500	250	230	380	4000	400	360	600	6300	630	570	940
180	250	2900	290	260	440	4600	460	410	690	7200	720	650	1080
250	315	3200	320	290	480	5200	520	470	780	8100	810	730	1210
315	400	3600	360	320	540	5700	570	510	850	8900	890	800	1330
400	500	4000	400	360	600	6300	630	570	950	9700	970	870	1450

计量器具的测量不确定度允许值（u_1）约为测量不确定度（u）的 0.9 倍，即

$$u_1 = 0.9u \tag{2-21}$$

一般情况下，应优先选用 I 档，其次选用 II、III 档。

选择计量器具时，应保证其不确定度不大于其允许值 u_1。有关量仪值 u_1 见表 2-10 ~ 表 2-13。

表 2-10　安全裕度及计量器具不确定度的允许值　　（单位：mm）

零件公差值 T		安全裕度 A	计量器具的不确定度的允许值 u_1
大于	至		
0.009	0.018	0.001	0.000 9
0.018	0.032	0.002	0.001 8
0.032	0.058	0.003	0.002 7
0.058	0.100	0.006	0.005 4
0.100	0.180	0.010	0.009 0
0.180	0.320	0.018	0.016 0
0.320	0.580	0.032	0.029 0
0.580	1.000	0.060	0.054 0
1.000	1.800	0.100	0.090 0
1.800	3.200	0.180	0.160 0

表 2-11　千分尺和游标卡尺的不确定度 u'_1　　　　　　　（单位：mm）

尺寸范围		计量器具类型			
		分度值0.01 外径千分尺	分度值0.01 内径千分尺	分度值0.02 游标卡尺	分度值0.05 游标卡尺
大于	至	不确定度			
0	50	0.004			
50	100	0.005	0.008		
100	150	0.006			0.050
150	200	0.007			
200	250	0.008	0.013		
250	300	0.009			
300	350	0.010		0.020	
350	400	0.011	0.020		0.100
400	450	0.012			
450	500	0.013	0.025		
500	600				
600	700		0.030		
700	1000				0.150

注：当采用比较测量时，千分尺的不确定度可小于本表规定的数值。

当所选用的计量器具达不到 GB/T 3177—2009 规定的 u_1 值时，在一定范围内，可采用大于 u_1 的数值，此时需按下式重新计算出相应的安全裕度（A' 值），再由最大实体尺寸和最小实体尺寸分别向公差带内移动 A'，定出验收极限（A' 不超过工件公差的 15%）：

$$A' = \frac{1}{0.9}u'_1 \tag{2-22}$$

表 2-12　比较仪的不确定度 u'_1　　　　　　　（单位：mm）

尺寸范围		所使用的计量器具			
		分度值为 0.000 5（相当于放大倍数 2000 倍）的比较仪	分度值为 0.001（相当于放大倍数 1000 倍）的比较仪	分度值为 0.002 的比较仪	分度值为 0.005 的比较仪
大于	至	不确定度			
0	25	0.000 6	0.001 0	0.001 7	
25	40	0.000 7			
40	65	0.000 8	0.001 1	0.001 8	0.003 0
65	90	0.000 8			
90	115	0.000 9	0.001 2	0.001 9	
115	165	0.001 0	0.001 3		
165	215	0.001 2	0.001 4	0.002 0	
215	265	0.001 4	0.001 6	0.002 1	0.003 5
265	315	0.001 6	0.001 7	0.002 2	

注：测量时，使用的标准器由 4 块 1 级（或 4 等）量块组成。

表 2-13　指示表的不确定度 u_1'　　　　　　　　　　　　　（单位：mm）

尺寸范围		所使用的计量器具			
		分度值为 0.001 mm 千分表（0 级在全程范围内，1 级在 0.2 mm 内），分度值为 0.002 mm 千分表（在 1 转范围内）	分度值为 0.001 mm、0.002 mm、0.005 mm 千分表（1 级在全程范围内），分度值为 0.01 mm 百分表（0 级在任意 1 mm 内）	分度值为 0.01 mm 百分表（0 级在全程范围内，1 级在任意 1 mm 内）	分度值为 0.01 mm 百分表（1 级在全程范围内）
大于	至	不确定度			
0	25	0.005	0.010	0.018	0.030
25	40				
40	65				
65	90				
90	115				
115	165	0.006			
165	215				
215	265				
265	315				

注：测量时，使用的标准器由 4 块 1 级（或 4 等）量块组成。

正确选择计量器具的具体步骤如下：

① 根据被测工件的公差值，由 GB/T 3177—2009 中查出或计算出测量不确定度允许值 u（即安全裕度 $A = IT/10$）。

② 由公式 $u_1 = 0.9A$ 计算出计量器具不确定度允许值 u_1。

③ 选择计量器具的不确定度不大于 u_1，同时被测工件尺寸又在计量器具的测量范围之内。

④ 确定验收极限。

● **工作步骤**

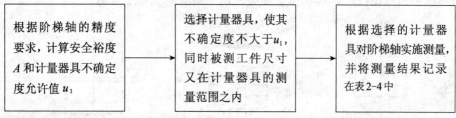

1. 根据阶梯轴精度选择计量器具的步骤

① 确定安全裕度 A 和计量器具不确定度允许值 u_1。已知工件公差 IT = 0.019 mm，由表 2-10 查得安全裕度 $A = 0.002$ mm，计量器具不确定度允许值 $u_1 = 0.001\,8$。

② 计量器具的选择。工件尺寸为 55 mm，由表 2-14 查得分度值为 $i = 0.001$ mm 的立式（卧式）光学计的不确定度允许值为 0.001 3，小于上述计量器具的不确定度允许值 0.001 8 mm，因此可以满足使用要求，选用立式光学计对该轴径进行测量。

表 2-14　常用计量仪器的测量极限误差

计量仪器名称	分度值/mm	所用量块		尺寸范围/mm							
		检定等别	精度级别	1~10	10~50	60~80	80~120	120~180	180~260	260~360	360~500
				测量极限误差/μm							
接触式干涉仪				0.1							
立式光学计测外尺寸	0.001	4	1	0.4	0.6	0.8	1.0	1.2	1.8	2.5	3.0
		5	2	0.7	1.0	1.3	1.6	1.8	2.5	3.5	4.5
立式测长仪测外尺寸	0.001	绝对测量		1.1	1.5	1.9	2.0	2.3	2.3	3.0	3.5
卧式测长仪测内尺寸	0.001	绝对测量		2.5	3.0	3.3	3.5	3.8	4.2	4.8	—
测长机	0.001	绝对测量		1.0	1.3	1.6	2.0	2.5	4.0	5.0	6.0
万能工具测微镜	0.001	绝对测量		1.5	2.0	2.5	2.5	3.0	3.5	—	—

③ 确定验收极限。若测量结果采用内缩方式确定验收极限：

$$\begin{cases} 上验收极限 = d_{max} - A = （55.021 - 0.001\,9）\,mm = 55.019\,1\,mm \\ 下验收极限 = d_{min} + A = （55.002 + 0.001\,9）\,mm = 55.003\,9\,mm \end{cases}$$

只要测量尺寸在上、下验收极限范围内，零件即合格。

2. 利用立式光学计测量轴径的步骤

① 测量前，应先擦净零件表面及仪器工作台。

② 根据被测工件形状，正确选择测帽装入测量杆中。测量时，被测物体与测帽间的接触面必须最小，即近于点或线接触。因此在测量平面时，须使用球面测帽；测量柱面时，宜采用刀刃形或平面测帽；对球形物体，则应采用平面测帽（图 2-32）。

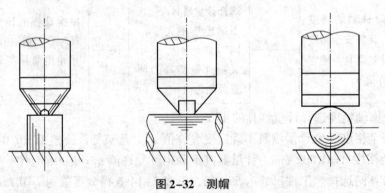

图 2-32　测帽

③ 选择合适工作台。立式光学计备有带筋工作台和平面工作台。选择工作台时，应使被测工件与工作台接触面积最小，接近于点或线接触。测量球径或轴径等具有圆弧表面的零

件时，应选用平面工作台；测量量块或粗糙度数值小的平行平面零件尺寸时，应选用带筋工作台。

④ 工作台的检查与调整。测量前，应检查工作台的表面质量，台面应清洁、防尘、去毛刺，不应有凸起的碰伤、划痕和锈蚀，台面中心不允许呈凹形。

还要对工作台进行调整，以保证工作台平面与光学计管测量轴线垂直。调整时，在光学计测量杆上安装 $\phi 8\ mm$ 的平面测帽。选用一块尺寸为 5 mm 左右的 5 等量块，将其放在工作台上，松开工作台侧处于垂直方向的 4 个制动螺钉，用目测将工作台置于底座圆形凹槽的中央，并使 4 个制动螺钉稍稍顶住工作台。如图 2-33 所示，让测帽前、后、左、右的 1/2 个工作面先后与量块同一个位置相接触，根据两次读数的差异，调整工作台前、后、左、右两个调节螺钉，双手分别放在相对的螺钉上，一进一退，眼睛看着目镜找最小转折点，直至量块同一位置与测帽前、后、左、右 4 个位置上的半个工作面相接触的读数差值小于 0.3 μm 为止。

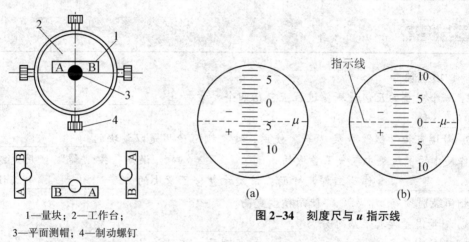

1—量块；2—工作台；
3—平面测帽；4—制动螺钉
图 2-33　工作台调整

图 2-34　刻度尺与 μ 指示线

⑤ 按被测尺寸组合量块。将选好的量块用汽油棉花擦去表面防锈油，并用绒布擦净，用少许压力将两量块工作面相互研合。

⑥ 将量块组放在工作台上，按量块组尺寸调零。先粗调：松开支臂紧固螺钉，旋转粗调节螺母，直到投影屏中看到标尺像。锁紧支臂紧固螺钉。再细调：松开测量管紧固螺钉，旋转微动偏心手轮，从投影屏中看到零位置指示线，对准零位，锁紧测量管紧固螺钉。拨动几次提升器，若此时零位指示线仍偏离零位线，则旋转零位微动螺钉，使零位指示线准确对准零位，如图 2-34（b）所示。

⑦ 抬起提升杠杆，取出量块，轻轻地将被测件放在工作台上，并在测帽下来回移动，其最高转折点（直径位置）即为测得值，如图 2-34（a）所示。

⑧ 在靠近轴的两端和轴的中间部位共取三个截面，并在每个截面互相垂直的两个方向上，共测量六次。

⑨ 将测量结果填入实验报告。

⑩ 测量完毕，清洗工件和工作台。

工作评价与反馈

计量器具选择	任务完成情况		
	全部完成	部分完成	未完成
自我评价			
工作成果 （工作成果形式）			
任务完成心得			
任务未完成原因			
本项目教与学存在的问题			

巩固与提高

一、填空题

1. 一个完整的几何量测量过程应包括四个要素：_____、_____、_____和_____。

2. 量块可按"级"或按"等"使用。按"级"使用是以量块的_____作为工作尺寸的，该尺寸包含了量块的_____误差；按"等"使用是以量块的_____作为工作尺寸的，该尺寸包含了量块的_____误差。因此，相同级别按_____使用精度更高。

3. 测量误差按其性质可分为_____、_____和_____。

4. 主动测量是指_____的测量，其目的是_____；被动测量是指_____的测量，其目的是_____。

二、简答题

1. 测量的实质是什么？一个完整的几何量测量过程包括哪几个要素？

2. 什么是尺寸传递系统？为什么要建立尺寸传递系统？

3. 量块分等、分级的依据是什么？按"级"使用和按"等"使用量块有什么不同？

4. 测量误差分为哪几类？影响各类测量误差的因素有哪些？

5. 举例说明下列术语的区别：

（1）分度值与刻度间距；

（2）示值范围与测量范围；

（3）绝对误差与相对误差；

（4）绝对测量与相对测量。

6. 举例说明随机误差、系统误差和粗大误差的特性和不同，以及如何处理它们。

7. 在尺寸检测时，误收与误废是怎样产生的？检测标准中是如何解决此问题的？

三、综合实训题

1. 某仪器在示值为 30 mm 处的校正值为 +0.002 mm，当用此仪器测量零件时，读数正好为 30 mm，问此零件的实际尺寸是多少？

2. 用立式光学计，对某轴径的同一个位置重复测量 12 次，各次的测得值按顺序记录如下，假设已消除了定值系统误差，试求测量结果。

10. 012　　10. 010　　10. 013　　10. 012　　10. 014　　10. 016

10. 011　　10. 013　　10. 012　　10. 011　　10. 016　　10. 013

3. 有以下工件尺寸，试按 GB/T 3177—2009《产品几何技术规范（GPS）光滑工件尺寸的检验》标准选择计量器具，并确定验收极限。

（1）$\phi35M8$　　　　（2）$\phi80p6$　　　　（3）一般公差尺寸（GB/T 1804—f）的孔 $\phi100$ mm

尺寸公差与圆柱结合的互换性

▶ **项目导学**

在机械制造行业，生产加工环境较复杂，任何加工都会存在一定的误差，为了满足使用要求，需要把误差限制在某一合理范围内。这个范围既要保证相互结合的尺寸之间形成一定的关系，又要满足经济的合理性，这样就形成了"极限与配合"的概念。极限与配合的标准化有利于机器的设计、制造、使用和维修。极限与配合标准不仅是机械工业各部门进行产品设计、工艺设计和制定其他标准的基础，而且是广泛组织协作和专业化生产的重要依据。

公差与配合的基本术语和定义是工程技术人员在图纸上的语言，必须准确理解和运用它们，才能更好地学习专业课程和完成零件的加工。

▶ **学习目标**

认知目标：理解公差与配合的基本术语及定义；了解公差与配合国家标准的构成与特点；熟练应用极限与配合国家标准的常用表格；初步掌握公差与配合选用的基本原则和方法。

情感目标：通过识读图纸和零件检测以及零件尺寸精度设计，培养学生严谨务实、具备经济成本意识的职业素养。

技能目标：能正确识读公差带与配合在图样上的标注；能根据公差带与配合标注代号查表确定极限偏差的数值；能选用合适测量工具检测加工零件的实际尺寸，并根据零件合格条件判断所测零件是否合格。

任务1

掌握尺寸公差与配合的基本术语及代号

情境导入

汽车配件厂小王师傅加工了一批零件，在课堂上展示所加工零件的图片及零件图纸，请同学们讨论，怎样才能知道这批零件是不是合格件？如果零件合格，是否可实现互换？从本任务开始，我们将学习识别图纸中零件公差与配合要求，并学会检测常用零件。

任务要求

理解并能正确应用尺寸公差与配合的基本术语，能识读图纸中尺寸和偏差的标注，并会计算极限尺寸，掌握零件合格性的判断方法。

子任务1 学会尺寸、公差与偏差的基本术语及代号

● **工作任务**

根据如图 3-1 所示图样标注指出孔和轴的公称尺寸、极限尺寸、公差、极限偏差，并确定基本偏差及完工零件的合格条件，完成表 3-1。

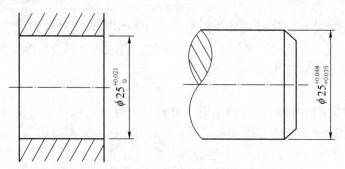

图 3-1 孔轴零件图标注

表 3-1 工作任务表

类型	公称尺寸	上极限尺寸	下极限尺寸	公差	上极限偏差	下极限偏差	基本偏差
孔							
轴							

● **知识准备**

GB/T 1800.1—2020《产品几何技术规范（GPS）线性尺寸公差 ISO 代号体系 第1部

分：公差、偏差和配合的基础》，代替了 GB/T 1800.1—2009、GB/T 1800.1—1997、GB/T 1800.2—1998、GB/T 1800.3—1998 中的相应部分，新国标所依据的是国际标准，尽可能地使我国的国家标准与国际标准一致。

1. 有关孔和轴的定义

（1）孔。孔指工件的圆柱形内表面，也包括非圆柱形内表面（由两平行平面或切面形成的包容面）。

（2）轴。轴指工件的圆柱形外表面，也包括非圆柱形外表面（由两平行平面或切面形成的被包容面）。

从装配关系看，孔和轴的关系表现为包容和被包容的关系，即孔为包容面，轴为被包容面。

从加工过程看，随着余量的切除，孔的尺寸由小变大，轴的尺寸则由大变小。

如图 3-2 所示为孔和轴定义示意图。

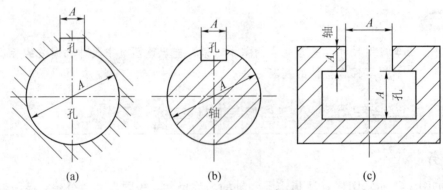

(a)　　　　　　　　　(b)　　　　　　　　　(c)

图 3-2　孔和轴定义示意图

2. 尺寸

尺寸是用特定单位表示线性尺寸值的数值，由数字和特定单位组成。线性尺寸包括直径、半径、长度、宽度、高度、厚度以及中心距等，它由数字和长度单位组成，在机械制图中，图样上的尺寸通常以毫米（mm）为单位。

3. 公称尺寸

公称尺寸是由图样规范确定的理想形状要素的尺寸。公称尺寸是设计者根据其使用要求，通过强度、刚度等多方面的计算和结构工艺等方面的要求而确定的。孔、轴公称尺寸代号分别为 D、d。公称尺寸可以是一个整数或一个小数值，如 32、15、8.75、0.5。公称尺寸一般应选取标准值，以便减少定值刀具、量具和夹具的规格数量。

4. 极限尺寸

极限尺寸是孔或轴尺寸要素允许的尺寸的两个极端。提取组成要素的局部尺寸应位于其中，也可达到极限尺寸。上极限尺寸是尺寸要素允许的最大尺寸，代号分别为 D_{max}、d_{max}。下极限尺寸是尺寸要素允许的最小尺寸，代号分别为 D_{min}、d_{min}。

5. 实际要素

实际要素是通过实际测量获得的尺寸。孔、轴实际尺寸的代号分别为 D_a、d_a。

由于实际测量时不可避免地会存在误差，即使使用同一量具测量同一部位，也会得到不同的数值，所以实际尺寸的数值具有不唯一性，如图 3-3 所示。如果完工的零件任一位置的实际尺寸都在极限尺寸范围内，说明零件合格；否则，说明零件不合格。

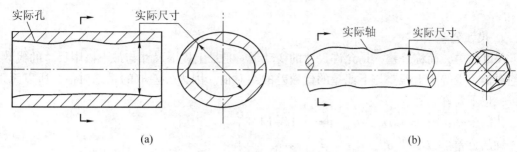

图 3-3　实际尺寸示意图

只有把实际尺寸控制在最大极限尺寸和最小极限尺寸之间，零件才合格。

6. 最大实体状态和最大实体尺寸

在极限尺寸范围内，具有材料量最多时的状态称为最大实体状态，用 MMC 表示。在此状态下的尺寸称为最大实体尺寸，用 MMS 表示。对于轴和孔，最大实体尺寸分别是轴的最大极限尺寸 d_{max} 和孔的最小极限尺寸 D_{min}。

7. 最小实体状态和最小实体尺寸

在尺寸极限范围内，具有材料量最少时的状态称为最小实体状态，用 LMC 表示。在此状态下的尺寸称为最小实体尺寸，用 LMS 表示。对于轴和孔，最小实体尺寸分别是轴的最小极限尺寸 d_{min} 和孔的最大极限尺寸 D_{max}。

8. 尺寸偏差

某一尺寸减去其公称尺寸所得的代数差称为尺寸偏差，简称偏差。偏差可以为正、负或零。根据某一尺寸的不同，偏差可分为极限偏差和实际偏差两种。

（1）极限偏差。

极限尺寸减其公称尺寸所得的代数差即为极限偏差。由于极限尺寸有最大极限尺寸和最小极限尺寸两种，因此极限偏差有上偏差和下偏差之分。

① 上偏差。最大极限尺寸与公称尺寸的代数差称为上偏差，孔、轴上偏差代号分别为 ES、es。

$$\left.\begin{array}{l}\text{孔：ES}=D_{max}-D\\\text{轴：es}=d_{max}-d\end{array}\right\} \tag{3-1}$$

② 下偏差。最小极限尺寸与公称尺寸的代数差称为下偏差，孔、轴下偏差代号分别为 EI、ei。

$$\left.\begin{array}{l}\text{孔：EI}=D_{min}-D\\\text{轴：ei}=d_{min}-d\end{array}\right\} \tag{3-2}$$

注：偏差使用时，除零外，前面必须标上相应的"+"号和"-"号。

③ 极限偏差的标注。标注极限偏差时，上偏差应标注在公称尺寸的右上方，下偏差标注在公称尺寸的右下方，且上偏差必须大于下偏差，偏差数字的字体比尺寸数字的字体小一号，小数点必须对齐，小数点后的位数也必须相同，如轴 $\phi 50_{-0.050}^{-0.025}$ mm、孔 $\phi 50_{0}^{+0.039}$ mm；当上、下偏差数值相同、符号相反时，需简化标注，偏差数字的字体高度与尺寸数字的字体相同，如 $\phi 80\pm 0.23$ mm。

（2）实际偏差。

实际尺寸减去其公称尺寸所得的代数差称为实际偏差。孔和轴的实际偏差代号分别为

E_a 和 e_a。

9. 尺寸公差

尺寸公差，简称公差，是允许尺寸的变动量，是最上极限尺寸与最下极限尺寸的代数差的绝对值，也等于上偏差与下偏差的代数差的绝对值。因为公差取的是绝对值，所以无正、负号，也不允许为零。

$$\left.\begin{array}{l} 孔的公差：\quad T_h = \mid D_{max} - D_{min} \mid = \mid ES - EI \mid \\[2mm] 轴的公差：\quad T_s = \mid d_{max} - d_{min} \mid = \mid es - ei \mid \end{array}\right\} \qquad (3-3)$$

10. 公差带图

公差带图由零线和公差带组成。在公差带图中，公差带是由代表上、下偏差的两平行直线所限定的区域。位于零线上方的极限偏差值为正数，位于零线下方的极限偏差值为负数，当与零线重合时，极限偏差为零；而零线是确定极限偏差位置的一条基准线，零线位置表示公称尺寸，如图3-4（a）所示。公差带图的实例画法如图3-4（b）所示。

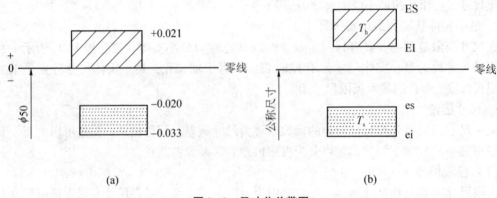

(a)　　　　　　　　　　　　　(b)

图3-4　尺寸公差带图

11. 标准公差

标准公差 IT 是 GB/T 1800.2—2020《产品几何技术规范（GPS）线性尺寸公差 ISO 代号体系 第2部分：标准公差带代号和孔、轴的极限偏差表》中所规定的任一公差。标准公差确定了公差带的大小。

12. 基本偏差

在极限与配合标准中，确定公差带相对于零线位置的那个极限偏差称为基本偏差。基本偏差可以是上偏差，也可以是下偏差，一般为靠近零线的那个极限偏差。基本偏差是经标准化的、由国家标准规定的极限偏差。

● **工作步骤**

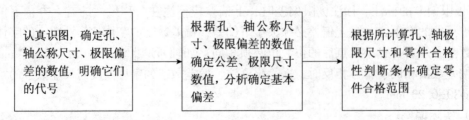

子任务 2　辨别图纸中配合类别和基准制

● 工作任务

孔 $\phi50^{+0.025}_{0}$ mm 与轴 $\phi50^{-0.025}_{-0.041}$ mm 形成配合，画出公差带图，试判断配合类别，计算配合的极限间隙或极限过盈、配合公差，说明配合采用的基准制。

● 知识准备

1. 有关配合的术语及定义

公称尺寸相同、相互结合的轴和孔公差带之间的关系称为配合。根据孔和轴公差带之间的关系不同，配合可分为三类，即间隙配合、过盈配合和过渡配合。

（1）间隙配合。

间隙配合是具有间隙（包括最小间隙等于零）的配合。此时，孔的公差带在轴的公差带之上，如图 3-5（a）所示。由于孔、轴的实际尺寸允许在各自公差带内变动，所以孔、轴的配合间隙也是变动的。当孔为 D_{max}、轴为 d_{min} 时，装配后便形成最大间隙 X_{max}；当孔为 D_{min}、轴为 d_{max} 时，装配后便形成最小间隙 X_{min}。用公式表示为

$$\left.\begin{aligned} X_{max} &= D_{max} - d_{min} = ES - ei \\ X_{min} &= D_{min} - d_{max} = EI - es \end{aligned}\right\} \tag{3-4}$$

X_{max} 和 X_{min} 统称为极限间隙。在实际生产中，成批生产的零件，其实际尺寸大部分为极限尺寸的平均值，所以形成的间隙大部分在平均尺寸形成的平均间隙附近，平均间隙以 X_{av} 表示，其大小为

$$X_{av} = (X_{max} + X_{min})/2 > 0 \tag{3-5}$$

（2）过盈配合。

过盈配合指具有过盈（包括最小过盈等于零）的配合。此时轴的公差带在孔的公差带之上，如图 3-5（b）所示。当孔为 D_{min}、轴为 d_{max} 时，装配后形成最大过盈 Y_{max}；当孔为 D_{max}、轴为 d_{min} 时，装配后形成最小过盈 Y_{min}。用公式表示为

$$\left.\begin{aligned} Y_{max} &= D_{min} - d_{max} = EI - es \\ Y_{min} &= D_{max} - d_{min} = ES - ei \end{aligned}\right\} \tag{3-6}$$

Y_{max} 和 Y_{min} 统称为极限过盈。同样，在实际生产中，形成的过盈大部分是在平均尺寸形成的平均过盈附近，平均过盈用 Y_{av} 表示，其大小为

$$Y_{av} = (Y_{max} + Y_{min})/2 < 0 \tag{3-7}$$

（3）过渡配合。

过渡配合指可能具有间隙或过盈的配合。此时，孔的公差带和轴的公差带有重叠区域，见图 3-5（c）。当孔为 D_{max}、轴为 d_{min} 时，装配后形成最大间隙 X_{max}；当孔为 D_{min}、轴为 d_{max} 时，装配后形成最大过盈 Y_{max}。用公式表示为

$$\left.\begin{aligned} X_{max} &= D_{max} - d_{min} = ES - ei \\ Y_{max} &= D_{min} - d_{max} = EI - es \end{aligned}\right\} \tag{3-8}$$

与前两种配合一样，成批生产中的零件，得到的实际尺寸是平均间隙或平均过盈附近的值，其大小为

$$X_{av}(Y_{av}) = (X_{max} + Y_{max})/2 \tag{3-9}$$

若按式（3-9）计算所得的值为正值，为平均间隙；若为负值，为平均过盈。

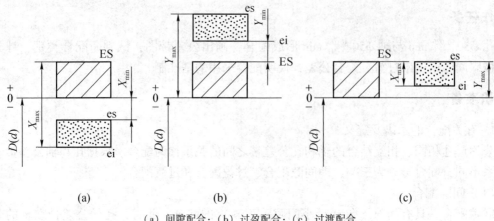

（a）间隙配合；（b）过盈配合；（c）过渡配合

图3-5　三类配合的公差带图

2. 配合公差

（1）配合公差的定义。

配合公差是允许间隙或过盈的变动量。配合公差的大小表示配合的精度。它是一个没有符号的绝对值，用代号 T_f 表示。

$$\left.\begin{array}{l}\text{间隙配合 } T_f = |\ X_{max} - X_{min}\ | \\ \text{过渡配合 } T_f = |\ X_{max} - Y_{max}\ | \\ \text{过盈配合 } T_f = |\ Y_{min} - Y_{max}\ |\end{array}\right\} \tag{3-10}$$

（2）配合公差与孔、轴之间的关系。

由式（3-10）推导得出配合公差与孔、轴公差之间的关系，即配合公差等于组成配合的孔、轴公差之和，即

$$T_f = T_h + T_s \tag{3-11}$$

3. 配合制

同一极限的孔和轴组成配合的一种制度称为配合制。国家标准中规定了两种等效的配合制，即基孔制和基轴制。

（1）基孔制。

基本偏差为一定的孔的公差带，与不同基本偏差的轴的公差带形成各种配合的一种制度。如图3-6（a）所示，基孔制配合是孔的最小极限尺寸与公称尺寸相等，孔的下偏差为零的一种配合制。基孔制配合的孔是基准孔，用基本偏差代号 H 表示，基本偏差EI=0。

（2）基轴制。

基本偏差为一定的轴的公差带，与不同基本偏差的孔的公差带形成各种配合的一种制度。如图3-6（b）所示，基轴制配合是轴的最大极限尺寸与公称尺寸相等，轴的上偏差为零的一种配合制。基轴制配合的轴是基准轴，用基本偏差代号 h 表示，基本偏差 es=0。

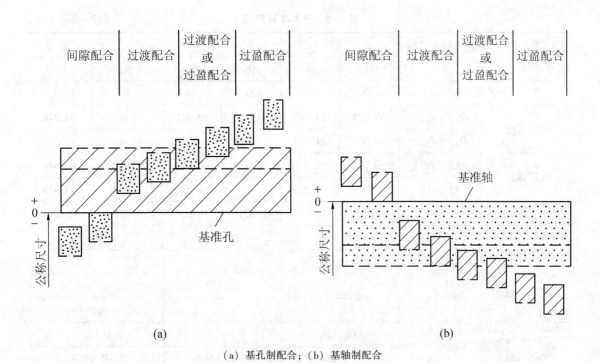

（a）基孔制配合；（b）基轴制配合

图 3-6 基孔制配合和基轴制配合公差带图

例 3-1 孔 $\phi 50^{+0.039}_{0}$ mm 与轴 $\phi 50^{+0.079}_{+0.054}$ mm 形成配合，求 Y_{max}、Y_{min}、Y_{av}、T_f，并画出公差带图。

解

$$Y_{max} = \text{EI} - \text{es} = 0 - (+0.079) = -0.079 \text{（mm）}$$
$$Y_{min} = \text{ES} - \text{ei} = +0.039 - (+0.054) = -0.015 \text{（mm）}$$
$$Y_{av} = (Y_{max} + Y_{min})/2 = [(-0.079) + (-0.015)]/2 = -0.047 \text{（mm）}$$
$$T_f = |Y_{max} - Y_{min}| = |(-0.079) - (-0.015)| = 0.064 \text{（mm）}$$

公差带图如图 3-7 所示。

例 3-2 求下列三对配合孔、轴的公称尺寸、极限尺寸、公差、极限间隙或极限过盈及配合公差，指出各属于何类配合，并画出尺寸公差带图与配合公差带图。

（1）孔 $\phi 30^{+0.021}_{0}$ mm 与轴 $\phi 30^{-0.020}_{-0.033}$ mm 相配合；

（2）孔 $\phi 30^{+0.021}_{0}$ mm 与轴 $\phi 30^{+0.021}_{+0.008}$ mm 相配合；

（3）孔 $\phi 30^{+0.021}_{0}$ mm 与轴 $\phi 30^{+0.048}_{+0.035}$ mm 相配合。

解 根据题目要求，求得各项参数，如表 3-2 所示，尺寸公差带图与配合公差带图如图 3-8 所示。

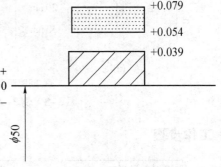

图 3-7 例 3-1 的尺寸公差带图

表 3-2　例 3-2 计算表　　　　　　　　　　　　　　　　　（单位：mm）

所求项目		相配合的孔、轴	(1) 孔	(1) 轴	(2) 孔	(2) 轴	(3) 孔	(3) 轴
公称尺寸			30	30	30	30	30	30
极限尺寸	D_{max}（d_{max}）		30.021	29.980	30.021	30.021	30.021	30.048
	D_{min}（d_{min}）		30.000	29.967	30.000	30.008	30.000	30.035
极限偏差	ES（es）		+0.021	−0.020	+0.021	+0.021	+0.021	+0.048
	EI（ei）		0	−0.033	0	+0.008	0	+0.035
公差 T_h（T_s）			0.021	0.013	0.021	0.013	0.021	0.013
极限间隙 或 极限过盈	X_{max}		+0.054		+0.013			
	X_{min}		+0.020					
	Y_{max}				−0.021		−0.048	
	Y_{min}						−0.014	
平均间隙或 平均过盈	X_{av}		+0.037					
	Y_{av}				−0.004		−0.031	
配合公差 T_f			0.034		0.034		0.034	
配合类别			间隙配合		过渡配合		过盈配合	

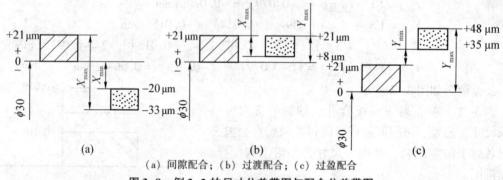

(a) 间隙配合；(b) 过渡配合；(c) 过盈配合

图 3-8　例 3-2 的尺寸公差带图与配合公差带图

● **工作步骤**

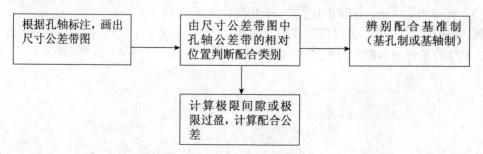

工作评价与反馈

掌握尺寸公差与配合的基本术语及代号	任务完成情况		
	全部完成	部分完成	未完成
自我评价 子任务1			
自我评价 子任务2			
工作成果（工作成果形式）			
任务完成心得			
任务未完成原因			
本项目教与学存在的问题			

TASK 任务2

识读图纸中的公差与配合标注代号

情境导入

运用场景图片展示本专业学生在企业各岗位顶岗实习过程中加工的零件图纸、装配图及真实产品，与学生讨论图纸尺寸标注中能识读的基本术语，找出图纸尺寸标注中不能识读的公差带代号。从本任务开始，老师与同学们共同学习极限与配合国家标准的构成。

任务要求

了解公差与配合国家标准的构成与特点，熟练应用极限与配合国家标准的常用表格；读懂图纸中的精度设计要求，学会根据公差带与配合标注代号查表确定极限偏差的数值。

子任务1 识读图纸中公差与偏差数字、字母含义

● 工作任务

图3-9为阶梯轴零件图，请指出尺寸公差带标注中字母和数字的含义，并查表确定图中轴 $\phi50j6$、$\phi54r6$ 的极限偏差。

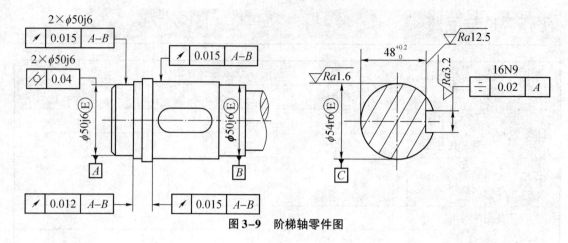

图 3-9　阶梯轴零件图

● 知识准备

1. 标准公差系列

标准公差 IT（ISO Tolerance）是国家标准极限与配合制表中列出的一系列标准公差数值，用来确定公差带大小。极限与配合国家标准由 GB/T 1800.1—2020、GB/T 1800.2—2020 等标准构成，适用于圆柱和非圆柱形光滑工件的尺寸公差、尺寸的检验以及它们组成的配合。

（1）公差等级。

公差等级是指用于确定尺寸精确程度的等级，由代号 IT 和公差等级数字组成，如 IT7。在公称尺寸至 500 mm 内规定了 20 个标准公差等级，依次用 IT01，IT0，IT1，IT2，…，IT18 表示，公差等级依次降低，而相应的标准公差值依次增大，即 IT01 级精度最高，IT18 级精度最低。

（2）标准公差数值的计算。

① 标准公差因子 i（I）。它是标准公差的基本单位，是制定标准公差系列数值表的基础。

公差用于控制误差，因此确定公差值的依据是加工误差和测量误差之间的规律性。利用统计法得出加工误差与尺寸之间成立方抛物线关系，如图 3-10 所示，标准公差、公差等级系数、标准公差因子和公称尺寸之间的关系如下：

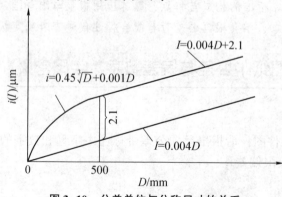

图 3-10　公差单位与公称尺寸的关系

$$IT = a \times i\ (I) \qquad D \leqslant 500\ \text{mm 时，IT5} \sim \text{IT8}$$
$$i = 0.45 \sqrt[3]{D} + 0.001D \qquad D \leqslant 500\ \text{mm} \qquad (3\text{-}12)$$
$$I = 0.004D + 2.1 \qquad 500\ \text{mm} < D \leqslant 3150\ \text{mm}$$

式中：a——公差等级系数；

$\quad i\ (I)$ ——标准公差因子，μm；

$\quad D$——公称尺寸的计算值，mm。

② 标准公差值。当公称尺寸不大于 500 mm 时，标准公差值按表 3-3 计算。

表 3-3　标准公差值的计算公式（公称尺寸不大于 500 mm）

公差等级	公式	公差等级	公式	公差等级	公式
IT01	$0.3 + 0.008D$	IT6	$10i$	IT13	$250i$
IT0	$0.5 + 0.012D$	IT7	$16i$	IT14	$400i$
IT1	$0.8 + 0.020D$	IT8	$25i$	IT15	$640i$
IT2	$(\text{IT1})\ (\text{IT5/IT1})^{1/4}$	IT9	$40i$	IT16	$1\,000i$
IT3	$(\text{IT1})\ (\text{IT5/IT1})^{2/4}$	IT10	$64i$	IT17	$1\,600i$
IT4	$(\text{IT1})\ (\text{IT5/IT1})^{3/4}$	IT11	$100i$	IT18	$2\,500i$
IT5	$7i$	IT12	$160i$		

注：公称尺寸为 500～3150 mm 时，可按照 $T = aI$ 计算。

（3）尺寸分段。

根据表 3-3 标准公差值的计算公式，不同的公称尺寸有一个相对应的公差值。这样会使公差数值表非常庞大。为了减少公差数目、统一公差值、简化公差表格和便于使用，国家标准规定了尺寸的分段。对同一尺寸分段内的公称尺寸，具有相同公差等级时，就有相同的标准公差。公称尺寸 D 是以每一尺寸段（$D_1 \sim D_n$）首尾两个尺寸的几何平均值来计算的，并按规定圆整，便得到表 3-4。

表 3-4　IT1～IT18 的标准公差数值（GB／T 1800.2—2020）

公称尺寸/mm		标准公差等级																	
		IT1	IT2	IT3	IT4	IT5	IT6	IT7	IT8	IT9	IT10	IT11	IT12	IT13	IT14	IT15	IT16	IT17	IT18
大于	至	μm											mm						
—	3	0.8	1.2	2	3	4	6	10	14	25	40	60	0.1	0.14	0.25	0.40	0.60	1.0	1.4
3	6	1	1.6	2.5	4	5	8	12	18	30	48	75	0.12	0.18	0.30	0.48	0.75	1.2	1.8
6	10	1	1.5	2.5	4	6	9	15	22	36	58	90	0.15	0.22	0.36	0.58	0.90	1.5	2.2
10	18	1.2	2	3	5	8	11	18	27	43	70	110	0.18	0.27	0.43	0.70	1.10	1.8	2.7
18	30	1.5	2.5	4	6	9	13	21	33	52	84	130	0.21	0.33	0.52	0.84	1.30	2.1	3.3
30	50	1.5	2.5	4	7	11	16	25	39	62	100	160	0.25	0.39	0.62	1.00	1.60	2.5	3.9
50	80	2	3	5	8	13	19	30	46	74	120	190	0.3	0.46	0.74	1.20	1.90	3.0	4.6
80	120	2.5	4	6	10	15	22	35	54	87	140	220	0.35	0.54	0.87	1.40	2.20	3.5	5.4
120	180	3.5	5	8	12	18	25	40	63	100	160	250	0.4	0.63	1.00	1.60	2.50	4.0	6.3
180	250	4.5	7	10	14	20	29	46	72	115	185	290	0.46	0.72	1.15	1.85	2.90	4.6	7.2
250	315	6	8	12	16	23	32	52	81	130	210	320	0.52	0.81	1.30	2.10	3.20	5.2	8.1

公称尺寸/ mm		标准公差等级																	
		IT1	IT2	IT3	IT4	IT5	IT6	IT7	IT8	IT9	IT10	IT11	IT12	IT13	IT14	IT15	IT16	IT17	IT18
大于	至	μm											mm						
315	400	7	9	13	18	25	36	57	89	140	230	360	0.57	0.89	1.40	2.30	3.60	5.7	8.9
400	500	8	10	15	20	27	40	63	97	155	250	400	0.63	0.97	1.55	2.50	4.00	6.3	9.7
500	630	9	11	16	22	32	44	70	110	175	280	440	0.7	1.10	1.75	2.8	4.4	7.0	11.0
630	800	10	13	18	25	36	50	80	125	200	320	500	0.8	1.25	2.0	3.2	5.0	8.0	12.5
800	1000	11	15	21	29	40	56	90	140	230	360	560	0.9	1.40	2.3	3.6	5.6	9.0	14.0
1000	1250	13	18	24	33	47	66	105	165	260	420	660	1.05	1.65	2.6	4.2	6.6	10.5	16.5
1250	1600	15	21	29	39	55	78	125	195	310	500	780	1.25	1.95	3.1	5.0	7.8	12.5	19.5
1600	2000	18	25	35	46	65	92	150	230	370	600	920	1.5	2.30	3.7	6.0	9.2	15.0	23.0
2000	2500	22	30	41	55	78	110	175	280	440	700	1100	1.75	2.80	4.4	7.0	11.0	17.5	28.0
2500	3150	26	36	50	68	96	135	210	330	540	860	1350	2.1	3.30	5.4	8.6	13.5	21.0	33.0

注：1. 标准公差 IT01 和 IT0 在工业中很少用到，所以本表中未给出其标准公差值。

2. 公称尺寸大于 500 mm 的 IT1 ~ IT5 的标准公差值为试行。

3. 公称尺寸小于 1 mm 时，无 IT14 ~ IT18。

2. 基本偏差系列

基本偏差是确定公差带相对于零线位置的唯一参数。一般指靠近零线的那个偏差，可以是上偏差或是下偏差。

（1）基本偏差代号及其规律。

基本偏差的代号用拉丁字母表示，大写字母表示孔，小写字母表示轴。在 26 个字母中，去除 5 个容易与其他参数相混淆含义的字母，即 I、L、O、Q、W（i、l、o、q、w），同时，为了满足某些配合的需要，还增加 7 个双写字母，即 CD、EF、FG、JS、ZA、ZB、ZC（cd、ef、fg、js、za、zb、zc），构成 28 种孔、轴的基本偏差代号。图 3-11 为孔和轴的 28 个基本偏差的位置，即孔和轴的基本偏差系列。

由基本偏差示意图可以看出，当位于零线上方时，基本偏差为下偏差；当位于零线下方时，基本偏差为上偏差。它们的绝对值依次减小，其中 H 和 h 的基本偏差为零，H 代表基准孔，h 代表基准轴。

JS、js 形成的公差带在各个公差等级中，关于零线对称，故其基本偏差可以是上偏差，也可以是下偏差，其值是标准公差的一半，即 ±IT/2。

孔的基本偏差从 A 到 H 为下偏差 EI，从 J 到 ZC 为上偏差 ES。轴的基本偏差从 a 到 h 为上偏差 es，从 j 到 zc 为下偏差 ei。

图 3-11 表示公称尺寸相同的 28 种轴、孔基本偏差相对零线的位置。图中基本偏差是"开口"的公差带，这是因为基本偏差只是表示公差带的位置，而不表示公差带的大小，其另一端开口的位置将由公差等级来决定。

基本偏差是确定公差带位置的唯一标准化参数，而标准公差是确定公差带宽度（大小）的唯一标准化参数。

（2）轴的基本偏差。

轴的基本偏差的确定主要取决于配合性质，根据各种配合的要求、大量的生产实践，分析整理出一系列公式而计算出来。当公称尺寸不大于 500 mm 时，轴的基本偏差计算公式见表3-5。

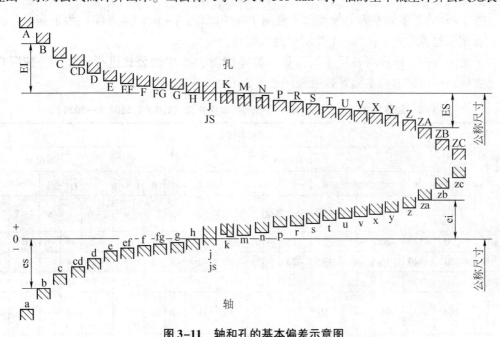

图3-11　轴和孔的基本偏差示意图

表3-5　公称尺寸不大于 500 mm 轴的基本偏差计算公式

代号	公称尺寸	基本偏差 es /μm	代号	公称尺寸	基本偏差 ei /μm
a	$D \leqslant 120$ mm	$-(265+1.3D)$	k	$\leqslant$IT3 及 $\geqslant$IT8	0
	$D>120$ mm	$-3.5D$		IT4 ~ IT7	$+0.6D^{1/3}$
b	$D \leqslant 160$ mm	$-(140+0.85D)$	m		$+$IT7$-$IT6
	$D>160$ mm	$-1.8D$	n		$+5D^{0.34}$
c	$D \leqslant 40$ mm	$-52D^{0.2}$	p		$+$IT7$-(0 \sim 5)$
	$D>40$ mm	$-(95+0.8D)$	r		$+(p \cdot s)^{1/2}$
cd		$-(c \cdot d)^{1/2}$	s	$D \leqslant 500$ mm	$+$IT8$+(1 \sim 4)$
d		$-16D^{0.44}$		$D>500$ mm	$+$IT7$+0.4D$
e		$-11D^{0.41}$	t		$+$IT7$+0.63D$
ef		$-(e \cdot f)^{1/2}$	u		$+$IT7$+D$
f		$-5.5D^{0.41}$	v		$+$IT7$+1.25D$
fg		$-(f \cdot g)^{1/2}$	x		$+$IT7$+1.6D$
g		$-2.5D^{0.34}$	y		$+$IT7$+2D$
h		0	z		$+$IT7$+2.5D$
j	IT5 ~ IT8	经验数据	za		$+$IT8$+3.15D$
js		es = $+$IT/2	zb		$+$IT9$+4D$
		或 ei = $-$IT/2	zc		$+$IT10$+5D$

注：式中 D 的单位是 mm；

除 j、js、k 外，表中公式与公差等级无关。

当轴的基本偏差确定后，轴的另一个极限偏差可根据下列公式计算：

$$\left.\begin{array}{l} es = ei + T_s \\ \text{或}\quad ei = es - T_s \end{array}\right\} \tag{3-13}$$

代号 a ~ h 的基本偏差为上偏差，主要用于间隙配合；j ~ zc 的基本偏差为下偏差，其中 j ~ n 主要用于过渡配合，p ~ zc 主要用于过盈配合。

为了使用方便，标准将各尺寸段的基本偏差按表 3-5 中的公式进行计算，并按照规定圆整尾数后，列成轴的基本偏差数值表，见表 3-6。

表 3-6　公称尺寸不大于 500 mm 的轴的基本偏差值（GB／T 1800.2—2020）

公称尺寸/mm	a	b	c	cd	d	e	ef	f	fg	g	h	js	j (5~6)	j (7)	j (8)	k (4~7)	k (≤3 / >7)
	上偏差 es（所有公差等级）											下偏差 ei					
≤3	−270	−140	−60	−34	−20	−14	−10	−6	−4	−2	0	偏差等于 ±IT/2	−2	−4	−6	0	0
3 ~ 6	−270	−140	−70	−46	−30	−20	−14	−10	−6	−4	0		−2	−4	—	+1	0
6 ~ 10	−280	−150	−80	−56	−40	−25	−18	−13	−8	−5	0		−2	−5	—	+1	0
10 ~ 14	−290	−150	−95	—	−50	−32	—	−16	—	−6	0		−3	−6	—	+1	0
14 ~ 18	−290	−150	−95	—	−50	−32	—	−16	—	−6	0		−3	−6	—	+1	0
18 ~ 24	−300	−160	−110	—	−65	−40	—	−20	—	−7	0		−4	−8	—	+2	0
24 ~ 30	−300	−160	−110	—	−65	−40	—	−20	—	−7	0		−4	−8	—	+2	0
30 ~ 40	−310	−170	−120	—	−80	−50	—	−25	—	−9	0		−5	−10	—	+2	0
40 ~ 50	−320	−180	−130	—	−80	−50	—	−25	—	−9	0		−5	−10	—	+2	0
50 ~ 65	−340	−190	−140	—	−100	−60	—	−30	—	−10	0		−7	−12	—	+2	0
65 ~ 80	−360	−200	−150	—	−100	−60	—	−30	—	−10	0		−7	−12	—	+2	0
80 ~ 100	−380	−220	−170	—	−120	−72	—	−36	—	−12	0		−9	−15	—	+3	0
100 ~ 120	−410	−240	−180	—	−120	−72	—	−36	—	−12	0		−9	−15	—	+3	0
120 ~ 140	−460	−260	−200	—	−145	−85	—	−43	—	−14	0		−11	−18	—	+3	0
140 ~ 160	−520	−280	−210	—	−145	−85	—	−43	—	−14	0		−11	−18	—	+3	0
160 ~ 180	−580	−310	−230	—	−145	−85	—	−43	—	−14	0		−11	−18	—	+3	0
180 ~ 200	−660	−340	−240	—	−170	−100	—	−50	—	−15	0		−13	−21	—	+4	0
200 ~ 225	−740	−380	−260	—	−170	−100	—	−50	—	−15	0		−13	−21	—	+4	0
225 ~ 250	−820	−420	−280	—	−170	−100	—	−50	—	−15	0		−13	−21	—	+4	0
250 ~ 280	−920	−480	−300	—	−190	−110	—	−56	—	−17	0		−16	−26	—	+4	0
280 ~ 315	−1 050	−540	−330	—	−190	−110	—	−56	—	−17	0		−16	−26	—	+4	0
315 ~ 355	−1 200	−600	−360	—	−210	−125	—	−62	—	−18	0		−18	−28	—	+4	0
355 ~ 400	−1 350	−680	−400	—	−210	−125	—	−62	—	−18	0		−18	−28	—	+4	0
400 ~ 450	−1 500	−760	−440	—	−230	−135	—	−68	—	−20	0		−20	−32	—	+5	0
450 ~ 500	−1 650	−840	−480	—	−230	−135	—	−68	—	−20	0		−20	−32	—	+5	0

公称尺寸/mm	基本偏差/μm 下偏差 ei 所有公差等级													
	m	n	p	r	s	t	u	v	x	y	z	za	zb	zc
≤3	+2	+4	+6	+10	+14	—	+18	—	+20	—	+26	+32	+40	+60
3~6	+4	+8	+12	+15	+19	—	+23	—	+28	—	+35	+42	+50	+80
6~10	+6	+10	+15	+19	+23	—	+28	—	+34	—	+42	+52	+67	+97
10~14	+7	+12	+18	+23	+28	—	+33	—	+40	—	+50	+64	+90	+130
14~18	+7	+12	+18	+23	+28	—	+33	+39	+45	—	+60	+77	+108	+150
18~24	+8	+15	+22	+28	+35	—	+41	+47	+54	+63	+73	+98	+136	+188
24~30	+8	+15	+22	+28	+35	+41	+48	+55	+64	+75	+88	+118	+160	+218
30~40	+9	+17	+26	+34	+43	+48	+60	+68	+80	+94	+112	+148	+220	+274
40~50	+9	+17	+26	+34	+43	+54	+70	+81	+97	+114	+136	+180	+242	+325
50~65	+11	+20	+32	+41	+53	+66	+87	+102	+122	+144	+172	+226	+300	+405
65~80	+11	+20	+32	+43	+59	+75	+102	+120	+146	+174	+210	+274	+360	+480
80~100	+13	+23	+37	+51	+71	+91	+124	+146	+178	+214	+258	+335	+445	+585
100~120	+13	+23	+37	+54	+79	+104	+144	+172	+210	+256	+310	+400	+525	+690
120~140	+15	+27	+43	+63	+92	+122	+170	+202	+248	+300	+365	+470	+620	+800
140~160	+15	+27	+43	+65	+100	+134	+190	+228	+280	+340	+415	+535	+700	+900
160~180	+15	+27	+43	+68	+108	+146	+210	+252	+310	+380	+465	+600	+780	+1000
180~200	+17	+31	+50	+77	+122	+166	+236	+284	+350	+425	+520	+670	+880	+1150
200~225	+17	+31	+50	+80	+130	+180	+258	+310	+385	+470	+575	+740	+960	+1250
225~250	+17	+31	+50	+84	+140	+196	+284	+340	+425	+520	+640	+820	+1050	+1350
250~280	+20	+34	+56	+94	+158	+218	+315	+385	+475	+580	+710	+920	+1200	+1550
280~315	+20	+34	+56	+98	+170	+240	+350	+425	+525	+650	+790	+1000	+1300	+1700
315~355	+21	+37	+62	+108	+190	+268	+390	+475	+590	+730	+900	+1150	+1500	+1900
355~400	+21	+37	+62	+114	+208	+294	+435	+530	+660	+820	+1000	+1300	+1650	+2100
400~450	+23	+40	+68	+126	+232	+330	+490	+595	+740	+920	+1100	+1450	+1850	+2400
450~500	+23	+40	+68	+132	+252	+360	+540	+660	+820	+1000	+1250	+1600	+2100	+2600

注：公称尺寸小于 1 mm 时，各级的 a 和 b 均不采用。

js 的数值：对于 IT7~IT11，若 IT 的数值为奇数，则取 js=±（IT−1）/2。

（3）孔的基本偏差。

当基轴制和基孔制是同名配合时，配合性质不变。即基轴制中孔的基本偏差代号和基孔制中轴的基本偏差代号字母相同时，所形成的配合性质是相同的。如 H7/f6 和 F7/h6、H7/t6 和 T7/h6 是同名配合。所谓同名配合性质相同是指同名配合的极限间隙（过盈）不变，所以孔的基本偏差不需要另外制定计算公式，而是从轴的基本偏差换算得出的，换算前提是同一公差等级的孔比轴加工困难，为实现工艺的等价，国家标准规定，按孔的公差等级比轴低一级来配合。

对于公称尺寸不大于 500 mm 的孔，按下列规则换算：

① 通用规则。用同一字母的孔和轴的基本偏差，绝对值相等，而符号相反，即

$$\left. \begin{array}{l} \text{对于 A ～ H 的孔：} \quad EI = -es \\ \text{对于 K ～ ZC 的孔：} \quad ES = -ei \end{array} \right\} \tag{3-14}$$

② 特殊规则。标准公差等级不大于 IT8 的 J、K、M、N 孔和标准公差等级不大于 IT7 的 P ～ ZC 孔，其基本偏差 ES 与同字母的轴的基本偏差 ei 符号相反，绝对值上加一个 Δ 值。公式如下：

$$\left. \begin{array}{l} ES = -ei + \Delta \\ \Delta = ITn - IT(n-1) \end{array} \right\} \tag{3-15}$$

式中：ITn——孔的标准公差；

　　IT（n-1）——比孔高一级的轴的标准公差。

根据计算，我们列出孔的基本偏差数值表，如表 3-7 所示。

例 3-3　查表确定 ϕ35g6 和 ϕ35K7 的极限偏差。

解　查表 3-4 确定标准公差数值 IT6 = 16 μm，IT7 = 25 μm。

查表 3-6，确定 ϕ35g6 的基本偏差 es = -9 μm。

查表 3-7 确定 ϕ35K7 的基本偏差，ES = -2+Δ，Δ = 9 μm，所以 ϕ35K7 的基本偏差 ES = （-2+9） = +7 μm。

分别求出另一极限偏差：

ϕ35g6 的下偏差 ei = es-IT6 = （-9-16） = -25 μm

ϕ35K7 的下偏差 EI = ES-IT7 = （+7-25） = -18 μm

ϕ35g6 的极限偏差表示为 $\phi35_{-0.025}^{-0.009}$ mm。

ϕ35K7 的极限偏差表示为 $\phi35_{-0.018}^{+0.007}$ mm。

● **工作步骤**

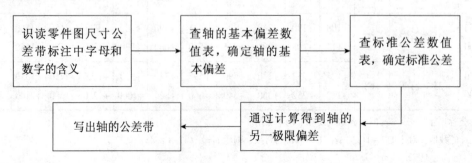

表 3-7　公称尺寸不大于 500 mm 的孔的基本偏差值（GB/T 1800.2—2020）

基本偏差/μm

公称尺寸/	下偏差 EI												上偏差 ES						
	所有的公差等级												J			K		M	
mm	A	B	C	CD	D	E	EF	F	FG	G	H	JS	6	7	8	≤8	>8	≤8	>8
≤3	+270	+140	+60	+34	+20	+14	+10	+6	+4	+2	0		+2	+4	+6	0	0	-2	-2
3~6	+270	+140	+70	+36	+30	+20	+14	+10	+6	+4	0		+5	+6	+10	-1+Δ	—	-4+Δ	-4
6~10	+280	+150	+80	+56	+40	+25	+18	+13	+8	+5	0		+5	+8	+12	-1+Δ	—	-6+Δ	-6
10~14 14~18	+290	+150	+95	—	+50	+32	—	+16	—	+6	0	偏差等于 ±IT/2	+6	+10	+15	-1+Δ	—	-7+Δ	-7
18~24 24~30	+300	+160	+110	—	+65	+40	—	+20	—	+70	0		+8	+12	+20	-2+Δ	—	-8+Δ	-8
30~40 40~50	+310 +320	+170 +180	+120 +130	—	+80	+50	—	+25	—	+9	0		+10	+14	+24	-2+Δ	—	-9+Δ	-9
50~65 65~80	+340 +360	+190 +200	+140 +150	—	+100	+60	—	+30	—	+10	0		+13	+18	+28	-2+Δ	—	-11+Δ	-11
80~100 100~120	+380 +410	+220 +240	+170 +180	—	+120	+72	—	+36	—	+12	0		+16	+22	+34	-3+Δ	—	-13+Δ	-13
120~140 140~160 160~180	+440 +520 +580	+260 +280 +310	+200 +210 +230	—	+145	+85	—	+43	—	+14	0		+18	+26	+41	-3+Δ	—	-15+Δ	-15
180~200 200~225 225~250	+660 +740 +820	+340 +380 +420	+240 +260 +280	—	+170	+100	—	+50	—	+15	0		+22	+30	+47	-4+Δ	—	-17+Δ	-17
250~280 280~315	+920 +1050	+480 +540	+300 +330	—	+190	+110	—	+56	—	+17	0		+25	+36	+55	-4+Δ	—	-20+Δ	-20

续表

基本偏差/μm

公称尺寸/mm	下偏差 EI（所有的公差等级）												上偏差 ES							
	A	B	C	CD	D	E	EF	F	FG	G	H	JS	J 6	J 7	J 8	K ≤8	K >8	M ≤8	M >8
315~355	+1200	+600	+360	—	+210	+125	—	+62	—	+18	0	偏差等于 $\pm IT/2$	+29	+39	+60	-4+Δ	—	-21+Δ	-21
355~400	+1350	+680	+400	—	+210	+125	—	+62	—	+18	0	偏差等于 $\pm IT/2$	+29	+39	+60	-4+Δ	—	-21+Δ	-21
400~450	+1500	+760	+440	—	+230	+135	—	+68	—	+20	0	偏差等于 $\pm IT/2$	+33	+43	+66	-5+Δ	—	-23+Δ	-23
450~500	+1650	+840	+480	—	+230	+135	—	+68	—	+20	0	偏差等于 $\pm IT/2$	+33	+43	+66	-5+Δ	—	-23+Δ	-23

基本偏差 ES 上偏差 ES（P~ZC 在大于7级的相应数值上增加一个 Δ 值）

公称尺寸/mm	N ≤8	N >8	P~ZC（≤7）												Δ/μm					
			P	R	S	T	U	V	X	Y	Z	ZA	ZB	ZC	3	4	5	6	7	8
≤3	-4	-4	-6	-10	-14	—	-18	—	-20	—	-26	-32	-40	-60	0	0	0	0	0	0
3~6	-8+Δ	0	-12	-15	-19	—	-23	—	-28	—	-35	-42	-50	-80	1	1.5	1	3	4	6
6~10	-10+Δ	0	-15	-19	-23	—	-28	—	-34	—	-42	-52	-67	-97	1	1.5	2	3	6	7
10~14	-12+Δ	0	-18	-23	-28	—	-33	—	-40	—	-50	-64	-90	-130	1	2	3	3	7	9
14~18	-12+Δ	0	-18	-23	-28	—	-33	-39	-45	—	-60	-77	-108	-150	1	2	3	3	7	9
18~24	-15+Δ	0	-22	-28	-35	—	-41	-47	-54	-63	-73	-98	-136	-188	1.5	2	3	4	8	12
24~30	-15+Δ	0	-22	-28	-35	-41	-48	-55	-64	-75	-88	-118	-160	-218	1.5	2	3	4	8	12
30~40	-17+Δ	0	-26	-34	-43	-48	-60	-68	-80	-94	-112	-148	-200	-274	1.5	3	4	5	9	14
40~50	-17+Δ	0	-26	-41	-43	-54	-70	-81	-95	-114	-136	-180	-242	-325	1.5	3	4	5	9	14
50~65	-20+Δ	0	-32	-43	-53	-66	-87	-102	-122	-144	-172	-226	-300	-400	2	3	5	6	11	16
65~80	-20+Δ	0	-32	-51	-59	-75	-102	-120	-146	-174	-210	-274	-360	-480	2	3	5	6	11	16
80~100	-23+Δ	0	-37	-54	-71	-91	-124	-146	-178	-214	-258	-335	-445	-585	2	4	5	7	13	19
100~120	-23+Δ	0	-37	-54	-79	-104	-144	-172	-210	-254	-310	-400	-525	-690	2	4	5	7	13	19

续表

基本偏差/μm

公称尺寸/mm	N (≤8)	N (>8)	P~ZC (≤7)	P	R	S	T	U	V	X	Y	Z	ZA	ZB	ZC	Δ/μm 3	4	5	6	7	8
				上偏差 ES																	
				>7																	
120~140	−27+Δ	0	在大于7级的相应数值上增加一个Δ值	−43	−63	−92	−122	−170	−202	−248	−300	−365	−470	−620	−800	3	4	6	7	15	23
140~160					−65	−100	−134	−190	−228	−280	−340	−415	−535	−700	−900						
160~180					−68	−108	−146	−210	−252	−310	−380	−465	−600	−780	−1000						
180~200	−31+Δ	0		−50	−77	−122	−166	−236	−284	−350	−425	−520	−670	−880	−1150	3	4	6	9	17	26
200~225					−80	−130	−180	−258	−310	−385	−470	−575	−740	−960	−1250						
225~250					−84	−140	−196	−284	−340	−425	−520	−640	−820	−1050	−1350						
250~280	−34+Δ	0		−56	−94	−158	−218	−315	−385	−475	−580	−710	−920	−1200	−1500	4	4	7	9	20	29
280~315					−98	−170	−240	−350	−425	−525	−650	−790	−1000	−1300	−1700						
315~355	−37+Δ	0		−62	−108	−190	−268	−390	−475	−590	−730	−900	−1150	−1500	−1900	4	5	7	11	21	32
355~400					−114	−208	−294	−435	−530	−660	−820	−1000	−1300	−1650	−2100						
400~450	−40+Δ	0		−68	−126	−232	−330	−490	−595	−740	−920	−1100	−1450	−1850	−2400	5	5	7	13	23	34
450~500					−132	−252	−360	−540	−660	−820	−1000	−1250	−1600	−2100	−2600						

注：公称尺寸在1 mm以下，各级的A和B及大于8级的N均不采用。

JS的数值，对于IT7~IT11，若IT的数值（μm）为奇数，则取JS=±（IT−1）/2。

对公差等级小于或等于IT8的K、M、N以及小于或等于IT7的P~ZC，均增加一个Δ值，Δ值从表右侧栏选取。例如，公称尺寸10~14 mm的P7，Δ=7，所以ES=−18+7=−11（μm）。

特殊情况：当公称尺寸介于250~315 mm时，M6的ES等于−9（不等于−11）。

子任务2　极限与配合公差带及配合标注综合应用

● 工作任务

图 3–12 是卧式车床主轴箱中轴的局部结构示意图，请指出图中配合代号 $\phi 30\dfrac{F9}{k6}$、$\phi 30\dfrac{H7}{k6}$ 字母和数字的含义，并查表确定 $\phi 30\dfrac{H7}{k6}$ 的极限偏差，判断此配合采用的基准制、配合类别，并求出其极限间隙（或极限过盈）。

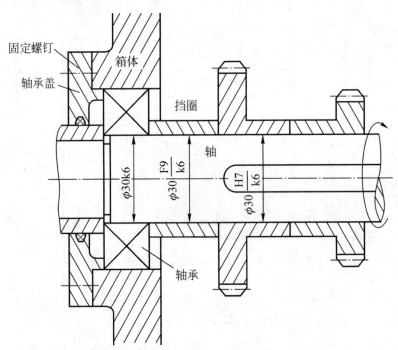

图 3–12　卧式车床主轴箱中轴的局部结构示意图

● 知识准备

1. 公差带与配合的标注代号及标注方式

孔、轴的公差带代号由基本偏差代号和公差等级数字组成。例如，H8、F7、K7、P7 等为孔的公差带代号；h7、f6、r6、p6 等为轴的公差带代号。

配合代号用孔、轴公差带的组合表示，写成分数形式，分子为孔的公差带代号，分母为轴的公差带代号，如 $\dfrac{H7}{f6}$ 或 H7/f6。如指某公称尺寸的配合，则公称尺寸标在配合代号之前，如 $\phi 25\dfrac{H7}{f6}$ 或 $\phi 25H7/f6$。

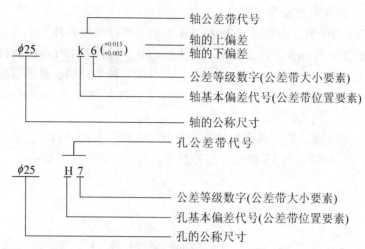

公差带在零件图上常见的标注方式有以下三种：

（1）在公称尺寸后标注所要求的公差带，如图 3-13（a）所示；

（2）在公称尺寸后标注所要求的公差带和对应的极限偏差值，如图 3-13（b）所示；

（3）在公称尺寸后标注所要求的公差带和对应的极限偏差值，如图 3-13（c）所示。

装配图上，主要标注公称尺寸和配合代号，配合代号即标注孔、轴的偏差代号及公差等级，如图 3-14 所示。

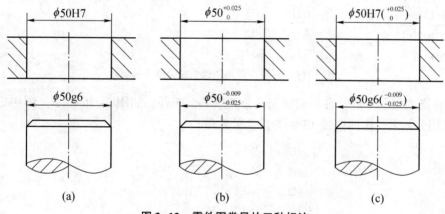

图 3-13　零件图常见的三种标注

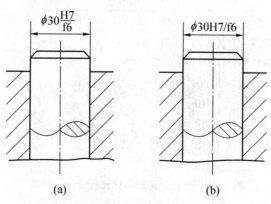

图 3-14　配合代号在图样上的标注

2. 一般、常用和优先公差带与配合

国家标准规定的 20 个公差等级和 28 种基本偏差，可以组成各种大小和位置不同的公差带，轴和孔分别有 544 种和 543 种公差带，而不同的孔、轴公差带又可组成许多配合。在使用这些公差带和配合时，必然会增加定值刀具、量具的品种和规格，显然这是不经济的，不利于生产。为此，从实际情况出发，国家标准规定了公称尺寸不大于 500 mm 的一般用途、常用和优先使用的孔、轴公差带。

国家标准规定了一般、常用和优先轴公差带共 116 种，如图 3-15 所示。图中方框内的 59 种为常用公差带，圆圈内的 13 种为优先公差带。

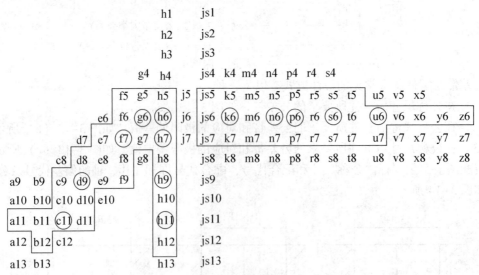

图 3-15 一般、常用和优先轴公差带种类

国家标准规定了一般、常用和优先孔公差带共 105 种，如图 3-16 所示。图中方框内的 44 种为常用公差带，圆圈内的 13 种为优先公差带。

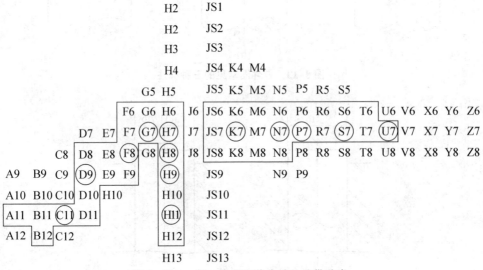

图 3-16 一般、常用和优先孔公差带种类

表 3-8 中，基轴制有 47 种常用配合，其中 13 种为优先配合。表 3-9 中，基孔制有 59 种常用配合，其中 13 种为优先配合。选用公差带和配合时，应按优先、常用、一般的顺序选取，特别是优先和常用公差带，它反映了长期生产实践中积累较丰富的使用经验，应尽量选用。对于一些特殊需要，如一般公差带中没有满足要求的公差带，则允许采用两种基准制以外的非基准制配合。

表 3-8　基轴制优先、常用配合（GB／T 1800.2—2020）

基准轴	孔																				
	A	B	C	D	E	F	G	H	JS	K	M	N	P	R	S	T	U	V	X	Y	Z
	间 隙 配 合								过 渡 配 合				过 盈 配 合								
h5						F6/h5	G6/h5	H6/h5	JS6/h5	K6/h5	M6/h5	N6/h5	P6/h5	R6/h5	S6/h5	T6/h5					
h6						F7/h6	G7/h6	H7/h6	JS7/h6	K7/h6	M7/h6	N7/h6	P7/h6	R7/h6	S7/h6	T7/h6	U7/h6				
h7					E8/h7	F8/h7		H8/h7	JS8/h7	K8/h7	M8/h7	N8/h7									
h8				D8/h8	E8/h8	F8/h8		H8/h8													
h9				D9/h9	E9/h9	F9/h9		H9/h9													
h10				D10/h10				H10/h10													
h11	A11/h11	B11/h11	C11/h11	D11/h11				H11/h11													
h12		B12/h12						H12/h12													

注：标注 ▼ 的配合为优先配合。

表 3-9　基孔制优先、常用配合（GB／T 1800.2—2020）

基准孔	轴																				
	a	b	c	d	e	f	g	h	js	k	m	n	p	r	s	t	u	v	x	y	z
	间 隙 配 合								过 渡 配 合				过 盈 配 合								
H6						H6/f5	H6/g5	H6/h5	H6/js5	H6/k5	H6/m5	H6/n5	H6/p5	H6/r5	H6/s5	H6/t5					
H7						H7/f6	H7/g6	H7/h6	H7/js6	H7/k6	H7/m6	H7/n6	H7/p6	H7/r6	H7/s6	H7/t6	H7/u6	H7/v6	H7/x6	H7/y6	H7/z6

续表

基准孔	轴																				
	a	b	c	d	e	f	g	h	js	k	m	n	p	r	s	t	u	v	x	y	z
	间 隙 配 合								过 渡 配 合				过 盈 配 合								
H8					$\frac{H8}{e7}$	▼ $\frac{H8}{f7}$	$\frac{H8}{g7}$	▼ $\frac{H8}{h7}$	$\frac{H8}{js7}$	$\frac{H8}{k7}$	$\frac{H8}{m7}$	$\frac{H8}{n7}$	$\frac{H8}{p7}$	$\frac{H8}{r7}$	$\frac{H8}{s7}$	$\frac{H8}{t7}$	$\frac{H8}{u7}$				
				$\frac{H8}{d8}$	$\frac{H8}{e8}$	$\frac{H8}{f8}$		$\frac{H8}{h8}$													
H9			$\frac{H9}{c9}$	▼ $\frac{H9}{d9}$	$\frac{H9}{e9}$	$\frac{H9}{f9}$		▼ $\frac{H9}{h9}$													
H10			$\frac{H10}{c10}$	$\frac{H10}{d10}$				$\frac{H10}{h10}$													
H11	$\frac{H11}{a11}$	$\frac{H11}{b11}$	▼ $\frac{H11}{c11}$	$\frac{H11}{d11}$				▼ $\frac{H11}{h11}$													
H12		$\frac{H12}{b12}$						$\frac{H12}{h12}$													

注：$\frac{H6}{n5}$、$\frac{H7}{p6}$ 在公称尺寸小于或等于 3 mm 和 $\frac{H8}{r7}$ 在公称尺寸小于或等于 100 mm 时，为过渡配合；

标注 ▼ 的配合为优先配合。

例 3-4 已知孔和轴的配合代号为 $\phi20H7/g6$，试画出它们的公差带图，并计算它们的极限盈、隙值。

解　（1）查表 3-4 得 IT6 = 13 μm，IT7 = 21 μm。

（2）查表 3-6 得 $\phi20g6$ 的基本偏差为下偏差 es = -7 μm。

（3）查表 3-7 得 $\phi20H7$ 的基本偏差为下偏差 EI = 0 μm。

（4）$\phi20g6$ 的另一个极限偏差 ei = es - IT6 = -7 - 13 = -20（μm），即 $\phi20g6$ 可以写成 $\phi20^{-0.007}_{-0.020}$ mm 或 $\phi20g6$ $\binom{-0.007}{-0.020}$。

（5）$\phi20H7$ 的另一个极限偏差 ES = EI + T7 = 0 + 21 = +21（μm），即 $\phi20H7$ 可以写成 $\phi20^{+0.021}_{0}$ mm 或 $\phi20H7$ $\binom{+0.021}{0}$。

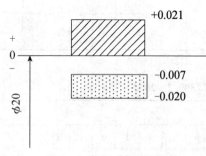

图 3-17　孔、轴公差带图

（6）公差带图如图 3-17 所示。由于孔的公差带在轴的公差带之上，所以该配合为间隙配合，其极限间隙值如下：

$$X_{max} = ES - ei = +0.021 - (-0.020) = +0.041 \text{（mm）}$$

$$X_{min} = EI - es = 0 - (-0.007) = +0.007 \text{（mm）}$$

$$X_{av} = (X_{max} + X_{min})/2 = (+0.041 + 0.007)/2 = +0.024 \text{（mm）}$$

3. 线性尺寸的一般公差——未注公差

（1）线性尺寸的一般公差的概念。

线性尺寸的一般公差是在车间普通工艺条件下，机床设备一般加工能力可保证的公差。在正常维护和操作的情况下，它代表车间的一般加工的经济加工精度。简单地说，一般公差就是只标注公称尺寸，不标注公差。

采用一般公差的尺寸和角度，在正常车间精度保证的条件下，一般可不进行检验。

应用一般公差，可简化图样，使图样清晰易读。一般公差不需在图样上进行标注，以突出图样上已注出公差的尺寸，从而使人们对这些注出尺寸在进行加工和检验时给予应有的重视。

（2）线性尺寸的一般公差的公差等级。

国家标准规定：一般公差规定四个等级：f（精密级）、m（中等级）、c（粗糙级）、v（最粗级）。这四个公差等级相当于 IT12、IT14、IT16 和 IT17。线性尺寸一般公差的极限偏差数值如表3-10所示。

表3-10　线性尺寸一般公差的公差等级及极限偏差数值（GB / T 1804—2000）

（单位：mm）

公差等级	尺寸分段							
	0.5 ~ 3	3 ~ 6	6 ~ 30	30 ~ 120	120 ~ 400	400 ~ 1000	1000 ~ 2000	2000 ~ 4000
f（精密级）	±0.05	±0.05	±0.1	±0.15	±0.2	±0.3	±0.5	—
m（中等级）	±0.1	±0.1	±0.2	±0.3	±0.5	±0.8	±1.2	±2
c（粗糙级）	±0.2	±0.3	±0.5	±0.8	±1.2	±2	±3	±4
v（最粗级）	—	±0.5	±1	±1.5	±2.5	±4	±6	±8

（3）线性尺寸的一般公差的表示方法。

为了简化制图，当采用一般公差时，图样上只注公称尺寸，不注极限偏差，如 $\phi 50$、$\phi 100$，但应在图样的技术要求或有关技术文件中，用标准号和公差等级代号作出总的说明。例如，当选用中等级 m 时，则表示为"未注公差按 GB/T 1804—m"。一般公差主要用于不重要的、较低精度的非配合尺寸及工艺方法可保证的尺寸，如锻造、铸造。

● **工作步骤**

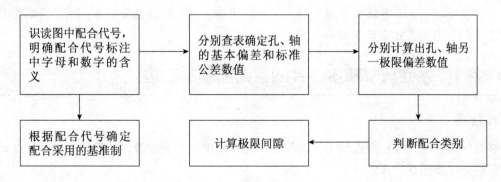

工作评价与反馈

识读图纸中的公差与配合标注代号		任务完成情况		
		全部完成	部分完成	未完成
自我评价	子任务1			
	子任务2			
工作成果 (工作成果形式)				
任务完成心得				
任务未完成原因				
本项目教与学存在的问题				

T ASK 任务 3

圆柱结合的尺寸精度设计

情境导入

运用场景图片展示学生在校内实训工厂加工的零件图纸和企业产品装配图及真实零件,与学生讨论图纸零件尺寸公差精度等级、配合件基准制及配合类别,提出问题:如何设计确定零件的公差精度等级?如何选取配合基准制?依据什么确定配合类别?本任务中,老师与同学们共同学习尺寸精度设计的相关内容。

任务要求

了解圆柱结合尺寸精度设计的主要内容,学会根据零件结构特点、加工工艺性和经济性选用配合基准制、公差等级的基本原则和方法;明确配合种类的选择依据,能按照零件具体工作要求和加工工艺特点确定配合代号。

子任务 1 学会尺寸精度设计的原则和基本方法

● 工作任务

在圆柱结合的尺寸精度设计中,如何选用配合基准制?公差等级的选用原则是什么?配合种类的选择依据是什么?

● 知识准备

尺寸精度设计包括以下三方面：基准制、公差等级和配合种类。这三方面的选择是机械设计与制造的重要环节，其选择是否恰当，对产品的性能、互换性及经济性都有重要的影响。选择原则既保证机械产品的使用性能优良，又考虑成本的低廉，使效益最大化。

1. 基准制的选用

如前所述，基准制分为基轴制和基孔制两种，同一公差等级的基轴制配合和基孔制配合应有相同的配合性质。配合制的选用主要从使用要求、零件的结构、工艺性和经济性等方面进行分析确定。

（1）一般情况优先选用基孔制。

通常情况下孔比轴难加工，对于中小尺寸的孔，常采用定值刀具（如钻头、铰刀、拉刀）和量具（光滑极限量规），这些定值刀具和量具的特点是孔的公差带一经改变，则刀具和量具就要更换，所以采用基孔制可以减少孔公差带的数量，即减少定值刀具、量具的规格和数量，有利于刀具、量具的标准化和系列化。因此在无特殊情况下，一般首先考虑采用基孔制配合，既为工艺设计提供方便，又可提高经济效益。

（2）采用基轴制的情况。

① 在纺织机械和农业机械中，采用 IT9～IT11 的冷拉钢材直接做轴时，轴的外表面不需经切削加工即可满足使用要求，此时应采用基轴制。

② 加工尺寸小于 1 mm 的精密轴比同一公差等级的孔困难，因此在仪器、钟表、无线电工程等行业中，常采用经过光轧成型的钢丝直接做轴，此时，也应采用基轴制。

③ 由于同一轴上与之配合的孔有多个，且配合的性质各不相同，此时宜采用基轴制配合。如发动机的活塞销轴与连杆铜套孔和活塞孔之间的配合，如图 3-18 所示。

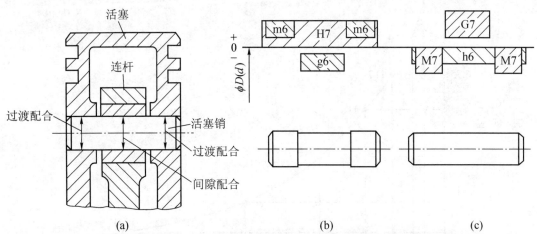

（a）活塞销与活塞、连杆机构的配合；（b）基孔制配合的孔、轴公差带；（c）基轴制配合的孔、轴公差带

图 3-18 活塞销与活塞、连杆机构的配合及其孔、轴公差带

④ 轴型标准件与其配件的配合，应以标准件为基准件选用配合制。例如，平键、半圆键与键槽、轮毂键槽的配合，滚动轴承外圈与箱体孔的配合应采用基轴制；内圈与轴的配合应采用基孔制。

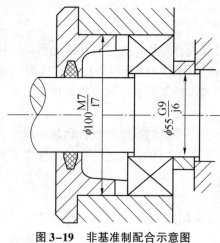

图 3-19 非基准制配合示意图

（3）非基准制配合。

为了满足配合的特殊需要，有时允许孔与轴都不用基准件（H 或 h），而采用非基准孔、轴公差带组成的配合，即非基准制配合。

例如，图 3-19 所示的外壳孔同时与轴承外径和端盖直径配合，由于轴承与外壳孔的配合已被定为基轴制过渡配合（M7），而端盖与外壳孔的配合要求有间隙，以便于拆装，所以端盖直径就不能再按基准轴制造，而应小于轴承的外径。在图中端盖外径公差带取 f7，所以它和外壳孔所组成的为非基准配合 M7/f7。又如，有镀层要求的零件，要求涂镀后满足某一基准制配合的孔或轴，在电镀前也应按非基准制配合的孔、轴公差带进行加工。

2. 公差等级的选用

（1）公差等级选用的基本原则。

公差等级的选用就是确定工件尺寸的制造精度与加工的难易程度。公差等级的高低直接影响产品的使用性能、零件加工的难易程度和加工的经济性。公差等级过低，产品质量得不到保证；公差等级过高，将使制造成本增加。图 3-20 是公差等级与生产成本的关系图。选择公差等级时，要正确处理使用要求、制造工艺和成本之间的关系。选用的基本原则是在满足使用要求的前提下，尽量选用较低的公差等级。

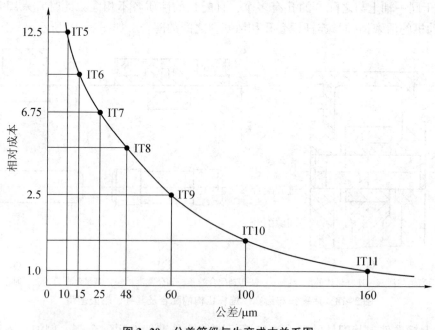

图 3-20 公差等级与生产成本关系图

（2）公差等级选用的方法。

公差等级可采用类比法或计算法进行选择。

① 类比法。公差等级的选用通常采用的方法为类比法，即找一些生产中验证过的同类产品的图样，将所设计的机械零件的工作要求、使用条件、加工工艺装备等情况进行比较，从而确定合理的标准公差等级。

② 计算法。根据一定的理论和计算公式，经过计算后，再根据极限与配合的标准确定合理的标准公差等级。

③ 用类比法确定公差等级应考虑的问题。

a. 熟悉各个公差等级的应用范围和应用情况。用类比法选择公差等级时，应掌握各个公差等级的应用范围和各种加工方法所能达到的公差等级，以便有所依据。表3-11为标准公差等级的主要应用范围，表3-12为各种加工方法所能达到的公差等级，表3-13为常用公差等级应用示例。

表3-11　标准公差等级的主要应用范围

应用 ＼ 公差等级	01	0	1	2	3	4	5	6	7	8	9	10	11	12	13	14	15	16	17	18
块规	—	—	—																	
量规			—	—	—	—	—													
配合尺寸							—	—	—	—	—	—	—							
特别精密零件				—	—	—	—													
非配合尺寸														—	—	—	—	—	—	—
原材料公差										—	—	—	—	—	—	—				

表3-12　各种加工方法所能达到的公差等级

加工方法 ＼ 公差等级	01	0	1	2	3	4	5	6	7	8	9	10	11	12	13	14	15	16	17	18
研磨	—	—	—	—	—	—	—													
珩磨						—	—	—												
圆磨							—	—	—	—										
平磨							—	—	—	—										
金刚石车							—	—	—											
金刚石镗							—	—	—											
拉削							—	—	—	—										
铰孔								—	—	—	—	—								
精车精镗								—	—	—	—									
粗车												—	—	—						
粗镗												—	—	—						
铣										—	—	—	—							
刨、插												—	—	—						
钻削												—	—	—	—					
冲压												—	—	—	—	—				

续表

公差等级 加工方法	01	0	1	2	3	4	5	6	7	8	9	10	11	12	13	14	15	16	17	18
滚压、挤压												—								
锻造																	—	—		
砂型铸造																		—	—	
金属型铸造																	—	—		
气割																	—	—	—	—

表 3–13　常用公差等级应用示例

公差等级	应用
5	主要用在配合精度、形位精度要求较高的地方，一般在机床、发动机、仪表等重要部位应用。如与 P4 级滚动轴承配合的箱体孔；与 P5 级滚动轴承配合的机床主轴、机床尾架与套筒、精密机械及高速机械中的轴径、精密丝杆轴径等
6	用于配合性质均匀性要求较高的地方。如与 P5 级滚动轴承配合的孔、轴径；与齿轮、涡轮、联轴器、带轮、凸轮等连接的轴径，机床丝杠轴径；摇臂钻立柱；机床夹具中导向件外径尺寸；6 级精度齿轮的基准孔，7、8 级精度齿轮的基准轴径
7	在一般机械制造中应用较为普遍。如联轴器、带轮、凸轮等孔径；机床夹盘座孔；夹具中固定钻套、可换钻套；7、8 级齿轮基准孔，9、10 级齿轮基准轴
8	在机器制造中属于中等精度。如轴承座衬套沿宽度方向尺寸，低精度齿轮基准孔与基准轴；通用机械中与滑动轴承配合的轴径；重型机械或农业机械中某些较重要的零件
9、10	精度要求一般。如机械制造中轴套外径与孔；操作件与轴；键与键槽等零件
11、12	精度较低，适用于基本上无配合要求的场合。如机床上法兰盘与止口；滑块与滑移齿轮；加工中工序间尺寸；冲压加工的配合件等

　　b. 孔和轴的工艺等价性。孔和轴的工艺等价性是指将孔与轴的加工难易程度视为相当。在公差等级≤8 级时，中小尺寸的孔加工比相同尺寸、相同等级的轴加工要困难，加工成本也要高一些，其工艺性是不等价的。为了使组成配合的孔、轴工艺等价，其公差等级应按优先、常用配合，孔、轴相差一级选用，这样就可以保证孔轴工艺等价。按工艺等价性选择公差等级可参看表 3–14。

表 3–14　按工艺等价性选择孔、轴的公差等级

要求配合	条件：孔的公差等级	轴应选用的公差等级	实例
间隙配合、过渡配合	≤IT8 >IT8	轴比孔高一级 轴与孔同级	H7/f6 H9/d9
过盈配合	≤IT7 >IT7	轴比孔高一级 轴与孔同级	H7/p6 H8/s8

c. 与相配合零件或部件的精度要匹配。例如，齿轮孔与轴的配合，它们的公差等级取决于相关齿轮的精度等级（可参阅有关齿轮的国家标准）；与滚动轴承相配合的外壳孔和轴颈的公差等级取决于相配合的滚动轴承的公差等级。

d. 在非基准制配合中，有的零件要求不高，可与相配合零件的公差等级低2~3级。例如，图3-21所示的轴颈与轴套的配合，按工艺等价原则，轴套应选7级公差（加工成本较高），考虑到它们在径向只要求自由装配，为较大间隙量的间隙配合，此处选择9级精度的轴套，有效地降低了成本。

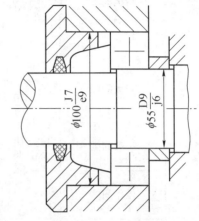

图3-21 端盖与外壳孔、轴颈与轴套的配合

3. 配合种类的选择

当配合制和公差等级确定后，配合的选用在确定基准制的基础上，应根据使用要求，确定采用配合中的间隙、过盈或过渡配合，即根据所选部位松紧程度的要求，确定非基准件的基本偏差代号。国家标准规定的配合代号很多，设计中应根据使用要求，尽可能地选用优先配合，其次考虑常用配合，然后是一般配合等。

（1）配合种类的选择依据。

对于孔、轴配合的使用要求，一般有三种情况：当孔、轴之间具有相对运动要求时，应选择间隙配合；若需要传递较大的扭矩，且不需要拆卸，应选择过盈配合；若需要传递一定的扭矩，但要求能够拆卸，应选择过渡配合。在配合类别的选用中，还应考虑工作温度、装配变形和生产类型等因素对配合性质的影响。

（2）配合种类选择的基本方法。

关于配合种类的选择，一般有三种方法：计算法、试验法、类比法。

① 计算法。根据零件的材料、结构和使用要求，按照一定的理论与公式，计算所需的间隙和过盈量。计算中应考虑各种配合的不同因素，按配合的不同性质，运用与实际情况近似的理论进行计算。如，滑动轴承的轴颈与轴承孔的配合，是根据流体润滑理论，计算保证液体摩擦允许的最小间隙量；而靠过盈来传递荷载的配合，可根据荷载的大小，按弹塑性变形理论，计算保证结合强度所必需的最小过盈量。

② 试验法。通过模拟试验和统计分析确定所需的间隙与过盈量。试验法最为可靠，但成本较高，一般用于重要、关键性配合的场合。

③ 类比法。参照同类型机械、机构和零部件的配合，与其相比较，或沿用类似零件的公差与配合，或对类似件进行必要的修正，这是确定配合最常用的方法，具体操作还应分析机器或机构的功用、零件的工作条件及技术要求等（如配合件的材料、受荷载的大小、拆装情况、温度的影响、装配变形的影响、生产类型等），另外，还必须对各种配合特性及应用场合等有所了解。表3-15为尺寸至500 mm基孔制常用和优先配合的特征与应用。参考表3-16对结合件配合的间隙量或过盈量的绝对值进行适当的调整。

表 3–15　尺寸至 500 mm 基孔制常用和优先配合的特征与应用

配合类别	配合特征	配合代号	应用
间隙配合	特大间隙	$\frac{H11}{a11}$　$\frac{H11}{b11}$　$\frac{H12}{b12}$	用于高温或工作时要求大间隙的配合
	很大间隙	$\left(\frac{H11}{c11}\right)$　$\frac{H11}{d11}$	用于工作条件较差、受力变形或为了便于装配而需要大间隙的配合和高温工作的配合
	较大间隙	$\frac{H9}{c9}$　$\frac{H10}{c10}$　$\frac{H8}{d8}$　$\left(\frac{H9}{d9}\right)$ $\frac{H10}{d10}$　$\frac{H8}{e7}$　$\frac{H8}{e8}$　$\frac{H9}{e9}$	用于高速重载的滑动轴承或大直径的滑动轴承，也可用于大跨距或多支点支承的配合
	一般间隙	$\frac{H6}{f5}$　$\frac{H6}{f6}$　$\left(\frac{H8}{f7}\right)$　$\frac{H8}{f8}$　$\frac{H9}{f9}$	用于一般转速的配合，当温度影响不大时，广泛应用于普通润滑油润滑的支承处
	较小间隙	$\left(\frac{H7}{g6}\right)$　$\frac{H8}{g7}$	用于精密滑动零件或缓慢间歇回转的零件的配合
	很小间隙或零间隙	$\frac{H6}{g5}$　$\frac{H6}{h5}$　$\left(\frac{H7}{h6}\right)$　$\left(\frac{H8}{h7}\right)$ $\frac{H8}{h8}$　$\left(\frac{H9}{h9}\right)$　$\frac{H10}{h10}$　$\left(\frac{H11}{h11}\right)$	用于不同精度要求的一般定位件的配合和缓慢移动与摆动零件的配合
过渡配合	大部分有微小间隙	$\frac{H6}{js5}$　$\frac{H7}{js6}$　$\frac{H8}{js7}$	用于易于装拆的定位配合或加紧固件后可传递一定静荷载的配合
		$\frac{H6}{k5}$　$\left(\frac{H7}{k6}\right)$　$\frac{H8}{k7}$	用于稍有振动的定位配合，加紧固件可传递一定荷载，装配方便，可用木槌敲入
	大部分有微小过盈	$\frac{H6}{m5}$　$\frac{H7}{m6}$　$\frac{H8}{m7}$	用于定位精度较高且能抗振的定位配合，加键可传递较大荷载，可用铜锤敲入或小压力压入
		$\left(\frac{H7}{n6}\right)$　$\frac{H8}{n7}$	用于精确定位或紧密组合件的配合，加键后能传递大力矩或冲击性荷载，只在大修时拆卸
	大部分有较小过盈	$\frac{H8}{p7}$	加键后能传递很大力矩，且承受振动和冲击的配合，装配后不再拆卸
过盈配合	轻型	$\frac{H6}{n5}$　$\frac{H6}{p5}$　$\left(\frac{H6}{p6}\right)$　$\frac{H6}{r5}$　$\frac{H7}{r6}$　$\frac{H8}{r7}$	用于精确的定位配合，一般不能靠过盈传递力矩。要传递力矩，需加紧固件
	中型	$\frac{H6}{n5}$　$\frac{H6}{p5}$　$\left(\frac{H6}{p6}\right)$　$\frac{H6}{r5}$　$\frac{H7}{r6}$　$\frac{H8}{r7}$	不需加紧固件就可传递较小力矩和轴向力，加紧固件后，承受较大荷载或动荷载的配合
	重型	$\left(\frac{H7}{u6}\right)$　$\frac{H8}{u7}$　$\frac{H7}{v6}$	不需加紧固件就可传递和承受大的力矩和动荷载的配合。要求零件材料有高强度
	特重型	$\frac{H7}{x6}$　$\frac{H7}{y6}$　$\frac{H7}{z6}$	能传递和承受很大力矩和动荷载的配合，须经试验后方可应用

注：括号内的配合为优先配合。

国家标准规定的 44 种基轴制配合的应用与本表中的同名配合相同。

表 3-16　不同工作条件影响配合间隙或过盈的趋势

具体情况	|过盈量|	间隙量	具体情况	|过盈量|	间隙量
材料强度小	减	—	装配时可能歪斜	减	增
经常拆卸	减	增	旋转速度增高	增	增
有冲击荷载	增	减	有轴向运动	—	增
工作时孔温高于轴温	增	减	润滑油黏度增大	—	增
工作时轴温高于孔温	减	增	表面趋向粗糙	增	减
配合长度增长	减	增	单件生产相对于成批生产	减	增
配合面形状和位置误差增大	减	增			

子任务 2　配合精度设计综合实训

● 工作任务

有一孔、轴配合的公称尺寸为 $\phi50$ mm，要求配合间隙为 +0.025 ～ +0.089 mm，试确定孔和轴的精度等级和配合种类。

● 知识准备

下面举例说明配合精度的设计方法。

1. 用计算法确定配合举例

例 3-5　一孔、轴配合，公称尺寸为 $\phi50$ mm，配合的间隙在 +0.025 ～ +0.089 mm 范围内。试选择适当的配合。

解　(1) 选择基准制。因题中没有特殊要求，故优先选用基孔制配合，即孔的基本偏差为 H。

(2) 确定公差等级。计算配合公差

$$T_f = | X_{max} - X_{min} | = | 0.089 \text{ mm} - 0.025 \text{ mm} | = 0.064 \text{ mm}$$

$$T_f = T_h + T_s = 0.064 \text{ mm}$$

假设孔、轴同级，则由 $T_f = T_h + T_s$ 得

$$T_h = T_s = T_f/2 = 0.032 \text{ mm}$$

查表 3-4 可知 0.032 mm 介于 IT7 = 0.025 mm 和 IT8 = 0.039 mm 之间，而国家标准要求公差等级孔比轴低一级，所以取孔为 IT8，轴为 IT7。

$$\text{IT7} + \text{IT8} = 0.025 \text{ mm} + 0.039 \text{ mm} = 0.064 \text{ mm} = T_f$$

(3) 确定轴的公差带代号。由于采用基孔制，孔的基本偏差代号为 H8，上、下偏差分别为 ES = 0.039mm，EI = 0。根据 $X_{min} = \text{EI} - \text{es}$，得 es = EI $- X_{min}$ = -0.025 mm，而 es 为轴的基本偏差，查轴的基本偏差数值表（表 3-6）得轴的基本偏差代号为 f，即轴的公差带代号为 f7。

$$\text{ei} = \text{es} - \text{IT7} = -0.025 - 0.025 = -0.05 \text{ (mm)}$$

(4) 确定配合代号。由上面计算可知选择的配合代号为 $\phi50\text{H8}/\text{f7}$：

$$ES = +0.039 \text{ mm}, \qquad EI = 0 \text{ mm}$$
$$es = -0.025 \text{ mm}, \qquad ei = -0.05 \text{ mm}$$

（5）验算设计结果：
$$X_{\max} = ES - ei = +0.039 - (-0.05) = +0.089 \ (\text{mm})$$
$$X_{\min} = EI - es = 0 - (-0.025) = +0.025 \ (\text{mm})$$

由以上计算说明所选配合满足要求。

2. 典型配合选择实例

例 3-6 如图 3-22 所示圆锥齿轮减速器，已知传递的功率 $P = 10$ kW，中速轴转速 $n = 750$ r/min，稍有冲击，在中、小型工厂小批生产。试选择以下四处配合的公差等级和配合：（1）联轴器 1 和输入端轴颈 2；（2）皮带轮 8 和输出端轴颈 11；（3）小锥齿轮 10 内孔和轴颈；（4）套杯 4 外径和箱体 6 座孔。

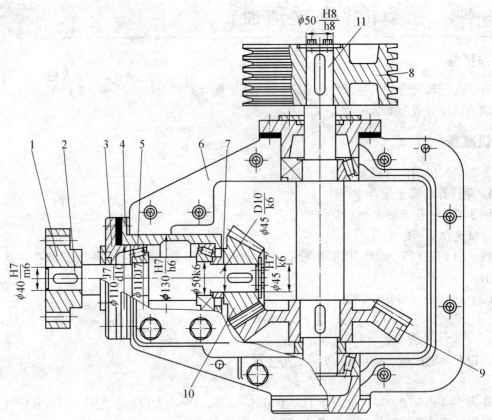

1—联轴器；2—输入端轴颈；3—轴承盖；4—套杯；5—轴承；6—箱体；
7—隔套；8—皮带轮；9、10—小锥齿轮；11—输出端轴颈

图 3-22 圆锥齿轮减速器

解 以上四处配合，无特殊要求，优先采用基孔制。

（1）联轴器 1 是用铰制螺孔和精制螺栓连接的固定式刚性联轴器。为防止偏斜引起附加荷载，要求对中性好，联轴器是中速轴上重要配合件，无轴向附加定位装置，结构上采用紧固件，故选用过渡配合 $\phi 40H7/m6$。

（2）皮带轮 8 和输出端轴颈 11 配合和上述配合比较，因是挠性件传动，故定心精度要求不高，且又有轴向定位件，为便于装卸可选用 H8/h7（h8、jS7、js8），本例选用 ϕ50H8/h8。

（3）小锥齿轮 10 内孔和轴颈是影响齿轮传动的重要配合，内孔公差等级由齿轮精度决定，一般减速器齿轮为 8 级，故基准孔为 IT7。传递负载的齿轮和轴的配合，为保证齿轮的工作精度和啮合性能，要求准确对中，一般选用过渡配合加紧固件，可供选用的配合有 H7/js6（k6、m6、n6，甚至 p6、r6），至于采用哪种配合，主要考虑装卸要求，荷载大小，有无冲击振动，转速高低，批量等。此处为中速、中载，稍有冲击，小批生产，故选用 ϕ45H7/k6。

（4）套杯 4 外径和箱体孔配合是影响齿轮传动性能的重要部位，要求准确定心。但考虑到为调整锥齿轮间隙而有轴向移动的要求，为便于调整，故选用最小间隙为零的间隙定位配合 ϕ130H7/h6。

● **工作步骤**

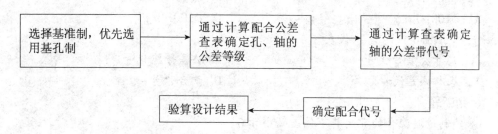

工作评价与反馈

圆柱结合的尺寸精度设计		任务完成情况		
		全部完成	部分完成	未完成
自我评价	子任务 1			
	子任务 2			
工作成果（工作成果形式）				
任务完成心得				
任务未完成原因				
本项目教与学存在的问题				

巩固与提高

一、选择题

1. 公差带的选用顺序是尽量选择_____代号。

　　A. 一般　　　　　　B. 常用　　　　　　C. 优先　　　　　　D. 随便

2. GB/T 1800.2—2020 中对公称尺寸至 500 mm 范围内规定了_____个公差等级。

    A. 15   B. 18   C. 20   D. 28

3. 如图 3-23 所示，尺寸 $\phi28$ 属于_____。

    A. 重要配合尺寸   B. 一般配合尺寸   C. 一般公差尺寸   D. 没有公差要求

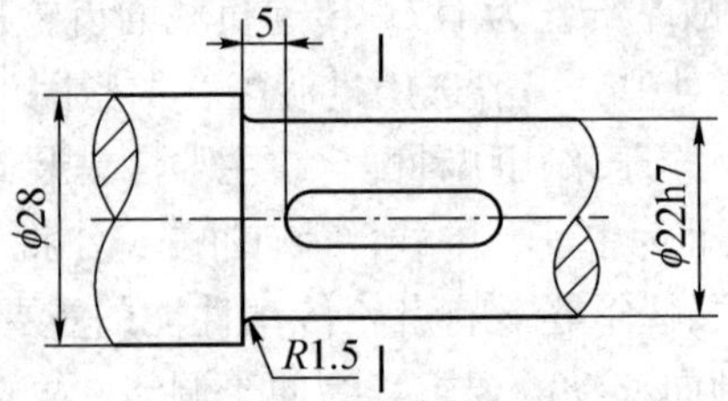

图 3-23 选择题 3 图

4. 下列配合中，配合公差最小的是_____。

    A. $\phi30H7/g6$ B. $\phi30H8/g7$

    C. $\phi100H7/g6$ D. $\phi100H8/g7$

5. 尺寸 $\phi48F6$ 中，"F" 代表_____。

    A. 尺寸公差带代号   B. 公差等级代号

    C. 基本偏差代号   D. 配合代号

二、判断题

1. 基轴制过渡配合的孔，其下偏差必小于 0。   （   ）

2. 基本偏差 a~h 与基准孔构成间隙配合，其中 h 配合最松。   （   ）

3. 尺寸的基本偏差可正可负，一般都取正值。   （   ）

4. 公称尺寸是设计给定的尺寸，因此零件的实际尺寸越接近公称尺寸，则其精度越高。

                                         （   ）

5. 最大极限尺寸总是大于最小极限尺寸。   （   ）

三、填空题

1. $\phi30^{+0.021}_{0}$ mm 的孔与 $\phi30^{-0.007}_{-0.020}$ mm 的轴配合属于_____制的_____配合。

2. 配合代号为 $\phi50H10/js10$ 的孔轴，已知 IT10 = 0.100 mm，其配合的极限间隙（或过盈）分别为_____mm 和_____mm。

3. 已知某基准孔的公差为 0.013 mm，则它的下偏差为_____mm，上偏差为_____mm。

4. 公称尺寸相同的轴上有几处配合，当两端的配合要求紧固而中间的配合要求较松时，宜采用_____制配合。

5. _____是确定公差带位置的唯一标准化参数，而标准公差是确定公差带宽度的唯一标准化参数。

四、单项实训题

按表 3-17 中给出的数值，计算表中空格的数值，并将计算结果填入相应的空格内（单位：mm）。

表 3-17 单项实训题

公称尺寸	上极限尺寸	下极限尺寸	上偏差	下偏差	公差
孔 $\phi 8$	8.040	8.025			
轴 $\phi 60$			-0.060		0.046
孔 $\phi 30$		30.020			0.100
轴 $\phi 50$			-0.050	-0.112	

五、简述与分析题

1. 什么是公称尺寸？什么是极限尺寸？什么是实际尺寸？如何判断零件是否合格？

2. 什么是标准公差？什么是基本偏差？二者的作用分别是什么？

3. 国家标准规定的常用尺寸段的标准公差有几级？哪级最高？哪级最低？

4. 配合的种类分为几种？当相配合的孔、轴有相对运动或需要经常拆卸时，应选择哪种配合？

5. 什么是配合制？应遵循哪些原则？为什么？

6. 简述公差等级的选择原则及常用的选择方法。

六、综合实训题

1. 查表得出下列公差带的上、下偏差。

(1) $\phi 35M8$　　　(2) $\phi 80p6$　　　(3) $\phi 60f6$　　　(4) $\phi 70h11$

(5) $\phi 28m7$　　　(6) $\phi 120v7$　　　(7) $\phi 35C11$　　　(8) $\phi 32d9$

2. 说明下列配合代号所表示的配合制、公差等级和配合性质，并查表计算其极限间隙或极限过盈，画出其尺寸公差带图。

(1) $\phi 50S8/h8$　　　(2) $\phi 70K7/h6$　　　(3) $\phi 19JS8/g7$　　　(4) $\phi 35H7/g6$

3. 已知一孔、轴配合，图样上标注为孔 $\phi 50^{+0.039}_{0}$ mm、轴 $\phi 50^{-0.025}_{-0.050}$ mm，分别计算出极限尺寸，作出此配合的尺寸公差带图，确定配合基准制，并计算配合公差。

4. 某配合的公称尺寸为 $\phi 25$ mm，其配合的最大间隙为 +0.013 mm，最大过盈为 -0.021 mm，试确定孔、轴的公差等级，选择适当的配合，并绘制公差带图。

几何公差与检测

▶ 项目导学

在机械加工过程中，由于机床、夹具、刀具组成的工艺系统本身存在误差，以及加工过程中工艺系统受磨损、振动、受力变形等因素的影响，加工后的零件不仅有尺寸误差，还存在几何误差（包括形状误差、方向误差、位置误差和跳动误差）。

几何误差不仅会影响机械产品的质量，如工作精度、连接强度、运动平稳性、密封性、耐磨性、噪声和使用寿命等，还会影响零件的互换性。因此，为了满足零件的使用要求，保证零件的互换性和制造的经济性，设计时必须合理控制零件的几何误差。

本单元参考 GB/T 1182—2018《产品几何技术规范（GPS）几何公差 形状、方向、位置和跳动公差标注》、GB/T 4249—2018《产品几何技术规范（GPS）基础概念、原则和规则》、GB/T 16671—2018《产品几何技术规范（GPS）几何公差 最大实体要求（MMR）、最小实体要求（LMR）和可逆要求（RPR）》、GB/T 17851—2010《产品几何技术规范（GPS）几何公差 基准和基准体系》、GB/T 13319—2020《产品几何量技术规范（GPS）几何公差 成组（要素）与组合几何规范》和 GB/T 1958—2017《产品几何技术规范（GPS）几何公差 检测与验证》的有关内容，对产品几何公差进行适当的介绍。

▶ 学习目标

认知目标： 理解几何公差各项目的具体含义；掌握几何公差标注的方法及注意事项；掌握公差原则及几何公差的评定选用原则。

情感目标： 通过识读图纸和对零件的检测，培养学生严谨务实、具备经济成本意识及安全意识的职业素养。

技能目标： 能读懂图纸上标注的几何公差项目的具体含义；能正确应用公差原则；能够对几何公差项目进行评定和检测。

几何公差项目及标注

情境导入

上一个项目我们已经对汽车配件厂小王师傅加工的零件的图纸进行了尺寸分析，我们也能够判断出该零件尺寸的合格范围。但是，零件加工结束后，不仅有尺寸方面的误差，请同学们分析一下，还会有哪些方面的误差？如形状或位置误差。如何控制形状或位置误差呢？从本任务开始，我们将学习识别图纸中零件的形状或位置公差，并学会检测常用零件的形位误差。

任务要求

理解几何要素的分类；掌握几何公差特征及符号；掌握几何公差的标注方法。

子任务1 学会几何要素分类及几何公差项目

● 工作任务

实际生产中零件的几何特征千差万别，但归结起来都是由几何要素构成的，如图4-1所示。将图中零件的几何要素按照存在的状态、几何特征、在几何公差中所处的地位及被测要素的功能关系进行分类，并且说明控制该零件几何要素的公差项目有哪些。

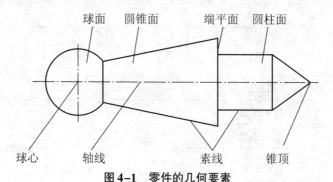

图4-1 零件的几何要素

● 知识准备

几何要素简称为要素，是指构成零件的几何特征的点、线、面。实际生产中，尽管各种零件的几何特征千差万别，但归结起来都是由几何要素构成的，如图4-1所示。零件的几何要素可按不同的方式来分类，具体如下。

1. 理想要素和实际要素

几何要素按存在的状态分为理想要素和实际要素。理想要素是指具有几何学意义且没有任何误差的要素，设计时在图样上表示的要素均为理想要素；实际要素是指零件上实际存在的要素。零件加工时，由于种种原因会产生几何误差，因此对于具体零件来说，其实际要素只能由测得要素来代替。

2. 轮廓要素和中心要素

几何要素按几何特征分为轮廓要素和中心要素。轮廓要素是指构成零件轮廓的可直接触及的点、线、面，如机械图样中表达零件形状的圆柱面、平面、直线、曲线和曲面等。中心要素是指不可触及的轮廓要素对称中心所示的点、线、面，如零件上的轴线、球心、圆心等。

3. 被测要素和基准要素

几何要素按在几何公差中所处的地位分为被测要素和基准要素。被测要素是指零件图中给出了几何公差要求，即需要检测的要素。基准要素是指用以确定被测要素的方向或位置等的要素，理想的基准要素简称为基准。

4. 单一要素和关联要素

几何要素按被测要素的功能关系分为单一要素和关联要素。单一要素是指仅对其本身给出几何公差要求的要素。关联要素是指与其他要素有功能关系的要素。

为控制机器零件的几何误差，提高机器的精度，延长使用寿命，保证互换性生产，GB/T 1182—2018《产品几何技术规范（GPS）几何公差 形状、方向、位置和跳动公差标注》规定了形状、方向、位置、跳动四大类共 19 项几何公差项目。几何公差的几何特征、符号和附加符号分别如表 4-1 和表 4-2 所示。

表 4-1 几何公差的特征及符号

公差类型	几何特征	符号	有无基准
形状公差	直线度	——	无
	平面度	▱	无
	圆度	○	无
	圆柱度	⌀	无
	线轮廓度	⌒	无
	面轮廓度	⌓	无
方向公差	平行度	//	有
	垂直度	⊥	有
	倾斜度	∠	有
	线轮廓度	⌒	有
	面轮廓度	⌓	有

续表

公差类型	几何特征	符号	有无基准
位置公差	位置度	⊕	有或无
	同心度（用于中心点）	◎	有
	同轴度（用于轴线）	◎	有
	对称度	⚌	有
	线轮廓度	⌒	有
	面轮廓度	⌓	有
跳动公差	圆跳动	↗	有
	全跳动	↗↗	有

表 4-2　几何公差的标注符号及说明

说明	符号	说明	符号
被测要素		基准要素	A　A
基准目标	$\frac{\phi 2}{A1}$	理论正确尺寸	50
延伸公差带	Ⓟ	最大实体要求	Ⓜ
最小实体要求	Ⓛ	自由状态条件（非刚体零件）	Ⓕ
全周（轮廓）		包容要求	Ⓔ
公共公差带	CZ	小径	LD
大径	MD	中径、节径	PD
线素	LE	不凸起	NC
任意横截面	ACS		

　　由一个或几个理想的几何线或面所限定的、由线性公差值表示其大小的区域称为几何公差带。对零件要素规定的几何公差确定了公差带之后，应把该要素限定在公差带之内。根据公差的几何特征及其标注方式，公差带的主要形式如表 4-3 所示。

表 4-3　几何公差带形式

平面区域		空间区域	
两平行直线之间	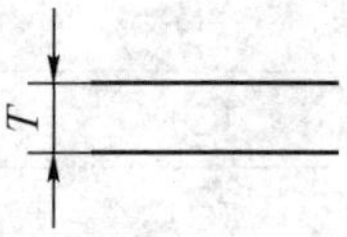	两平行平面之间	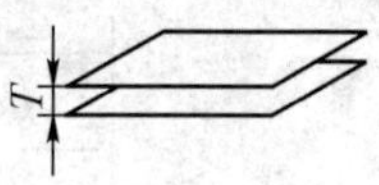
两等距曲线之间	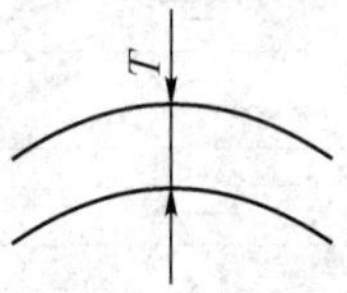	两等距曲面之间	
两同心圆之间	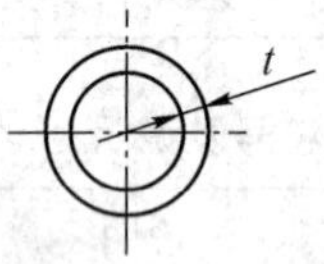	两同轴圆柱面之间	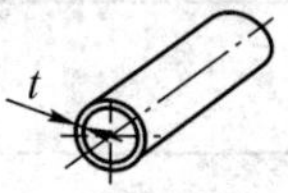
一个圆内	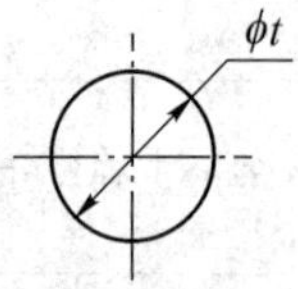	一个圆柱面内	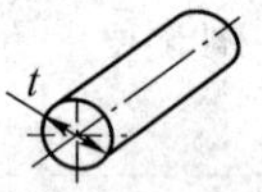
		一个球内	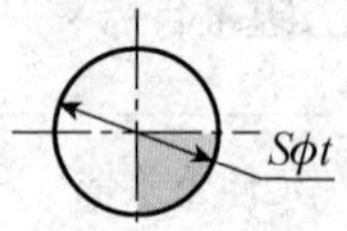

● **工作步骤**

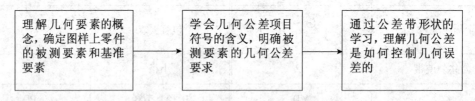

理解几何要素的概念，确定图样上零件的被测要素和基准要素　→　学会几何公差项目符号的含义，明确被测要素的几何公差要求　→　通过公差带形状的学习，理解几何公差是如何控制几何误差的

子任务2　掌握几何公差的标注方法

● **工作任务**

　　正确识读图 4-2 所示各项几何公差的含义，并指出各几何公差项目要求的被测要素、基准要素分别是什么。思考为什么有的几何公差框格指引线的箭头（基准符号）与尺寸线对齐，有的却错开。

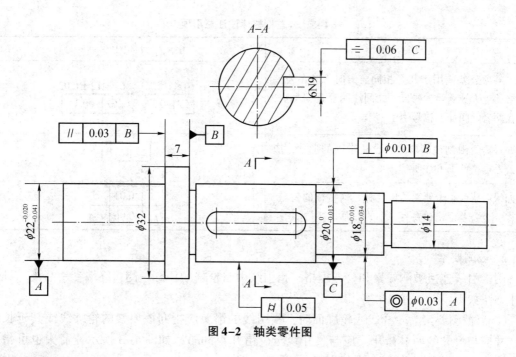

图 4-2　轴类零件图

● 知识准备

1. 公差框格的标注

（1）标注内容。

用公差框格标注几何公差时，要求把公差写在划分成两格或多格的矩形框格内，各格从左到右依次标注的内容如表 4-4 所示。

表 4-4　公差框格标注内容

框格	标注内容	具体说明	标注举例
第一格	几何特征符号	几何特征符号的具体画法如表 4-1 所示	— | 0.1
第二格	公差值	公差值即以线性尺寸单位表示的量值。如果公差带为圆形或圆柱形，公差值前应加注符号"ϕ"；如果公差带为圆球形，公差值前应加注符号"$S\phi$"	// | 0.1 | A ⊕ | ϕ0.1 | A | C | B
第三格以后	基准	用一个字母表示单个基准；用几个字母表示基准体系或公共基准	⊕ | $S\phi$0.1 | A | B | C ◎ | ϕ0.1 | A—B

（2）注意事项。

用公差框格标注几何公差时的一些注意事项如表 4-5 所示。

表 4-5　公差框格标注注意事项

注意事项	具体图例
当某项公差应用于几个相同要素时，应在公差框格的上方被测要素的尺寸之间注明要素的个数，并在两者之间加上符号"×"	6× □ 0.2　　　　　6×ϕ12±0.02 ⊕ ϕ0.1
如果需要限制被测要素在公差带内的形状，应在公差框格的下方注明	□ 0.1 NC
如果需要就某个要素给出几种几何特征的公差，可将一个公差框格放在另一个的下面	— 0.01 // 0.06 B

2. 被测要素

用指引线连接被测要素和公差框格，指引线引自框格的任意一侧，终端带一箭头。具体标注方法如下：

① 当被测要素为轮廓线或轮廓面时，指引线的箭头应指向该要素的轮廓线或其延长线上，并应与尺寸线明显错开（应与尺寸线至少错开 4 mm），如图 4-3 所示；箭头也可指向引出线的水平线，引出线引自被测面，如图 4-4 所示。

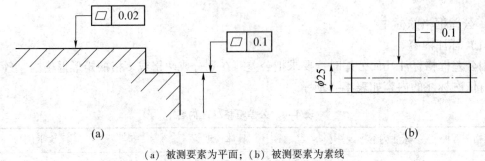

（a）被测要素为平面；（b）被测要素为素线

图 4-3　箭头指向轮廓线或其延长线

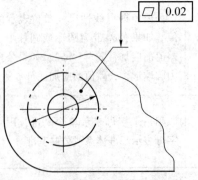

图 4-4　箭头指向引出线的水平线

② 当被测要素为中心要素时，指引线的箭头应位于被测要素尺寸线的延长线上。当箭头与尺寸线的箭头重叠时，可代替尺寸线箭头，注意指引线的箭头不允许直接指向中心线，

如图 4-5 所示。

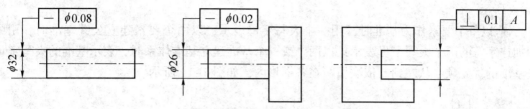

图 4-5　被测要素为中心要素示意图

③ 需要指明被测要素的形式（是线而不是面）时，应在公差框格附近注明，如图4-6所示。

3. 基准

① 与被测要素相关的基准用一个大写字母表示，字母标注在基准方格内，并且与一个涂黑的或空白的三角形相连（涂黑的三角形与空白的三角形含义相同），如图4-7所示。另外，表示基准的字母还应标注在相应的公差框格内。

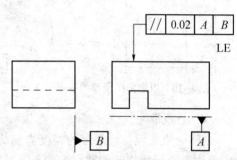

图 4-6　指明被测要素形式示意图

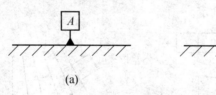

（a）涂黑的基准三角形；（b）空白的基准三角形

图 4-7　基准

② 当基准要素是轮廓线或轮廓面时，基准三角形放置在要素的轮廓线或其延长线上，也可放置在该轮廓面引出线的水平线上，如图4-8所示。当基准是尺寸要素确定的轴线、中心平面或中心点时，基准三角形应放置在该尺寸线的延长线上；如果没有足够的位置标注基准要素尺寸的两个尺寸箭头，则其中一个箭头可用基准三角形代替，如图4-9所示。

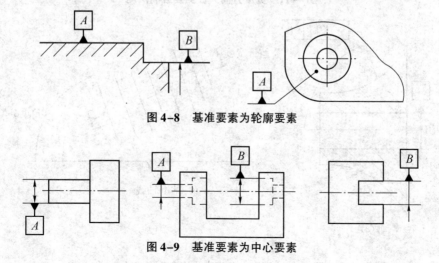

图 4-8　基准要素为轮廓要素

图 4-9　基准要素为中心要素

③ 如果只以要素的某一局部作基准，则应用粗点划线示出该部分并加注尺寸，如图 4-10 所示。

④ 以单个要素作为基准时，用一个大写字母表示；以两个要素建立公共基准时，用中间加连字符的两个大写字母表示；以两个或三个基准建立基准体系时，表示基准的大写字母按基准的优先顺序从左到右依次填写在各框格内，如图 4-11 所示。

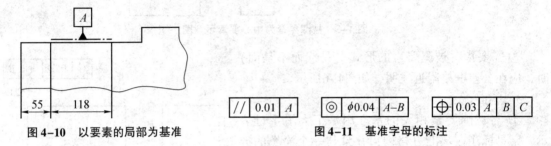

图 4-10　以要素的局部为基准　　　　图 4-11　基准字母的标注

4. 公差带

① 一般来说，公差带的宽度方向为被测要素的法向，如图 4-12 所示；如果有特殊规定，则必须标注规定的宽度方向与基准轴线之间的夹角 α ，如图 4-13 所示。圆度公差带的宽度应在垂直于公称轴线的平面内确定。

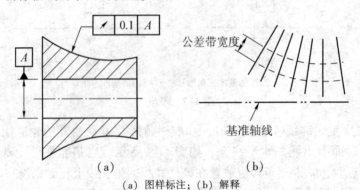

（a）图样标注；（b）解释

图 4-12　宽度方向为被测要素的法向

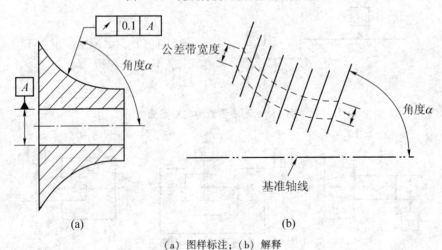

（a）图样标注；（b）解释

图 4-13　宽度方向规定为夹角 α 的方向

② 当中心点、中心线、中心面在一个方向上给定公差时，没有特别说明的时候，位置公差公差带的宽度方向为理论正确尺寸图框的方向，并按指引线箭头所指互成 0°或 90°，如图 4-14 所示；方向公差公差带的宽度方向为指引线箭头方向，与基准成 0°或 90°，如图 4-15（a）所示；当在同一基准体系中规定两个方向的公差时，它们的公差带是互相垂直的，如图 4-15（b）所示。

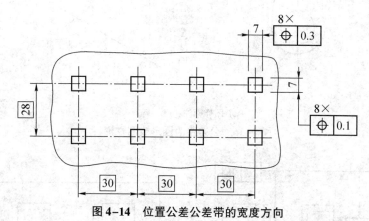

图 4-14　位置公差公差带的宽度方向

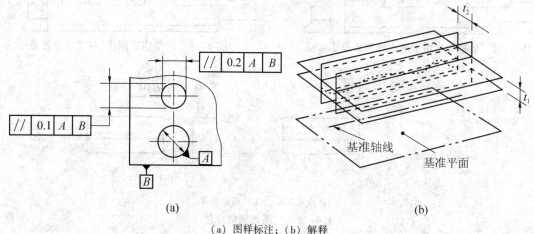

（a）图样标注；（b）解释

图 4-15　方向公差公差带的宽度方向

③ 若公差值前面标注符号"ϕ"，公差带为圆柱形或圆形，如图 4-16 所示；若公差值前面标注符号"$S\phi$"，公差带为圆球形。

④ 一个公差框格可以用于具有相同几何特征和公差值的若干个分离要素，如图 4-17 所示。

⑤ 若干个分离要素给出单一公差带时，可在公差框格内公差值的后面加注公共公差带的符号"CZ"，如图 4-18 所示。

5. 附加标记

① 如果轮廓度特征适用于横截面的整周轮廓或该轮廓所示的整周表面时，应采用"全周"符号表示。"全周"符号并不包括整个工件的所有表面，只包括由轮廓和公差标注所表示的各个表面，如图 4-19 所示。

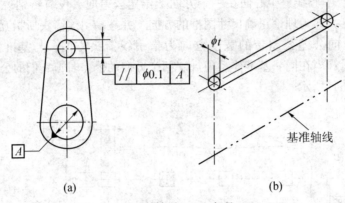

(a)　　　　　　　　　　　　　(b)

（a）图样标注；（b）解释

图 4-16　公差带为圆形或圆柱形

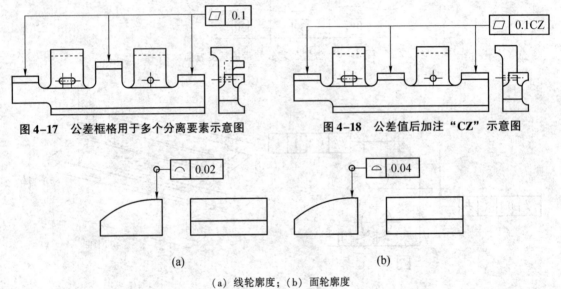

图 4-17　公差框格用于多个分离要素示意图　　　**图 4-18　公差值后加注"CZ"示意图**

（a）线轮廓度；（b）面轮廓度

图 4-19　整周轮廓的标注

② 以螺纹轴线为被测要素或基准要素时，默认为螺纹中径圆柱的轴线，如有特殊规定，则应注出，"MD"表示大径，"LD"表示小径，如图 4-20 所示。以齿轮、花键轴线为被测要素或基准要素时，需要用符号表示所指的要素，如用"PD"表示节径，"MD"表示大径，"LD"表示小径。

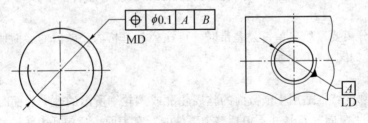

图 4-20　螺纹轴线为被测要素

6. 理论正确尺寸

当给出一个或一组要素的位置、方向或轮廓度公差时，用来确定其理论正确位置、方向或轮廓的尺寸称为理论正确尺寸（TED）。理论正确尺寸也用于确定基准体系中各个基准之间的方向、位置关系。理论正确尺寸没有公差，并标注在一个方框中，如图 4-21 所示。

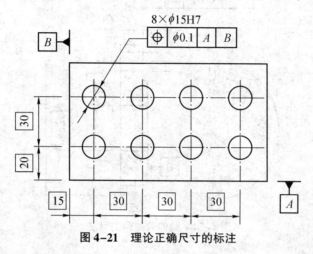

图 4-21 理论正确尺寸的标注

7. 限定性规定

① 需要对整个被测要素上任意限定范围标注同样几何特征的公差时，可在公差值的后面加注限定范围的线性尺寸值，并在两者之间用斜线隔开。如果标注的是两项或两项以上同样几何特征的公差，可直接在整个要素公差框格的下方放置另一个公差框格，如图 4-22 所示。

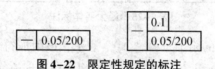

图 4-22 限定性规定的标注

② 如果给出的公差仅适用于要素的某一指定局部，应采用粗点划线示出该局部的范围，并加注尺寸，如图 4-23 所示。

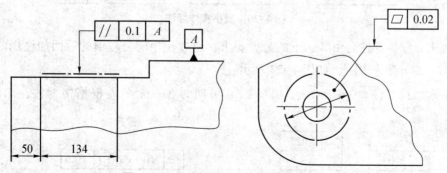

图 4-23 公差仅适用于指定局部的标注

8. 延伸公差带

为保证相配零件配合时能顺利装入，将被测要素的公差带延伸到工件实体之外，以控制工件外部的公差带称为延伸公差带。延伸公差带用规定的附加符号 "Ⓟ" 表示，如图 4-24 所示。

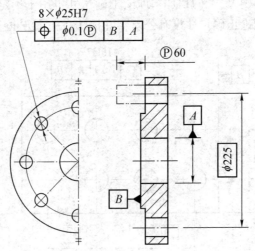

图 4-24　延伸公差带的标注

9. 其他要求的标注

① 最大实体要求用规范的附加符号 "Ⓜ" 表示，该附加符号可根据需要单独标注，也可标注在公差值的后面，或标注在基准字母的后面，或同时在公差值和基准字母的后面标注，如图 4-25 所示。

图 4-25　最大实体标注

② 最小实体要求用规范的附加符号 "Ⓛ" 表示，该附加符号可根据需要单独标注，也可标注在公差值的后面，或标注在基准字母的后面，或同时在公差值和基准字母的后面标注，如图 4-26 所示。

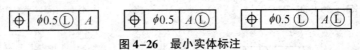

图 4-26　最小实体标注

③ 对于非刚性零件自由状态下的公差要求，通过在相应公差值的后面加注规范的附加符号 "Ⓕ" 的方法来表示，如图 4-27 所示。

④ 各附加符号Ⓟ、Ⓜ、Ⓛ、Ⓕ 和 CZ，可同时在一个公差框格中标注，如图 4-28 所示。

图 4-27　自由状态标注　　　　　图 4-28　各附加符号的复合标注

● **工作步骤**

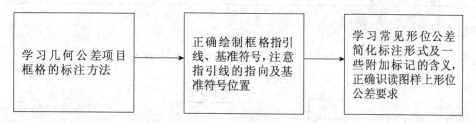

工作评价与反馈

几何公差项目及标注		任务完成情况		
		全部完成	部分完成	未完成
自我评价	子任务 1			
	子任务 2			
工作成果 （工作成果形式）				
任务完成心得				
任务未完成原因				
本项目教与学存在的问题				

任务 2

几何公差带认知及公差原则的应用

情境导入

　　与尺寸公差一样，零件的几何公差也是限制实际被测要素几何误差的变动区域。各几何公差项目是如何限制几何误差的？如何定义、解释几何公差带？这些就是任务 2 要解决的问题。

任务要求

　　理解几何公差带的定义及公差原则。

子任务1　学会几何公差带的标注和含义

● 工作任务

读零件图（图4-29），解释图中几何公差标注的含义并填入表4-6。

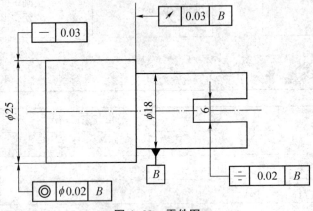

图4-29　零件图

表4-6　图4-29零件几何公差标注含义

代号	读法	公差带含义

● 知识准备

1. 形状公差

形状公差是指单一实际要素的形状所允许的变动量，包括直线度、平面度、圆度、圆柱度、线轮廓度、面轮廓度六个项目。其中，直线度是限制实际直线对理想直线变动量的指标，是针对直线发生不直而提出的要求；平面度是限制实际平面对理想平面变动量的指标，是针对平面发生不平而提出的要求；圆度是限制实际圆对理想圆变动量的指标，是对具有圆柱面的零件在一正截面内的圆形轮廓要求；圆柱度是限制实际圆柱面对理想圆柱面变动量的指标，它控制了圆柱体横截面和轴截面内的各项形状误差，如圆度、素线直线度、轴线直线度等，圆柱度是圆柱体各项形状误差的综合指标；线轮廓度是限制实际曲线对理想曲线变动量的指标，是对非圆曲线的形状精度要求；面轮廓度是限制实际曲面对理想曲面变动量的指标，是对曲面的形状精度要求。

形状公差带是限制单一实际被测要素变动的区域，零件实际要素在该区域内为合格，否则为不合格。形状公差带的特点是不涉及基准，只包括形状和大小两个要素，方向和位置均是浮动的。表4-7给出了形状公差带的具体定义、标注方法及相关解释说明。

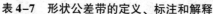

表 4-7　形状公差带的定义、标注和解释

项目名称及符号	公差带的定义	标注和解释
直线度 ―	公差带为在给定平面内和给定方向上，间距等于公差值 t 的两平行直线所限定的区域 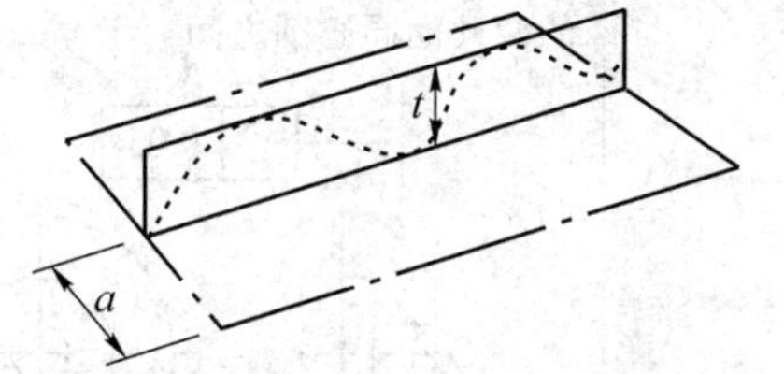	在任一平行于图示投影面的平面内，上平面的被测（实际）线应限定在间距等于 0.1 mm 的两平行直线之间 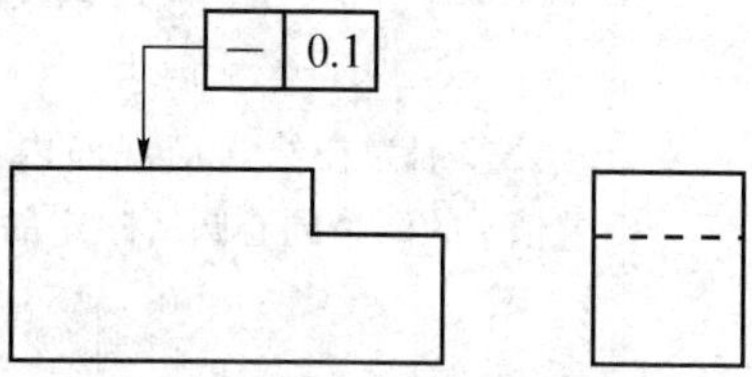
	公差带为间距等于公差值 t 的两平行平面所限定的区域 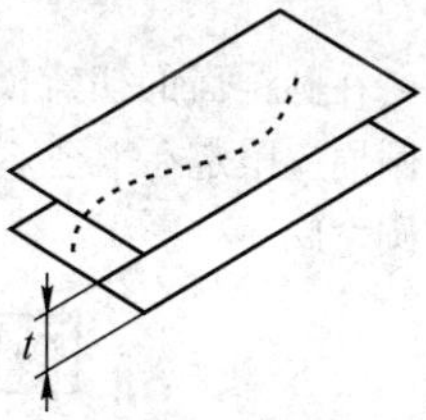	被测（实际）的棱边应限定在间距等于 0.1 mm 的两平行平面之间 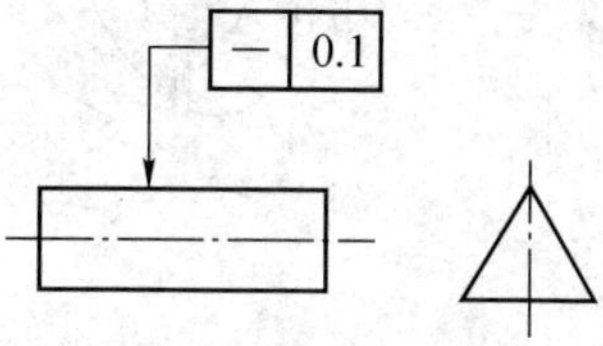
	由于公差值前加注了符号 ϕ，公差带为直径等于公差值 t 的圆柱面所限定的区域 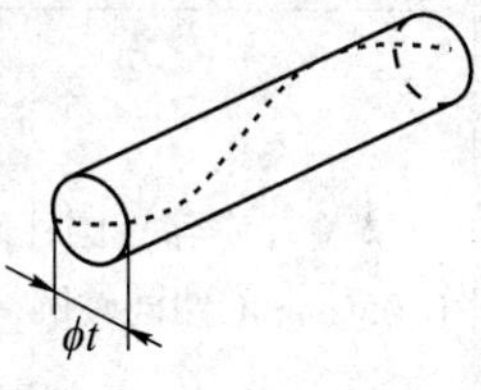	外圆柱面的被测（实际）中心线应限定在直径等于 0.08 mm 的圆柱面内 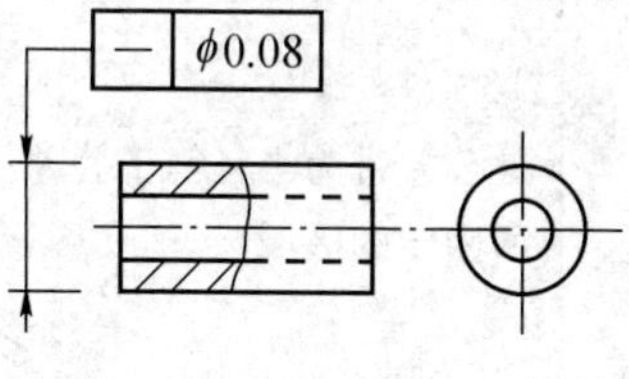
平面度 ▱	公差带为间距等于公差值 t 的两平行平面所限定的区域 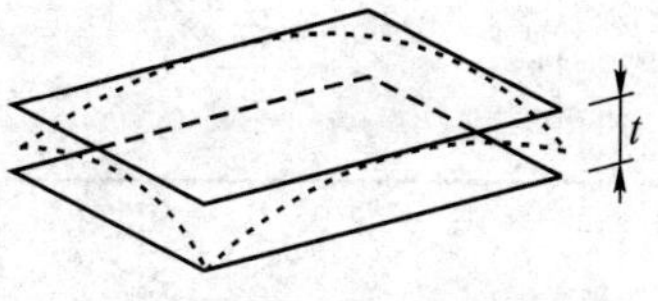	被测（实际）表面应限定在间距等于 0.08 mm 的两平行平面之间 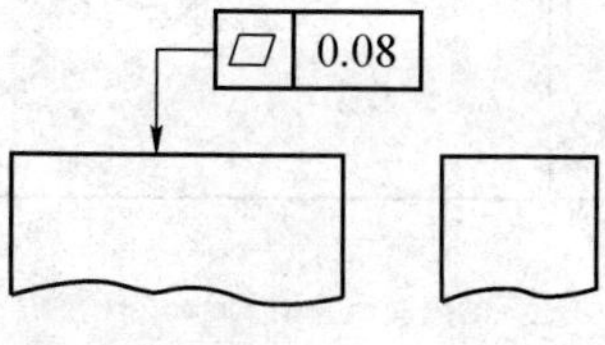

项目名称及符号	公差带的定义	标注和解释
圆度 ○	公差带为在给定横截面内、半径差等于公差值 t 的两个同心圆所限定的区域 	在圆柱面和圆锥面的任意横截面内，被测（实际）圆周应限定在半径差等于0.03 mm的两共面同心圆之间 在圆锥面的任意横截面内，被测（实际）圆周应限定在半径差等于 0.02 mm 的两同心圆之间
圆柱度 ⌭	公差带为半径等于公差值 t 的两同轴圆柱面所限定的区域 	被测（实际）圆柱面应限定在半径差等于 0.05 mm 的两同轴圆柱面之间

112

项目名称及符号	公差带的定义	标注和解释
	无基准的线轮廓度公差	
	公差带为直径等于公差值 t、圆心位于具有理论正确几何形状上的一系列圆的两包络线所限定的区域 a——任一距离 b——垂直于视图所在平面 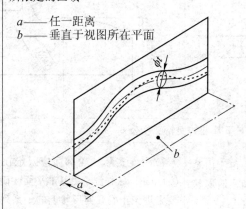	在任一平行于图示投影面的截面内,被测(实际)轮廓线应限定在直径等于 0.04 mm、圆心位于被测要素理论正确几何形状上的一系列圆的两包络线之间 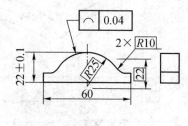
线轮廓度 ⌒	相对于基准体系的线轮廓度公差	
	公差带为直径等于公差值 t、圆心位于由基准平面 A 和基准平面 B 确定的被测要素理论正确几何形状上的一系列圆的两包络线所限定的区域 a——基准平面A b——基准平面B c——平行于基准A的平面 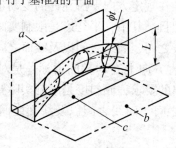	在任一平行于图示投影平面的截面内,被测(实际)轮廓线应限定在直径等于 0.04 mm、圆心位于由基准平面 A 和基准平面 B 确定的被测要素理论正确几何形状上的一系列圆的两包络线之间 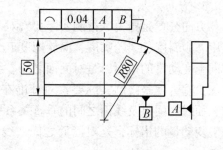

项目名称及符号	公差带的定义	标注和解释
面轮廓度 ⌓	无基准的面轮廓度公差	
	公差带为直径等于公差值 t、球心位于被测要素理论正确形状上的一系列圆球的两包络面所限定的区域	被测（实际）轮廓面应限定在直径等于 0.02 mm、球心位于被测要素理论正确几何形状上的一系列圆球的两包络面之间
	相对于基准的面轮廓度公差	
	公差带为直径等于公差值 t、球心位于由基准平面 A 确定的被测要素理论正确几何形状上的一系列圆球的两包络面所限定的区域	被测（实际）轮廓面应限定在直径等于 0.1 mm、球心位于由基准平面 A 确定的被测要素理论正确几何形状上的一系列圆球的两包络面之间

2. 方向公差

方向公差是指关联被测实际要素对基准在规定方向上所允许的变动量，包括平行度、垂直度、倾斜度、线轮廓度、面轮廓度五个项目。其中，平行度是限制实际要素对基准在平行方向上变动量的指标，是对面面之间、线线之间、面线之间以及线面之间的平行关系提出的要求；垂直度是限制实际要素对基准在垂直方向上变动量的指标，是对面面之间、线线之间、面线之间以及线面之间的垂直关系提出的要求；倾斜度是限制实际要素对基准在倾斜方向上变动量的指标，是对面面之间、线线之间、面线之间以及线面之间的角度关系提出的要求。

方向公差带是限制关联实际要素的变动区域，零件实际要素在该区域内为合格，否则为不合格。方向公差带相对基准有确定的方向，可以综合控制被测要素的方向和形状。表 4-8 给出了方向公差带的具体定义、标注方法及相关解释说明。其中涉及基准体系，所谓基准体系是指由相互平行的基准面、基准线、基准点组成的组合基准。

表 4-8 方向公差带的定义、标注和解释

项目名称及符号	公差带的定义	标注和解释
	线对基准体系的平行度公差	
	公差带为间距等于公差值 t、平行于两基准的两平行平面所限定的区域 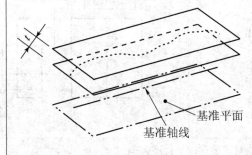	被测（实际）中心线应限定在间距等于 0.1 mm、平行于基准轴线 A 和基准平面 B 的两平行平面之间 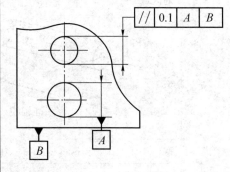
平行度 // 	公差带为间距等于公差值 t、平行于基准轴线 A 且垂直于基准平面 B 的两平行平面所限定的区域 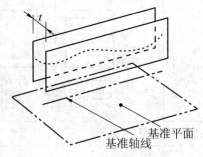	被测（实际）中心线应限定在间距等于 0.1 mm 的两平行平面之间。该两平行平面平行于基准轴线 A 且垂直于基准平面 B 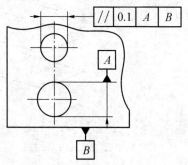
	公差带为平行于基准轴线和平行或垂直于基准平面、间距分别等于公差值 t_1 和 t_2，且相互垂直的两组平行平面所限定的区域 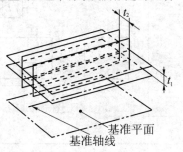	被测（实际）中心线应限定在平行于基准轴线 A 和平行或垂直于基准平面 B、间距分别等于公差值 0.1 mm 和 0.2 mm，且相互垂直的两组平行平面之间 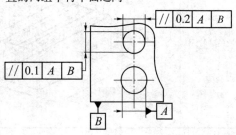

项目名称及符号	公差带的定义	标注和解释
	线对基准线的平行度公差	
平行度 //	若公差值前加注了符号 ϕ，公差带为平行于基准轴线、直径等于公差值 t 的圆柱面所限定的区域 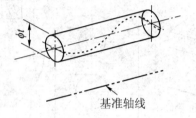 基准轴线	被测（实际）中心线应限定在平行于基准轴线 A、直径等于 0.03 mm 的圆柱面内 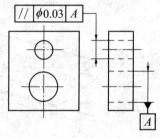
	线对基准面的平行度公差	
	公差带为平行于基准平面、间距等于公差值 t 的两平行平面所限定的区域 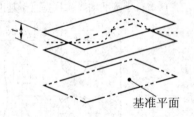 基准平面	被测（实际）中心线应限定在平行于基准平面 B、间距等于 0.01 mm 的两平行平面之间 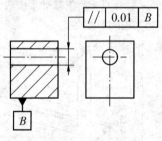
	面对基准体系的平行度公差	
	公差带为间距等于公差值 t 的两平行直线所限定的区域。该两平行直线平行于基准平面 A 且处于平行于基准平面 B 的平面内 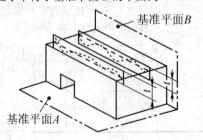 基准平面B 基准平面A	被测（实际）线应限定在间距等于 0.02 mm 的两平行直线之间。该两平行直线平行于基准平面 A，且处于平行于基准平面 B 的平面内 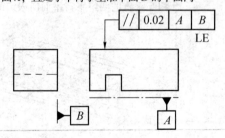

项目名称及符号	公差带的定义	标注和解释
平行度 //	**面对基准线的平行度公差** 公差带为间距等于公差值 t、平行于基准轴线的两平行平面所限定的区域 t 基准轴线	被测（实际）表面应限定在间距等于 0.1 mm、平行于基准轴线 C 的两平行平面之间 // 0.1 C C
平行度 //	**面对基准面的平行度公差** 公差带为间距等于公差值 t、平行于基准平面的两平行平面所限定的区域 t 基准平面	被测（实际）表面应限定在间距等于 0.01 mm、平行于基准平面 D 的两平行平面之间 // 0.01 D D
垂直度 ⊥	**线对基准线的垂直度公差** 公差带为间距等于公差值 t、垂直于基准线的两平行平面所限定的区域 基准线 t	被测（实际）中心线应限定在间距等于 0.06 mm、垂直于基准轴线 A 的两平行平面之间 ⊥ 0.06 A A

117

项目名称及符号	公差带的定义	标注和解释
	线对基准体系的垂直度公差	
	公差带为间距等于公差值 t 的两平行平面所限定的区域。该两平行平面垂直于基准平面 A，且平行于基准平面 B 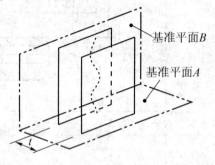	圆柱面的被测（实际）中心线应限定在间距等于 0.1 mm 的两平行平面之间。该两平行平面垂直于基准平面 A，且平行于基准平面 B 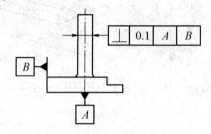
垂直度 ⊥	公差带为间距分别等于公差值 t_1 和 t_2，且互相垂直的两组平行平面所限定的区域。该两组平行平面都垂直于基准平面 A。其中一组平行平面垂直于基准平面 B，另一组平行平面平行于基准平面 B 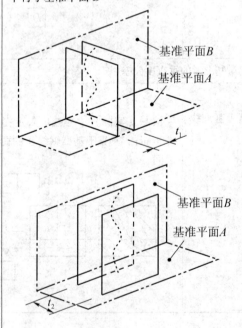	圆柱面的被测（实际）中心线应限定在间距分别等于 0.1 mm 和 0.2 mm，且相互垂直的两组平行平面内。该两组平行平面垂直于基准平面 A，且垂直或平行于基准平面 B 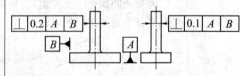

118

项目名称 及符号	公差带的定义	标注和解释
垂直度 ⊥	<center>线对基准面的垂直度公差</center>	
	若公差值前加注符号 φ，公差带为直径等于公差值 t、轴线垂直于基准平面的圆柱面所限定的区域 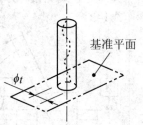	圆柱面的被测（实际）中心线应限定在直径等于 0.01 mm、垂直于基准平面 A 的圆柱面内 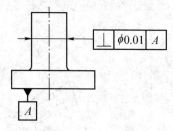
	<center>面对基准线的垂直度公差</center>	
	公差带为间距等于公差值 t 且垂直于基准轴线的两平行平面所限定的区域 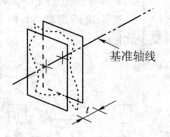	被测（实际）表面应限定在间距等于 0.08 mm 的两平行平面之间。该两平行平面垂直于基准轴线 A 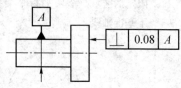
	<center>面对基准面的垂直度公差</center>	
	公差带为间距等于公差值 t、垂直于基准平面的两平行平面所限定的区域 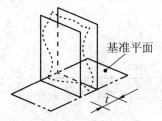	被测（实际）表面应限定在间距等于 0.08 mm、垂直于基准平面 A 的两平行平面之间 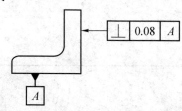

项目名称 及符号	公差带的定义	标注和解释
	线对基准线的倾斜度公差	

| 倾斜度
∠ | （a）被测线与基准线在同一平面上
公差带为间距等于公差值 t 的两平行平面所限定的区域。该两平行平面按给定角度倾斜于基准轴线
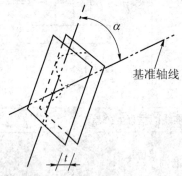 | 被测（实际）中心线应限定在间距等于 0.08 mm的两平行平面之间。该两平行平面按理论正确角度 60° 倾斜于公共基准轴线 $A-B$
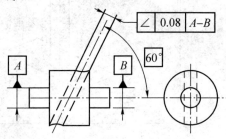 |
| | （b）被测线与基准线不在同一平面内
公差带为间距等于公差值 t 的两平行平面所限定的区域。该两平行平面按给定角度倾斜于基准轴线
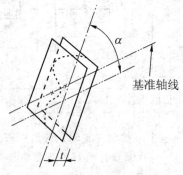 | 被测（实际）中心线应限定在间距等于 0.08 mm的两平行平面之间。该两平行平面按理论正确角度 60° 倾斜于公共基准轴线 $A-B$
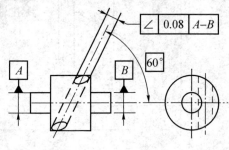 |

项目名称及符号	公差带的定义	标注和解释
	线对基准面的倾斜度公差	
倾斜度 ∠	公差带为间距等于公差值 *t* 的两平行平面所限定的区域。该两平行平面按给定角度倾斜于基准平面 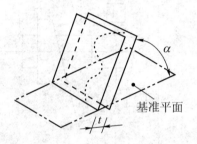 公差值前加注符号 φ，公差带为直径等于公差值 *t* 的圆柱面所限定的区域。该圆柱面公差带的轴线按给定角度倾斜于基准平面 *A* 且平行于基准平面 *B* 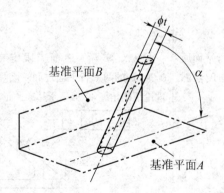	被测（实际）中心线应限定在间距等于 0.08 mm 的两平行平面之间。该两平行平面按理论正确角度60°倾斜于基准平面 *A* 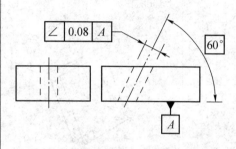 被测（实际）中心线应限定在直径等于 0.1 mm 的圆柱面内。该圆柱面的中心线按理论正确角度60°倾斜于基准平面 *A* 且平行于基准平面 *B* 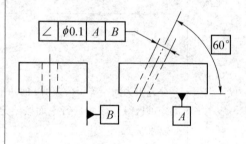

项目名称及符号	公差带的定义	标注和解释
倾斜度 ∠	**面对基准线的倾斜度公差**	
	公差带为间距等于公差值 t 的两平行平面所限定的区域。该两平行平面按给定角度倾斜于基准直线	被测（实际）表面应限定在间距等于 0.1 mm 的两平行平面之间。该两平行平面按理论正确角度75°倾斜于基准直线 A
	面对基准面的倾斜度公差	
	公差带为间距等于公差值 t 的两平行平面所限定的区域。该两平行平面按给定角度倾斜于基准平面	被测（实际）表面应限定在间距等于 0.08 mm 的两平行平面之间。该两平行平面按理论正确角度40°倾斜于基准平面 A

3. 位置公差

位置公差是指关联被测实际要素对基准在位置上所允许的变动量，包括位置度、同心度、同轴度、对称度、线轮廓度、面轮廓度六个项目。其中，位置度是限制被测要素实际位置对其理想位置变动量的指标，是对点的位置、线的位置、面的位置的确定性提出的要求；同心度与同轴度含义相近，是限制被测轴线偏离基准轴线的指标；同心度主要指线与线、面与面之间的关系，没有轴向关系，即同心度是二维的两个圆心重合；同轴度主要指体与体之间的关系，即同轴度是三维的圆柱轴线重合；对称度是限制被测线、被测面偏离基准直线、基准平面的指标，其被测要素的基准要素一般为中心要素。

位置公差带是限制关联实际要素的变动区域，零件实际要素在该区域内为合格，否则为不合格。位置公差带具有确定的位置，可以综合控制被测要素位置、方向和形状。表4-9给出了位置公差带的具体定义、标注方法及相关解释说明。

表4-9 位置公差带的定义、标注和解释

项目名称及符号	公差带的定义	标注和解释
	点的位置度公差	
位置度 ⊕	公差值前加注 $S\phi$，公差带为直径等于公差值 t 的圆球面所限定的区域。该圆球面中心的理论正确位置由基准平面 A、B、C 和理论正确尺寸确定 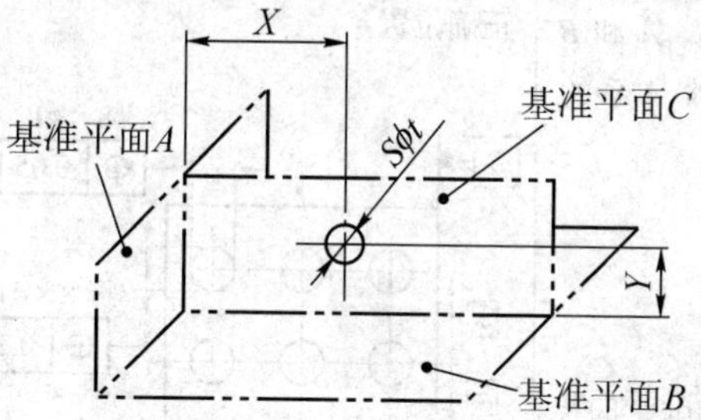	被测（实际）球心应限定在直径等于0.3 mm 的圆球面内。该圆球面的中心由基准平面 A、基准平面 B、基准中心平面 C 和理论正确尺寸30 mm、25 mm 确定 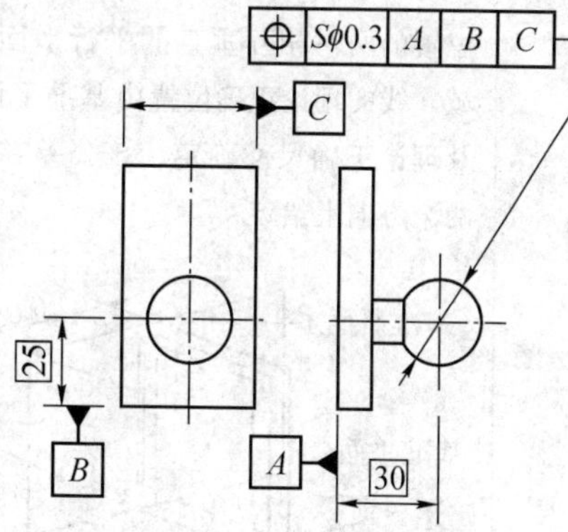

123

项目名称及符号	公差带的定义	标注和解释
	线的位置度公差	

位置度

$\oplus$

给定一个方向的公差时,公差带为间距等于公差值 t、对称于线的理论正确尺寸位置的两平行平面所限定的区域。线的理论正确位置由基准平面 A、B 和理论正确尺寸确定。公差只在一个方向上给定

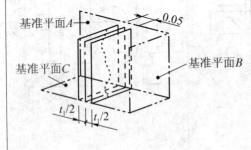

给定两个方向的公差时,公差带为间距分别等于公差值 t_1 和 t_2、对称于线的理论正确位置的两对相互垂直的平行平面所限定的区域。线的理论正确位置由基准平面 C、A 和 B 及理论正确尺寸确定。该公差在基准体系的两个方向上给定

各条刻线的被测(实际)中心线应限定在间距等于0.1 mm、对称于基准平面 A、B 和由理论正确尺寸 25 mm、10 mm 确定的理论正确位置的两平行平面之间

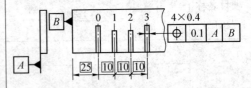

各孔的被测(实际)中心线在给定方向上应各自限定在间距分别等于0.05 mm 和 0.2 mm,且相互垂直的两对平行平面内。每对平行平面对称于由基准平面 C、A、B 和理论正确尺寸 20 mm、15 mm、30 mm 确定的各孔轴线的理论正确位置

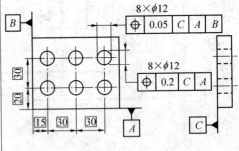

项目名称及符号	公差带的定义	标注和解释
	线的位置度公差	

位置度

$\bigoplus$

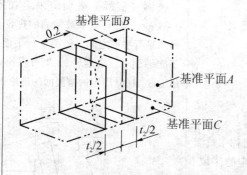

公差值前加注符号 ϕ，公差带为直径等于公差值 t 的圆柱面所限定的区域。该圆柱面的轴线的位置由基准平面 C、A、B 和理论正确尺寸确定

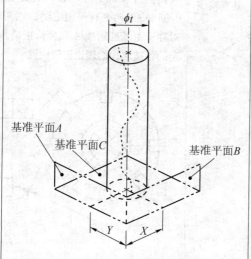

被测（实际）中心线应限定在直径等于 0.08 mm 的圆柱面内。该圆柱面的轴线的位置应处于基准平面 C、A、B 和理论正确尺寸 100 mm、68 mm 确定的理论正确位置上

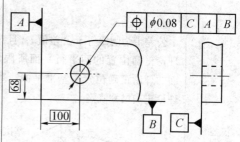

被测（实际）中心线应各自限定在直径等于 0.1 mm 的圆柱面内。该圆柱面的轴线应处于基准平面 C、A、B 和理论正确尺寸 20 mm、15 mm、30 mm 确定的各孔轴线的理论正确位置上

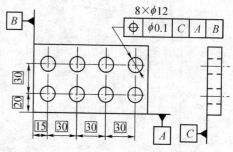

125

项目名称及符号	公差带的定义	标注和解释
	轮廓平面或者中心平面的位置度公差	

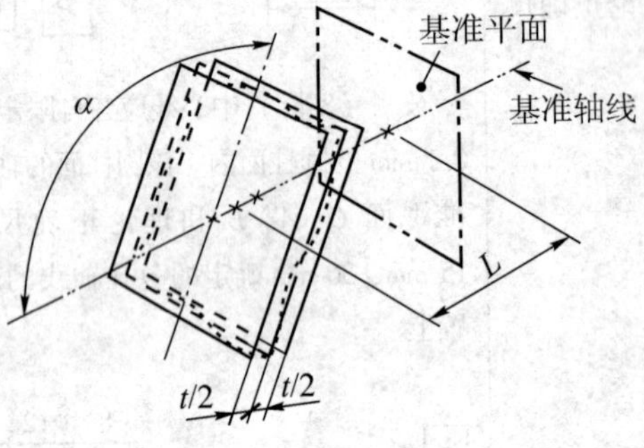

被测（实际）表面应限定在间距等于 0.05 mm，且对称于被测面的理论正确位置的两平行平面之间。该两平行平面对称于由基准平面 A、基准轴线 B 和理论正确尺寸 15 mm、105°确定的被测面的理论正确位置

公差带为间距等于公差值 t，且对称于被测理论正确位置的两平行平面所限定的区域。面的理论正确位置由基准平面、基准轴线和理论正确尺寸确定

位置度
⊕

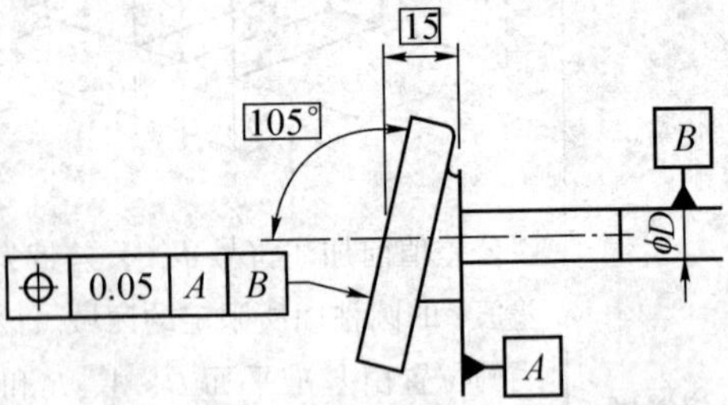

被测（实际）中心面应限定在间距等于 0.05 mm 的两平行平面之间。该两平行平面对称于由基准轴线 A 和理论正确角度 45°确定的各被测面的理论正确位置

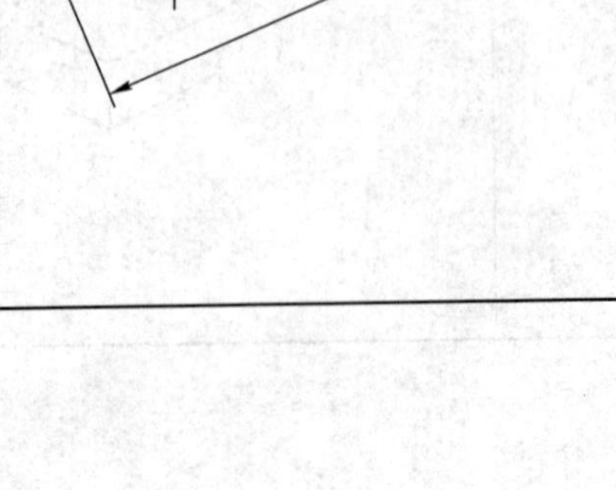

续表

项目名称 及符号	公差带的定义	标注和解释
	点的同心度公差	
同心度 ◎	公差值前标注符号 ϕ，公差带为直径等于公差值 t 的圆周所限定的区域。该圆周的圆心与某基准点重合 基准点	在任意横截面内，内圆的被测（实际）中心应限定在直径等于 0.1 mm，以基准点 A 为圆心的圆周内 ACS ◎ $\phi0.1$ A
	轴线的同轴度公差	
同轴度 ◎	公差值前标注符号 ϕ，公差带为直径等于公差值 t 的圆柱面所限定的区域。该圆柱面的轴线与基准轴线重合 ϕt 基准轴线	大圆柱面的被测（实际）中心线应限定在直径等于 0.08 mm、以公共基准轴线 A–B 为轴线的圆柱面内 ◎ $\phi0.08$ A–B 大圆柱面的被测（实际）中心线应限定在直径等于 0.1 mm、以公共基准轴线 A 为轴线的圆柱面内 ◎ $\phi0.1$ A

续表

项目名称及符号	公差带的定义	标注和解释
同轴度 ◎		大圆柱面的被测（实际）中心线应限定在直径等于 0.1 mm、以垂直于基准平面 A 的基准轴线 B 为轴线的圆柱面内 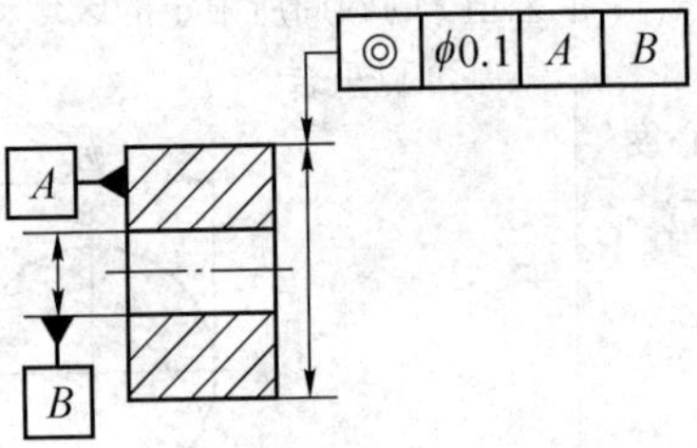 ◎ $\phi0.1$ A B
对称度 =	公差带为间距等于公差值 t，对称于基准中心平面的两平行平面所限定的区域 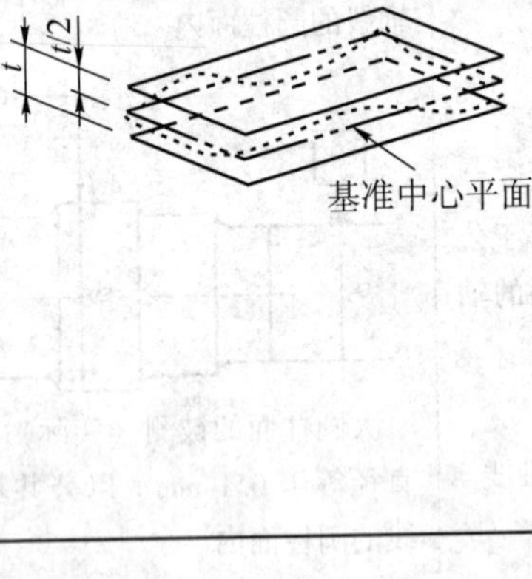 $t/2$ t 基准中心平面	被测（实际）中心面应限定在间距等于 0.08 mm、对称于基准中心平面 A 的两平行平面之间 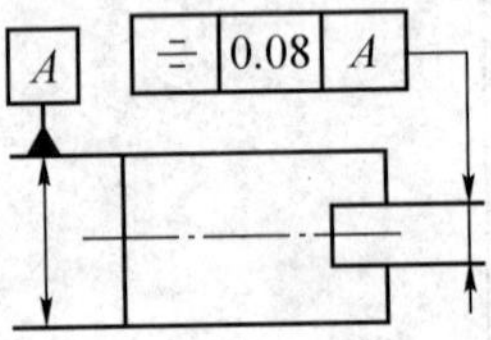 = 0.08 A 被测（实际）中心面应限定在间距等于 0.08 mm、对称于公共基准中心平面 A–B 的两平行平面之间 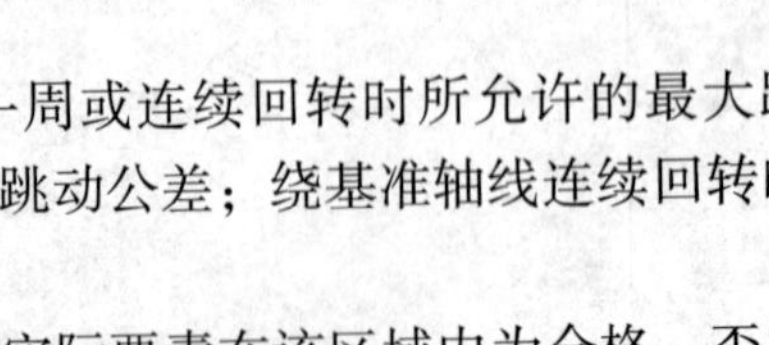 = 0.08 A–B

4. 跳动公差

跳动公差是指关联被测实际要素绕基准轴线旋转一周或连续回转时所允许的最大跳动量，其中，当关联实际要素绕基准轴线回转一周时为圆跳动公差；绕基准轴线连续回转时为全跳动公差。

跳动公差带是限制关联实际要素的跳动区域，零件实际要素在该区域内为合格，否则为不合格。跳动公差带相对基准轴线具有确定的位置，并且可以综合控制被测要素的位置、方向和形状。表 4–10 给出了跳动公差带的具体定义、标注方法及相关解释说明。

表 4-10　跳动公差带的定义、标注和解释

项目名称及符号	公差带的定义	标注和解释

径向圆跳动公差

公差带为在任一垂直于基准轴线的横截面内、半径差等于公差值 t、圆心在基准轴线上的两同心圆所限定的区域

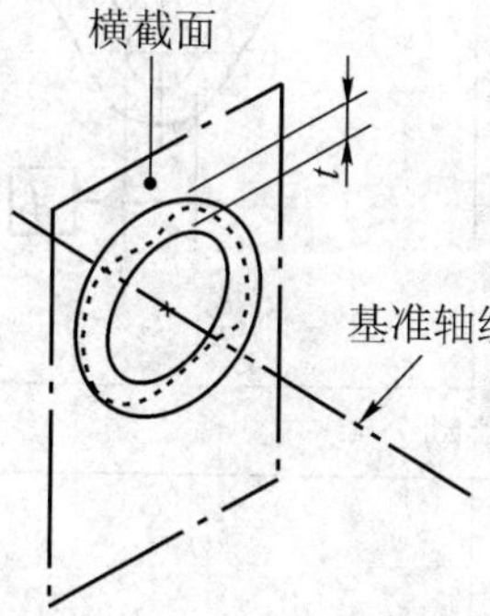

横截面

基准轴线

圆跳动

在任一垂直于基准轴线 A 的横截面内，被测（实际）圆应限定在半径差等于 0.1 mm、圆心在基准轴线 A 上的两同心圆之间

| ↗ | 0.1 | A |

| A |

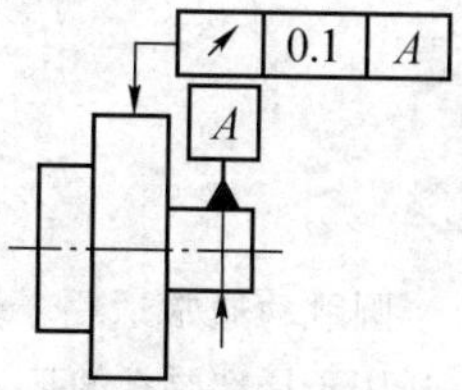

在任一平行于基准平面 B、垂直于基准轴线 A 的横截面内，被测（实际）圆应限定在半径差等于 0.1 mm、圆心在基准轴线 A 上的两同心圆之间

| ↗ | 0.1 | B | A |

| A |

| B |

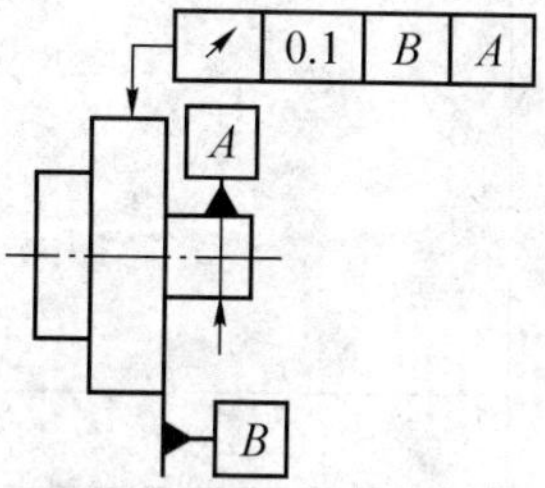

在任一垂直于公共基准轴线 A–B 的横截面内，被测（实际）圆应限定在半径差等于 0.1 mm、圆心在基准轴线 A–B 上的两同心圆之间

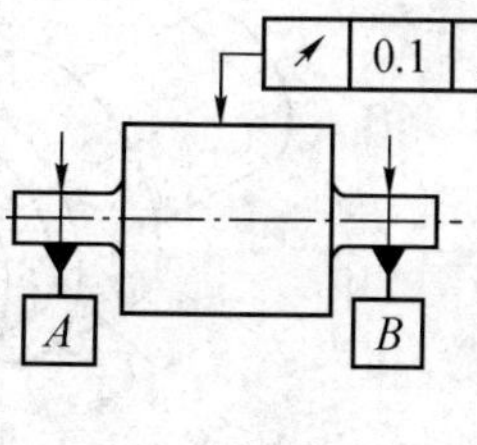

| ↗ | 0.1 | A–B |

| A | | B |

项目名称及符号	公差带的定义	标注和解释
圆跳动 ↗	圆跳动通常适用于整个要素，但亦可规定适用于局部要素的某一指定部分	在任一垂直于基准轴线 A 的横截面内，被测（实际）圆弧应限定在半径差等于0.2 mm、圆心在基准轴线 A 上的两个同心圆弧之间 120° | ↗ | 0.2 | A | | A ↗ | 0.2 | A | | A
	轴向圆跳动公差	
	公差带为与基准轴线同轴的任一直径的圆柱截面上，间距等于公差值 t 的两圆所限定的圆柱面区域 基准轴线　公差带　任一直径	在与基准轴线 D 同轴的任一圆形截面上，被测（实际）圆应限定在轴向距离等于 0.1 mm 的两个等圆之间 ↗ | 0.1 | D | | D

130

项目名称及符号	公差带的定义	标注和解释
	斜向圆跳动公差	
	公差带为与基准轴线同轴的某一圆锥截面上，间距等于公差值 t 的两圆所限定的圆锥面区域。除非另有规定，测量方向应沿被测表面的法向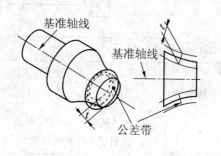	在与基准轴线 C 同轴的任一圆锥截面上，被测（实际）线应限定在素线方向间距等于 0.1 mm 的两个不等圆之间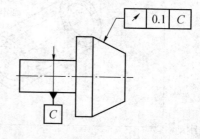当标注公差的素线不是直线时，圆锥截面的锥角要随所测圆的实际位置而改变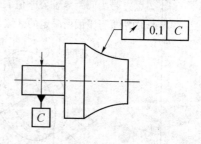
圆跳动 ↗	给定方向上的斜向圆跳动公差	
	公差带为与基准轴线共轴的、具有给定锥角的任一圆锥截面上，间距等于公差值 t 的两不等圆所限定的区域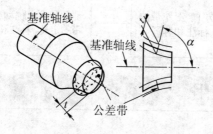	在与基准轴线 C 同轴且具有给定角度 60° 的任一圆锥截面上，被测（实际）圆应限定在素线方向间距等于 0.1 mm 的两个不等圆之间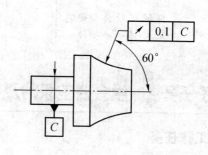

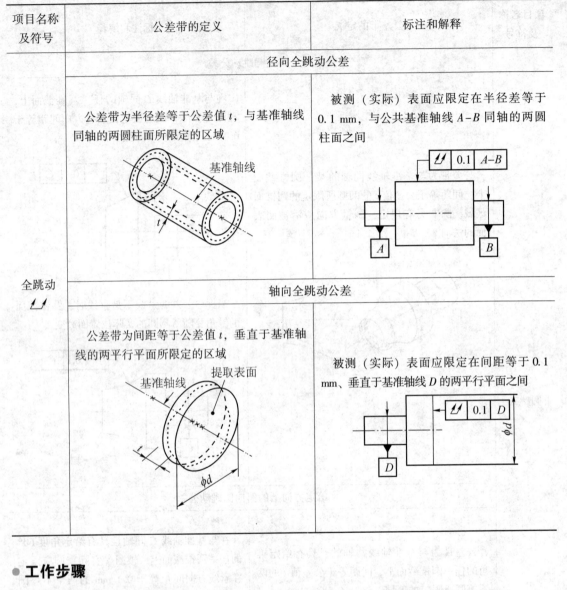

项目名称及符号	公差带的定义	标注和解释
	径向全跳动公差	
全跳动 ⟋⟋	公差带为半径差等于公差值 t，与基准轴线同轴的两圆柱面所限定的区域 基准轴线	被测（实际）表面应限定在半径差等于 0.1 mm，与公共基准轴线 $A-B$ 同轴的两圆柱面之间
	轴向全跳动公差	
	公差带为间距等于公差值 t，垂直于基准轴线的两平行平面所限定的区域 基准轴线　提取表面	被测（实际）表面应限定在间距等于 0.1 mm、垂直于基准轴线 D 的两平行平面之间

● 工作步骤

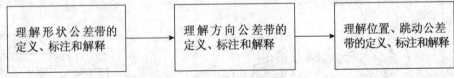

理解形状公差带的定义、标注和解释 → 理解方向公差带的定义、标注和解释 → 理解位置、跳动公差带的定义、标注和解释

子任务2　学会公差原则及其应用

● 工作任务

识读图样（图4–30）的几何公差要求，并将有关尺寸数值填入表4–11。

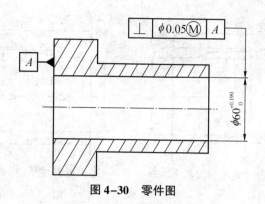

图4-30　零件图

表4-11　图4-30零件几何公差要求

项目	数值/mm
最大实体尺寸	
最小实体尺寸	
实效尺寸	
当实际尺寸为 $\phi60$ mm 时，垂直度误差允许值	
当实际尺寸为 $\phi60.190$ mm 时，垂直度误差允许值	

● **知识准备**

1. 公差原则

零件几何参数的准确性取决于尺寸误差和几何误差的综合影响，因而设计零件时，对同一被测要素，除了给定尺寸公差，还应根据功能和互换性要求给出几何公差。确定尺寸公差与几何公差之间相互关系所遵循的原则称为公差原则，它包括独立原则和相关要求。相关要求又包括最大实体要求（及其可逆要求）、最小实体要求（及其可逆要求）和包容要求。

（1）局部实际尺寸。

局部实际尺寸是指实际要素的任意正截面上，两对应点之间测得的距离。内表面（孔）的局部实际尺寸用 D_a 表示，外表面（轴）的局部实际尺寸用 d_a 表示，如图4-31所示。

（2）体外作用尺寸。

在被测要素的给定长度上，与实际内表面（孔）体外相接的最大理想面，或与实际外表面（轴）体外相接的最小理想面，其直径或宽度称为体外作用尺寸，即通常所称的作用尺寸。对于单一被测要素，内表面（孔）的体外作用尺寸用 D_{fe} 表示，外表面（轴）的体外作用尺寸用 d_{fe} 表示，如图4-31所示。

对于给出方向公差或位置公差的关联被测要素，确定其体内作用尺寸的理想面的中心要素，必须与基准保持图样上给定的方向或位置关系。内表面（孔）的方向体外作用尺寸用 D_{fe}' 表示，外表面（轴）的方向体外作用尺寸以 d_{fe}' 表示，如图4-32所示。内表面（孔）的位置体外作用尺寸用 D_{fe}'' 表示，外表面（轴）的位置体外作用尺寸以 d_{fe}'' 表示，如图4-33所示。

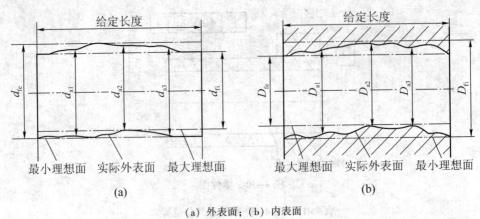

(a) 外表面;(b) 内表面

图4-31 局部实际尺寸和单一被测要素作用尺寸

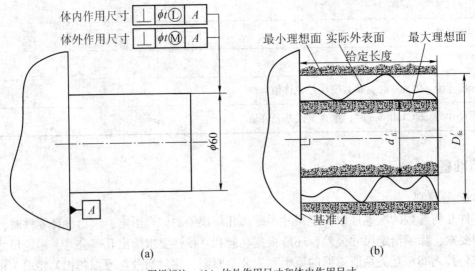

(a) 图样标注;(b) 体外作用尺寸和体内作用尺寸

图4-32 方向体外作用尺寸和体内作用尺寸

(3) 体内作用尺寸。

在被测要素的给定长度上,与实际内表面(孔)体内相接的最小理想面,或与实际外表面(轴)体内相接的最大理想面的直径或宽度,称为体内作用尺寸。对于单一被测要素,内表面(孔)的体内作用尺寸用 D_{fi} 表示,外表面(轴)的体内作用尺寸以 d_{fi} 表示,如图4-31所示。

对于给出方向公差或位置公差的关联被测要素,确定其体内作用尺寸的理想面的中心要素,必须与基准保持图样上给定的方向或位置关系。内表面(孔)的方向体内作用尺寸用 D'_{fi} 表示,外表面(轴)的方向体内作用尺寸以 d'_{fi} 表示,如图4-32所示。内表面(孔)的位置体内作用尺寸用 D''_{fe} 表示,外表面(轴)的位置体内作用尺寸以 d''_{fe} 表示,如图4-33所示。

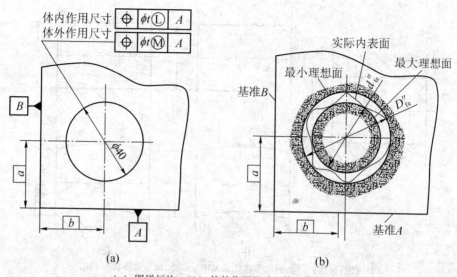

（a）图样标注；（b）体外作用尺寸和体内作用尺寸

图 4-33 位置体外作用尺寸和体内作用尺寸

（4）最大实体状态 MMC 和最大实体尺寸 MMS。

最大实体状态 MMC 是指实际要素在给定长度上处处位于极限尺寸之间，并且具有最大实体时的状态，即占有材料量最多的状态。

最大实体状态对应的极限尺寸称为最大实体尺寸 MMS。外表面（轴）的最大实体尺寸就是其最大极限尺寸 d_{max}，用 d_M 表示，即 $d_M = d_{max}$，如图 4-34（b）所示。内表面（孔）的最大实体尺寸就是其最小极限尺寸 D_{min}，用 D_M 表示，即 $D_M = D_{min}$，如图 4-35（b）所示。

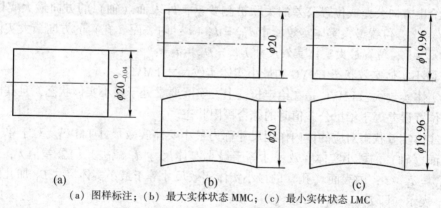

（a）图样标注；（b）最大实体状态 MMC；（c）最小实体状态 LMC

图 4-34 外表面的最大和最小实体状态

（5）最小实体状态 LMC 和最小实体尺寸 LMS。

最小实体状态 LMC 是指实际要素在给定长度上处处位于极限尺寸之间，并且具有最小实体时的状态，即占有材料量最少的状态。

最小实体状态对应的极限尺寸称为最小实体尺寸 LMS。外表面（轴）的最小实体尺寸就是其最小极限尺寸 d_{min}，用 d_L 表示，即 $d_L = d_{min}$，如图 4-34（c）所示。内表面（孔）的最小实体尺寸就是其最大极限尺寸 D_{max}，用 D_L 表示，即 $D_L = D_{max}$，如图 4-35（c）所示。

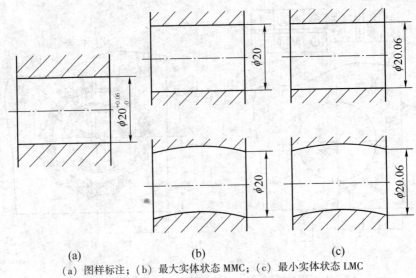

(a) 图样标注；(b) 最大实体状态 MMC；(c) 最小实体状态 LMC

图4-35 内表面的最大和最小实体状态

（6）最大实体实效状态 MMVC 和最大实体实效尺寸 MMVS。

最大实体实效状态 MMVC 是在给定长度上，实际要素处于最大实体状态，且其中心要素的形状或位置误差等于给出公差值时的综合极限状态。

最大实体实效状态对应的体外作用尺寸称为最大实体实效尺寸 MMVS。对于单一被测要素，外表面（轴）的最大实体实效尺寸等于最大实体尺寸 d_M 加几何公差值 t，用 d_{MV} 表示，即 $d_{MV} = d_M + t$；内表面（孔）的最大实体实效尺寸等于最大实体尺寸 D_M 减几何公差值 t，用 D_{MV} 表示，即 $D_{MV} = D_M - t$。

对于给出方向公差或位置公差的关联被测要素，外表面（轴）的方向最大实体实效尺寸 $d'_{MV} = d_M + t$，位置最大实体实效尺寸 $d''_{MV} = d_M + t$；内表面（孔）的方向最大实体实效尺寸 $D'_{MV} = D_M - t$，位置最大实体实效尺寸 $D''_{MV} = D_M - t$。

（7）最小实体实效状态 LMVC 和最小实体实效尺寸 LMVS。

最小实体实效状态 LMVC 是在给定长度上，实际要素处于最小实体状态，且其中心要素的形状或位置误差等于给出公差值时的综合极限状态。

最小实体实效状态对应的体内作用尺寸称为最小实体实效尺寸 LMVS。对于单一被测要素，外表面（轴）的最小实体实效尺寸等于最小实体尺寸 d_L 减去几何公差值 t，用 d_{LV} 表示，即 $d_{LV} = d_L - t$；内表面（孔）的最小实体实效尺寸等于最小实体尺寸 D_L 加几何公差值 t，用 D_{LV} 表示，即 $D_{LV} = D_L + t$。

对于给出方向公差或位置公差的关联被测要素，外表面（轴）的方向最小实体实效尺寸 $d'_{LV} = d_L - t$，位置最小实体实效尺寸 $d''_{LV} = d_L - t$；内表面（孔）的方向最小实体实效尺寸 $D'_{LV} = D_L + t$，位置最小实体实效尺寸 $D''_{LV} = D_L + t$。

（8）最大实体边界 MMB 与最小实体边界 LMB。

边界是指由设计给定的具有理想形状的极限包容面。最大实体边界是指尺寸为最大实体尺寸的边界，用 MMB 表示；最小实体边界是指尺寸为最小实体尺寸的边界，用 LMB 表示。

对于外表面（轴）来说，其边界是一个理想内表面（孔）。其中，最大实体边界 MMB 是尺寸为最大实体尺寸 d_M 的边界（图4-36），最小实体边界 LMB 是尺寸为最小实体尺寸 d_L

的边界（图4-37）。

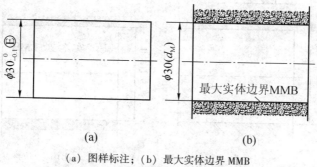

（a）图样标注；（b）最大实体边界 MMB

图 4-36　外表面最大实体边界 MMB

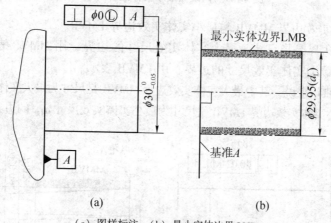

（a）图样标注；（b）最小实体边界 LMB

图 4-37　外表面最小实体边界 LMB

对于内表面（孔）来说，其边界是一个理想外表面（轴）。其中，最大实体边界 MMB 是尺寸为最大实体尺寸 D_M 的边界（图 4-38），最小实体边界 LMB 是尺寸为最小实体尺寸 D_L 的边界（图 4-39）。

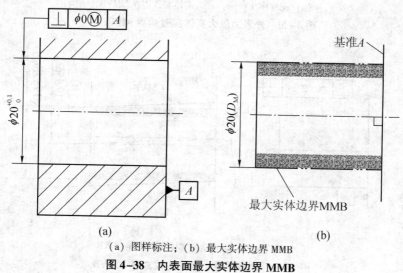

（a）图样标注；（b）最大实体边界 MMB

图 4-38　内表面最大实体边界 MMB

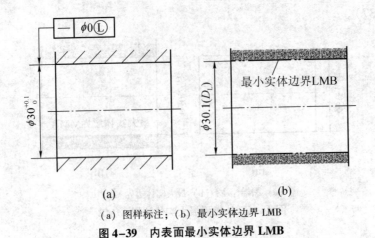

（a）图样标注；（b）最小实体边界 LMB

图 4-39 内表面最小实体边界 LMB

（9）最大实体实效边界 MMVB 与最小实体实效边界 LMVB。

最大实体实效边界是指尺寸为最大实体实效尺寸的边界，用 MMVB 表示。最小实体实效边界是指尺寸为最小实体实效尺寸的边界，用 LMVB 表示。

对于外表面（轴）来说，其中最大实体实效边界 MMVB 是尺寸为最大实体实效尺寸 d_{MV} 的边界（图4-40），最小实体实效边界 LMVB 是尺寸为最小实体实效尺寸 d_{LV} 的边界（图4-41）。

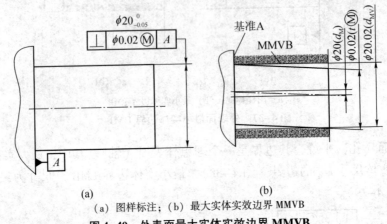

（a）图样标注；（b）最大实体实效边界 MMVB

图 4-40 外表面最大实体实效边界 MMVB

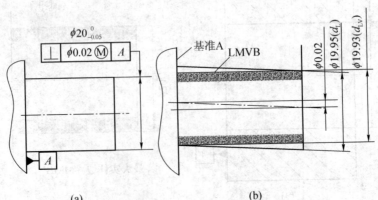

（a）图样标注；（b）最小实体实效边界 LMVB

图 4-41 外表面最小实体实效边界 LMVB

对于内表面（孔）来说，其中最大实体实效边界 MMVB 是尺寸为最大实体实效尺寸 D_{MV} 的边界（图 4-42），最小实体实效边界 LMVB 是尺寸为最小实体实效尺寸 D_{LV} 的边界（图 4-43）。

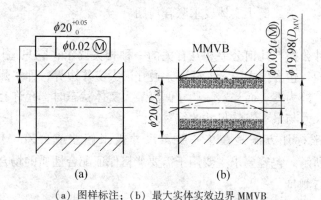

（a）图样标注；（b）最大实体实效边界 MMVB

图 4-42　内表面最大实体实效边界 MMVB

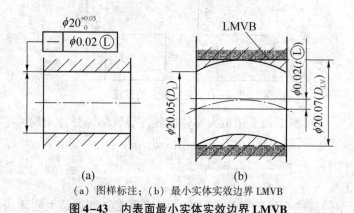

（a）图样标注；（b）最小实体实效边界 LMVB

图 4-43　内表面最小实体实效边界 LMVB

2. 独立原则

独立原则是指图样上给定的几何公差与尺寸公差相互无关，并分别满足要求的公差原则。具体说：遵守独立原则时，一方面，尺寸公差仅控制要素局部实际尺寸的变动量，而不控制要素自身的几何公差；另一方面，图样上给定的几何公差与被测要素的局部尺寸无关，不论要素的局部实际尺寸大小如何，被测要素均应在给定的几何公差带内，并且其几何误差允许达到最大值。

如图 4-44 所示为独立原则的示例，标注时不需要附加任何表示相互关系的符号，该标注表示轴的局部实际尺寸应为 $\phi19.97$ mm ~ $\phi20$ mm，不管实际尺寸为何值，轴线的直线度误差都不允许大于 $\phi0.05$ mm。

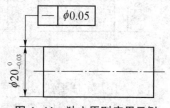

图 4-44　独立原则应用示例

独立原则应用较多，可应用在有配合要求或虽无配合要求但有功能要求的几何要素中。一般来说，主要适用于尺寸精度与形位精度要求相差较大且需分别满足要求，或两者无联系，保证运动精度、密封性、未注公差等场合。应用独立原则时，几何误差的数值一般用通用量具测量。

3. 相关要求

相关要求是指图样上给出的尺寸公差与几何公差相互有关的设计要求，它包括包容要求、最大实体要求及其可逆要求、最小实体要求及其可逆要求。注意：不能单独采用可逆要求，只能与最大实体要求或最小实体要求联合使用。

（1）包容要求。

包容要求是尺寸公差与几何公差相互有关的一种相关要求，它只适用于单一尺寸要素，如圆柱面或平行平面。包容要求表示实际要素遵守最大实体边界，即实际尺寸处处为最大实体尺寸时，其几何公差为零。而当实际尺寸偏离最大实体状态时，允许有几何公差，其几何公差的数值为实际尺寸与最大实体尺寸的绝对差值。

包容要求的一般标注方法是在单一要素尺寸极限偏差或公差带代号之后加注符号"Ⓔ"，如图4-45所示。包容要求主要用于需要严格保证配合性质的场合，可采用光滑极限量规或专用量具进行测量。

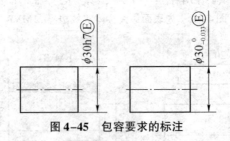

图4-45 包容要求的标注

采用包容原则时，被测要素采用最大实体边界。要素的体外作用尺寸不得超过最大实体尺寸，且局部实际尺寸不得超过最小实体尺寸，即

对于外表面（轴）：$d_{fe} \leqslant d_M$；$d_a \geqslant d_L$。

对于内表面（孔）：$D_{fe} \geqslant D_M$；$D_a \leqslant D_L$。

如图4-46所示的圆柱表面遵守包容要求，圆柱表面必须在最大实体边界内。该边界的最大实体尺寸为$\phi20$ mm，局部实际尺寸为$\phi19.97$ mm ~ $\phi20$ mm。当实际尺寸为20 mm，偏离最大实体尺寸为0时，允许直线度误差为0，即不允许有直线度误差；当实际尺寸为19.97 mm，偏离最大实体尺寸为0.03 mm时，允许直线度误差为0.03 mm。

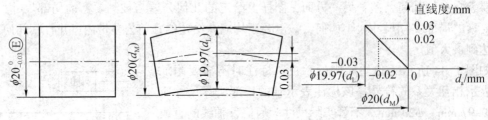

图4-46 包容要求应用示例

（2）最大实体要求及其可逆要求。

① 定义。最大实体要求是控制被测要素的实际轮廓处于其最大实体实效边界之内的一种公差要求。当实际尺寸偏离最大实体尺寸时，允许其几何误差值超出给出的公差值，即几何误差值能得到补偿。

② 标注。最大实体要求既可以应用于被测要素，也可以应用于基准要素。用于被测要

素时，应在被测要素几何公差框格中的公差值后标注符号"Ⓜ"；应用于基准要素时，应在被测要素的几何公差框格内相应的基准字母代号后标注符号"Ⓜ"，如图 4-47 所示。

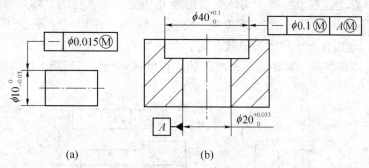

（a）最大实体要求用于被测要素；（b）最大实体要求用于基准要素

图 4-47　最大实体要求的标注

a. 最大实体要求应用于被测要素。

最大实体要求应用于被测要素时，被测要素遵守最大实体实效边界。即被测要素的实际轮廓在给定的长度上处处不得超出最大实体实效边界，也就是说，体外作用尺寸不应超出最大实体实效尺寸，且其局部实际尺寸不得超出最大实体尺寸和最小实体尺寸。即

对于外表面（轴）：$d_{fe} \leq d_{MV}$；$d_{min} \leq d_a \leq d_{max}$。

对于内表面（孔）：$D_{fe} \geq D_{MV}$；$D_{min} \leq D_a \leq D_{max}$。

最大实体要求应用于被测要素时，被测要素的几何公差值是在该要素处于最大实体状态时给出的。当被测要素的实际轮廓偏离其最大实体状态，即其实际尺寸偏离最大实体尺寸时，几何误差值可超出在最大实体状态下给出的几何公差值，即此时的几何公差值可以增大。如图 4-48 所示的轴遵守最大实体要求，圆柱表面实际尺寸为 $\phi19.7$ mm ~ $\phi20$ mm；实际轮廓不超出最大实体实效边界，即其体外作用尺寸不大于最大实体实效尺寸 $d_{MMVS} = d_{MMS} + t = 20 + 0.1 = 20.1$（mm）；当该轴处于最大实体状态 $\phi20$ mm 时，其轴线的直线度为 $\phi0.1$ mm；当该轴处于最小实体状态 $\phi19.7$ mm 时，其轴线直线度误差允许达到最大值，等于图样给出的直线度公差值 $\phi0.1$ mm 与轴的尺寸公差 0.3 mm 之和，即 $\phi0.4$ mm。

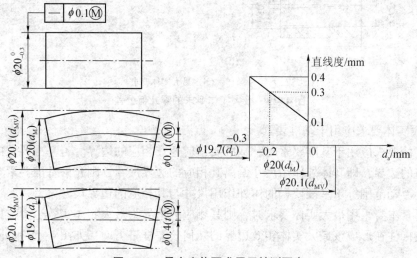

图 4-48　最大实体要求用于被测要素

当给出的几何公差值为零时，则为零几何公差，此时被测要素的最大实体实效边界等于最大实体边界，最大实体实效尺寸等于最大实体尺寸。如图 4-49 所示，孔 $\phi 50^{+0.13}_{-0.08}$ mm 的轴线对基准 A 的垂直度公差采用最大实体要求的零几何公差。该孔的实际尺寸不大于 $\phi 50.13$ mm；实际轮廓不超出关联最大实体边界，即其关联体外作用尺寸不小于最大实体尺寸 $D_M = 49.92$ mm；当该孔处于最大实体状态时，其轴线对基准 A 的垂直度误差值应为零；当该孔处于最小实体状态时，其轴线对基准 A 的垂直度误差允许达到最大值，即孔的尺寸公差值为 $\phi 0.21$ mm。

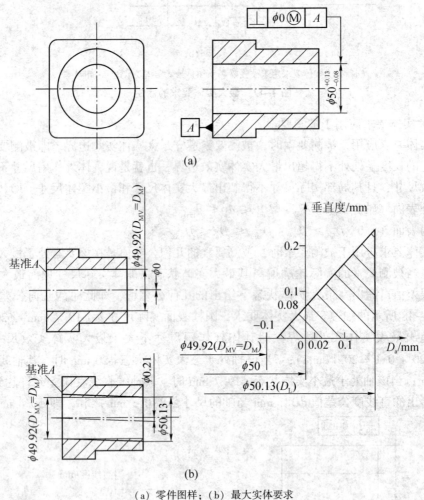

(a) 零件图样；(b) 最大实体要求

图 4-49　最大实体要求的零几何公差

b. 最大实体要求应用于基准要素。

最大实体要求应用于基准要素时，基准要素应遵守相应的边界。若基准要素的实际轮廓偏离其相应的边界，即其体外作用尺寸偏离其相应的边界尺寸，则允许基准要素在一定范围内浮动，其浮动范围等于基准要素的体外作用尺寸与其相应的边界尺寸之差。

基准要素本身采用最大实体要求时，则其相应的边界为最大实体实效边界。此时，基准代号应直接标注在形成该最大实体实效边界的几何公差框格下面，如图 4-50 所示。

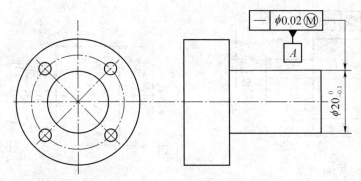

图 4-50　最大实体要求应用于基准要素且基准要素本身采用最大实体要求

基准要素本身不采用最大实体要求时，其相应的边界为最大实体边界。此时，基准代号应标注在基准的尺寸线处，其连线与尺寸线对齐。如图 4-51（a）所示，最大实体要求应用于轴 $\phi12_{-0.05}^{0}$ mm 的轴线对轴 $\phi25_{-0.05}^{0}$ mm 的轴线的同轴度公差，并同时应用于基准要素。当被测要素处于最大实体状态时，其轴线对基准 A 的同轴度公差为 $\phi0.04$ mm，如图 4-51（b）所示，此时被测轴的实际尺寸为 $\phi11.95$ mm ~ $\phi12$ mm，实际轮廓不超出关联最大实体实效边界，即其关联体外作用尺寸不大于关联最大实体实效尺寸 $d_{MV} = d_{M} + t = 12 + 0.04 = 12.04$（mm）。当被测轴处于最小实体状态时，其轴线对基准 A 轴线的同轴度误差允许达到最大值，等于图样给出的同轴度公差 $\phi0.04$ mm 与轴的尺寸公差 0.05 mm 之和，即 $\phi0.09$ mm，如图 4-51（c）所示。当 A 基准的实际轮廓处于最大实体边界上，即其体外作用尺寸等于最大实体尺寸 $d_{M} = 25$ mm 时，基准轴线不能浮动；当基准 A 的实际轮廓偏离最大实体边界，即其体外作用尺寸偏离最大实体尺寸 $d_{M} = 25$ mm 时，基准轴线可以浮动。当其体外作用尺寸等于最小实体尺寸 $d_{L} = 24.95$ mm 时，其浮动范围达到最大值 $\phi0.05$ mm，如图 4-51（d）所示。

c. 可逆要求用于最大实体要求。

可逆要求是指中心要素的形位误差值小于给出的形位公差值时，允许在满足零件功能要求的前提下扩大尺寸公差。

可逆要求用于最大实体要求是指被测要素的实际轮廓应遵守其最大实体实效边界，当其实际尺寸偏离最大实体尺寸时，允许其几何误差值超出在最大实体状态下给出的几何公差值；当其几何误差值小于给出的几何公差值时，也允许其实际尺寸超出最大实体尺寸的一种要求。

可逆要求用于最大实体要求的图样标注方法是在被测要素几何公差值后的 "Ⓜ" 符号后标注符号 "Ⓡ"。

如图 4-52 所示的轴满足可逆要求用于最大实体要求。当该轴处于最大实体状态 $\phi20$ mm 时，其轴线的直线度误差为给定的 $\phi0.2$ mm；当被测要素的尺寸偏离最大实体状态时，直线度误差获得补偿而增大，补偿量为被测要素偏离最大实体状态的差值，如果被测要素尺寸为 $\phi19.8$ mm，直线度误差可增大到 $\phi0.4$ mm；当该轴处于最小实体状态 $\phi19.6$ mm 时，其轴线的直线度误差可增加至 $\phi0.6$ mm。反过来，当直线度误差小于给定的公差值时，允许轴的尺寸误差超出最大实体尺寸 $\phi20$ mm；当直线度误差为 0 时，轴的尺寸可达最大实体实效尺寸 $\phi20.2$ mm。

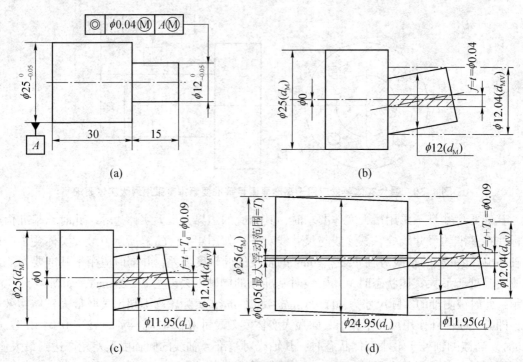

（a）零件图样；（b）被测要素处于最大实体状态；（c）被测要素处于最小实体状态；（d）基准偏离最大实体边界

图 4-51　最大实体要求应用于基准要素

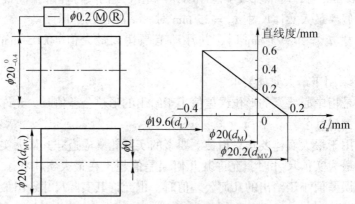

图 4-52　可逆要求用于最大实体要求

（3）最小实体要求及其可逆要求。

① 定义。最小实体要求是控制被测要素的实际轮廓处于其最小实体实效边界之内的一种公差要求。当实际尺寸偏离最小实体尺寸时，允许其几何误差值超出在最小实体状态下给出的公差值，即几何误差值能得到补偿。

② 标注。最小实体要求既可以应用于被测要素，也可以应用于基准要素。用于被测要素时，应在被测要素几何公差框格中的公差值后标注符号"ⓛ"；应用于基准要素时，应在被测要素的几何公差框格内相应的基准字母代号后标注符号"ⓛ"，如图 4-53 所示。

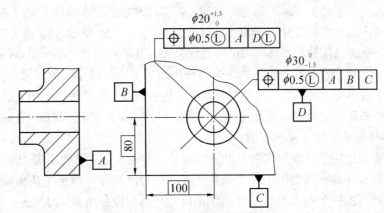

图 4-53 最小实体要求的标注

a. 最小实体要求应用于被测要素。

最小实体要求应用于被测要素时，被测要素的实际轮廓在给定的长度上处处不得超出最小实体实效边界，即其体内作用尺寸不应超出最小实体实效尺寸，且其局部实际尺寸不得超出最大实体尺寸和最小实体尺寸。即

对于外表面（轴）：$d_{fi} \leqslant d_{LV}$；$d_{min} \leqslant d_a \leqslant d_{max}$。

对于内表面（孔）：$D_{fi} \geqslant D_{MV}$；$D_{min} \leqslant D_a \leqslant D_{max}$。

最小实体要求应用于被测要素时，被测要素的几何公差值是在该要素处于最小实体状态时给出的。当被测要素的实际轮廓偏离其最小实体状态，即其实际尺寸偏离最小实体尺寸时，几何误差值可超出在最小实体状态下给出的几何公差值，即此时的几何公差值可以增大。

图 4-54 所示孔 $\phi 8^{+0.25}_{0}$ mm 的轴线对基准 A 的位置度公差采用最小实体要求。孔的实际尺寸为 $\phi 8$ mm ~ $\phi 8.25$ mm；实际轮廓不超出关联最小实体实效边界，即其关联体内作用尺寸不大于最小实体实效尺寸 $D_{LV} = D_L + t = 8.25 + 0.4 = 8.65$（mm）；当被测要素处于最小实体状态时，其轴线对基准 A 的位置度公差为 $\phi 0.4$ mm；当该孔处于最大实体状态时，其轴线对基准 A 的位置度误差允许达到最大值，等于图样给出的位置度公差 $\phi 0.4$ mm 与孔的尺寸公差 0.25 mm 之和，即 $\phi 0.65$ mm。

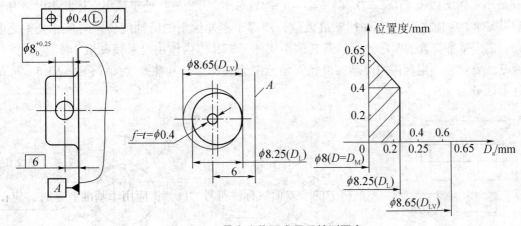

图 4-54 最小实体要求用于被测要素

当给出的几何公差值为零时，则为零几何公差，此时被测要素的最小实体实效边界等于最小实体边界，最小实体实效尺寸等于最小实体尺寸。如图 4-55 所示，孔 $\phi8^{+0.65}_{0}$ mm 的轴线对基准 A 的位置度公差采用最小实体要求的零几何公差。孔的实际尺寸不小于 $\phi8$ mm；实际轮廓不超出关联最小实体实效边界，即其关联体内作用尺寸不大于最小实体尺寸 D_L = 8.65 mm。当被测要素处于最小实体状态时，其轴线对基准 A 的位置度公差为零；当该孔处于最大实体状态时，其轴线对基准 A 的位置度误差允许达到最大值，即等于孔的公差 $\phi0.65$ mm。

　　b. 最小实体要求应用于基准要素。

　　最小实体要求应用于基准要素时，基准要素应遵守相应的边界。若基准要素的实际轮廓偏离其相应的边界，即其体内作用尺寸偏离其相应的边界尺寸，则允许基准要素在一定范围内浮动，其浮动范围等于基准要素的体内作用尺寸与其相应的边界尺寸之差。

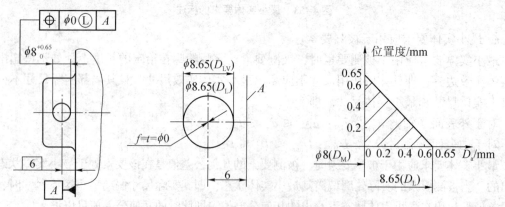

图 4-55　最小实体要求的零几何公差

　　基准要素本身采用最小实体要求时，其相应的边界为最小实体实效边界。此时，基准代号应直接标注在形成该最小实体实效边界的几何公差框格下面。如图 4-56 所示，最小实体要求应用于孔 $\phi39^{+1}_{0}$ mm 的轴线对基准 A 的同轴度公差，并同时应用于基准要素。当被测要素处于最小实体状态时，其轴线对基准 A 的同轴度公差为 $\phi1$ mm，此时孔的实际尺寸为 $\phi39$ mm ~ $\phi40$ mm，实际轮廓不超出关联最小实体实效边界，即其关联体内作用尺寸不大于关联最小实体实效尺寸 $D_{LV} = D_L + t = 40 + 1 = 41 (\text{mm})$。当该孔处于最小实体状态时，其轴线对基准 A 的同轴度误差允许达到最大值，即等于图样给出的同轴度公差与尺寸公差之和 $\phi2$ mm；当基准要素的实际轮廓偏离其最小实体，即其体内作用尺寸偏离最小实体尺寸时，允许基准要素在一定范围内浮动，最大浮动范围为直径等于基准要素尺寸公差 $\phi0.5$ mm 的圆柱形区域。

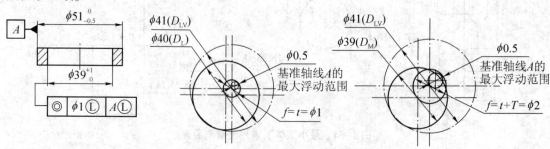

图 4-56　最小实体要求应用于基准要素

c. 可逆要求用于最小实体要求。

可逆要求用于最小实体要求是指被测要素的实际轮廓应遵守其最小实体实效边界，当其实际尺寸偏离最小实体尺寸时，允许其几何误差值超出在最小实体状态下给出的几何公差值；当其几何误差值小于给出的几何公差值时，也允许其实际尺寸超出最小实体尺寸的一种要求。

可逆要求用于最小实体要求的图样标注方法是在被测要素几何公差值后的"$\widehat{L}$"符号后标注符号"$\widehat{R}$"即可。

如图4-57所示，被测要素（孔）不得超出其最小实体实效边界，即其关联体内作用尺寸不得超出最小实体实效尺寸 $\phi8.65$ mm，所有局部尺寸应为 $\phi8.00$ mm ~ $\phi8.65$ mm，其轴线的位置度误差可根据其局部实际尺寸在 $0 \sim 0.65$ mm 之间变化。若所有局部实际尺寸均为 $\phi8.25$ mm(D_L)，则其轴线的位置度误差可为 $\phi0.4$ mm；若所有局部实际尺寸均为 $\phi8$ mm(D_M)，则其轴线的位置度误差可为 $\phi0.65$ mm；若轴线的位置度误差可为零，则所有局部实际尺寸均为 $\phi8.65$ mm(D_{LV})。

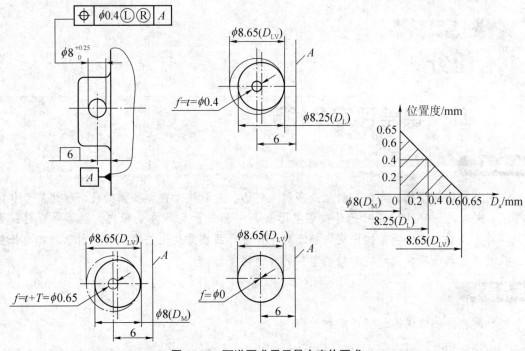

图4-57　可逆要求用于最小实体要求

● 工作步骤

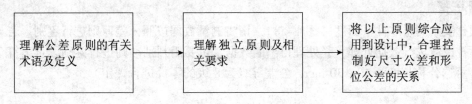

工作评价与反馈

几何公差带认知及公差原则的应用		任务完成情况		
		全部完成	部分完成	未完成
自我评价	子任务 1			
	子任务 2			
工作成果 （工作成果形式）				
任务完成心得				
任务未完成原因				
本项目教与学存在的问题				

T ASK
任务 3

几何误差评定及检测

情境导入

几何公差带的形状、方向与位置是多种多样的，它取决于被测要素的几何理想要素和设计要求，并以此评定几何误差。若被测实际要素全部位于几何公差带内，则零件合格；否则，零件不合格。几何误差的评定和检测对于保证产品质量是至关重要的。所以，本次任务中，我们将重点研究如何评定和检测零件的几何误差。

任务要求

能够对零件几何误差进行评定和检测。

子任务 1　学会几何误差的评定准则

● 工作任务

用打表法测量零件平面度（图 4-58），请将测量数据按照公差原则进行鉴别。若与鉴别准则不符，请进行数据处理，经处理得出的数据，也要用判别准则进行鉴别，直至符合准则为止（可选公称长度为 10 ~ 30 mm，公差等级为 8 级的零件进行评定）。

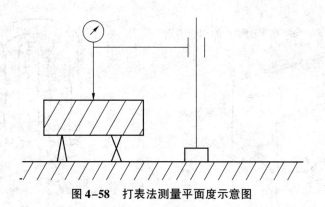

图 4-58 打表法测量平面度示意图

● 知识准备

1. 形状误差的评定

① 形状误差的评定准则——最小条件。形状误差一般是对单一要素而言的，是指被测实际要素的形状对其理想要素的偏离量，形状误差值不大于相应的公差值，则认为是合格的。形状误差评定时，理想要素的位置应符合最小条件。所谓最小条件，是指被测实际要素相对于理想要素的最大变动量为最小，此时，对被测实际要素评定的误差值为最小。

② 形状误差值的评定——最小包容区域。评定形状误差时，形状误差值的大小可用最小包容区域（简称最小区域）的宽度或直径表示。所谓最小区域，是指包容被测实际要素时，具有最小宽度或直径的包容区，如图 4-59 所示。在图 4-59（a）中，Ⅰ、Ⅱ、Ⅲ 分别为被测实际要素的理想直线，由此分别确定的包容区域的宽度为 f_1、f_2、f_3（$f_1 < f_2 < f_3$），因在 Ⅰ 位置时，两平行直线之间的包容区域宽度最小，故取 f_1 为直线度误差。

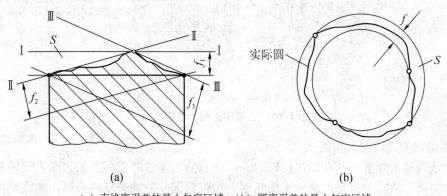

(a)　　　　　　　　　　　　(b)

（a）直线度误差的最小包容区域；（b）圆度误差的最小包容区域

图 4-59 形状误差最小包容区域

2. 方向误差的评定及检测

方向误差是指关联被测实际要素对基准要素具有确定方向的实际变动量，理想要素的方向由基准确定。方向误差值用方向最小包容区域（简称方向最小区域）的宽度或直径表示。方向误差最小包容区域是指按理想要素的方向包容被测实际要素时，具有最小宽度或直径的包容区域，如图 4-60 所示。

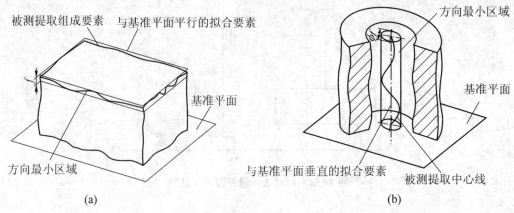

(a) 平行度误差的最小包容区域;(b) 垂直度误差的最小包容区域

图 4-60　方向误差最小包容区域

3. 位置误差的评定及检测

位置误差是指被测实际要素对具有确定位置的理想要素的变动量,理想要素的位置由基准和理论正确尺寸确定。位置误差值用位置最小包容区域(简称位置最小区域)的宽度或直径表示。位置误差最小包容区域是指以理想要素定位来包容被测实际要素时,具有最小宽度或直径的包容区域,如图 4-61 所示。

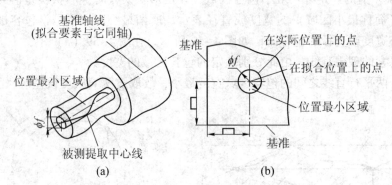

(a) 同轴度误差的最小包容区域;(b) 位置度误差的最小包容区域

图 4-61　位置误差最小包容区域

4. 跳动误差的评定及检测

跳动是当被测要素绕基准轴线旋转时,以指示器测量被测实际要素表面来反映其几何误差,它与测量方法有关,是被测要素形状误差和位置误差的综合反映。跳动的大小由指示器示值的变化确定,例如,圆跳动即被测实际要素绕基准轴线做无轴向移动回转一周时,由位置固定的指示器在给定方向上测得的最大与最小示值之差。

● **工作步骤**

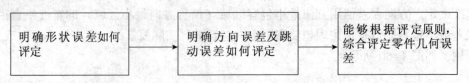

子任务2 学会几何误差的检测原则

● **工作任务**

　　零件加工结束后，会存在几何形状误差，为了满足使用要求，应对零件几何形状误差进行检测。检测几何形状误差时，应排除表面粗糙度、划痕、擦伤以及塌边等外观缺陷。

　　思考如何限制并检测图4-62中段 $\phi55$ mm 圆柱与两侧 $\phi32$ mm 圆柱的同轴度误差。根据几何误差检测的原则，选择合适的检测仪器，对图中零件的同轴度误差进行检测。

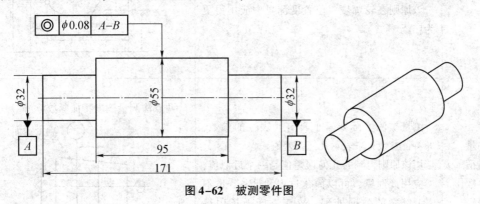

图 4-62　被测零件图

微课：水平仪
与自准直仪
的使用方法

● **知识准备**

　　对几何误差的检测有五种原则，具体如表4-12所示。

表 4-12　几何公差检测原则

检测原则	具体说明	应用示例
与理想要素比较原则	将被测要素与理想要素相比较，量值由直接法或间接法获得。 　　理想要素可用不同的方法获得，如用刀口尺的刃口、平尺、平台、平板的工作面等实物体现；用运动轨迹来体现；还可用束光、水平面（线）等体现	（1）量值由直接法获得： 模拟理想要素 （2）量值由间接法获得： 自准直仪　模拟理想要素 反射镜

检测原则	具体说明	应用示例
测量坐标值原则	用坐标测量装置，如三坐标测量仪、工具显微镜测量被测实际要素的坐标值，如直角坐标值、极坐标值、圆柱坐标值，并经数据处理获得几何误差值。 　该原则在轮廓度、位置度测量中应用得更为广泛	测量直角坐标值： 动画：三坐标检测零件的角度误差
测量特征参数原则	测量被测实际要素上具有代表性的参数，即特征参数，来表示几何误差值。 　用该原则得到的几何误差值是一个近似值，但应用此原则，可以简化过程和设备，也不需要复杂的数据处理，故在生产现场用得较多	两点法测量圆度特征参数： 动画：圆度检测
测量跳动原则	被测实际要素绕基准轴线回转过程中，沿给定方向测量其对某参考点或线的变动量。变动量是指示器最大与最小读数之差	测量径向跳动： 动画：斜向圆跳动检测
控制实效边界原则	检测被测实际要素是否超过实效边界，以判断合格与否	用综合量规检测同轴度误差：

● 工作步骤

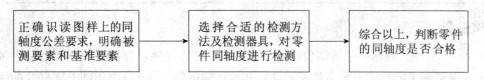

正确识读图样上的同轴度公差要求，明确被测要素和基准要素 → 选择合适的检测方法及检测器具，对零件同轴度进行检测 → 综合以上，判断零件的同轴度是否合格

工作评价与反馈

几何误差评定及检测		任务完成情况		
		全部完成	部分完成	未完成
自我评价	子任务 1			
	子任务 2			
工作成果 （工作成果形式）				
任务完成心得				
任务未完成原因				
本项目教与学存在的问题				

TASK 任务 4

几何公差标准化与选用

情境导入

　　零件的几何误差对机器、仪器的正常使用有很大的影响，也会直接影响产品质量、生产效率和制造成本。因此，正确合理地选择几何公差，对保证机器的功能要求、提高经济效益十分重要。一般来说，合理选用公差的原则是根据零件的结构特征、功能关系、检测条件以及有关标准件的要求，选择几何公差项目；根据零件的功能和精度要求、制造成本等，确定几何公差值；按国家标准规定进行图样标注。

任务要求

　　学会如何选择几何公差项目、几何公差基准要素、几何公差数值、几何未注公差值。

子任务1 几何公差项目及基准要素的选用

● **工作任务**

图4-63为一阶梯形转轴的结构示例。图中，齿轮和联轴器分别靠轴环和轴肩做轴向固定。为了保证轴上零件能靠紧定位面，轴肩和轴环的圆角半径 r 应小于轴上零件孔的倒角高度 C 或圆角半径 R。为了保证轴上零件定位可靠，安装零件的轴头长度必须稍短于零件长度（见图中的齿轮和联轴器），否则会出现间隙，使相邻零件不能靠紧（如齿轮与轴套、联轴器与轴端挡圈）。零件在轴上做轴向固定是为了传递扭矩，防止零件与轴产生相对运动。齿轮和轴通常采用平键连接方式，其配合性质可为间隙配合或过渡配合（如减速器中，齿轮与轴的常用优先配合为 H7/h6、H7/m6、H7/k6 等）。对于一般通用机械（包括减速器）来说，与向心球轴承相互配合的轴颈的公差带通常采用 k5，与轴承外圈相配合的壳体孔的公差带常采用 K7。根据以上信息，给出轴类零件的几何公差技术要求。

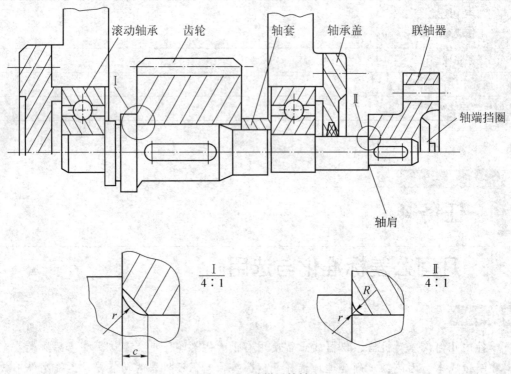

图4-63 阶梯形转轴

● **知识准备**

1. 几何公差项目的选择

（1）零件的几何特征。

零件加工误差出现的形式与零件几何特征有密切联系，应根据零件的几何形状特征合理地选择几何公差项目。例如，圆柱零件常选择圆柱度、圆度；圆锥形零件常选择圆度、素线直线度；平面零件常选择平面度；阶梯轴常选择同轴度；槽常选择对称度等。

（2）零件的使用要求。

几何误差对零件的功能有不同的影响，一般只对对零件功能有显著影响的误差项目规定合理的几何公差。例如，由于车床、磨床主轴轴颈的同轴度、圆柱度误差影响零件的回转精度和工作精度，故规定相应精度；齿轮箱体两孔轴线不平行，影响正常啮合，降低承载能力，故规定平行度公差；气缸盖和缸体间要求密封，应规定平面度公差要求等。具体来讲，根据零件的使用要求选择公差项目时，应注意保证零件的工作精度；保证连接强度和密封性；保证减少磨损，延长零件使用寿命。

（3）测量方便。

确定公差项目必须与检测条件相结合，考虑现有条件检测的可能性与经济性。检测方法是否简便，将直接影响零件的生产效率和成本，所以，在同样满足零件使用要求的前提下，应尽量选择便于检测的几何公差项目。

（4）几何公差的控制功能。

各项几何公差的控制功能不尽相同，有单一控制项目，也有综合控制项目，选择时，应尽量发挥能综合控制的公差项目的职能，经综合分析后确定，以减少图样的几何公差项目，如圆柱度公差可以控制圆度、素线直线度误差。

2. 几何公差基准要素的选择

① 应根据零件的功能要求和要素间的几何关系，以及零件的结构特征来选择基准，如旋转的轴类零件，通常选择与轴承配合的轴颈为基准。

② 应根据装配关系，选择相互配合、相互接触的表面作为各自的基准，以保证装配要求，如箱体类零件的安装面、盘类零件的端面等。

③ 从加工、检测角度考虑，应选择在夹具中定位的相应要素为基准，以使工艺基准、测量基准、设计基准统一，消除基准不重合误差。

子任务2　几何公差值及几何未注公差值的选用

● **工作任务**

将图4-63中阶梯转轴的几何公差项目给定合理公差值，使零件能够满足使用要求。

● **知识准备**

1. 公差等级的选择

公差等级分为IT1～IT12共12个等级，其中IT1级最高，IT12级最低，IT6和IT7级为基本级。几何公差等级的选择原则与尺寸公差选用原则相同，即在满足零件使用要求的前提下，尽量选用低的公差等级。具体情况如表4-13～表4-17所示。

表4-13 直线度、平面度公差值

主参数	公差等级/μm											
L、d (D)/mm	1	2	3	4	5	6	7	8	9	10	11	12
≤10	0.2	0.4	0.8	1.2	2	3	5	8	12	20	30	60
10~16	0.25	0.5	1	1.5	2.5	4	6	10	15	25	40	80
16~25	0.3	0.6	1.2	2	3	5	8	12	20	30	50	100
25~40	0.4	0.8	1.5	2.5	4	6	10	15	25	40	60	120
40~63	0.5	1	2	3	5	8	12	20	30	50	80	150
63~100	0.6	1.2	2.5	4	6	10	15	25	40	60	100	200

表4-14 圆度、圆柱度公差值

主参数	公差等级/μm											
d (D)/mm	1	2	3	4	5	6	7	8	9	10	11	12
≤3	0.1	0.2	0.3	0.5	1.2	2	3	4	6	10	14	25
3~6	0.1	0.2	0.4	0.6	1.5	2.5	4	5	8	12	18	30
6~10	0.12	0.25	0.4	0.6	1.5	2.5	4	6	9	15	22	36
10~18	0.15	0.25	0.5	0.8	2	3	5	8	11	18	27	43
18~30	0.2	0.3	0.6	1	2.5	4	6	9	13	21	33	52
30~50	0.25	0.4	0.6	1	2.5	4	7	11	16	25	39	62
50~80	0.3	0.5	0.8	1.2	3	5	8	13	19	30	46	74

表4-15 平行度、垂直度、倾斜度公差值

主参数	公差等级/μm											
L、d (D)/mm	1	2	3	4	5	6	7	8	9	10	11	12
≤10	0.4	0.8	1.5	3	5	8	12	20	30	50	80	120
10~16	0.5	1	2	4	6	10	15	25	40	60	100	150
16~25	0.6	1.2	2.5	5	8	12	20	30	50	80	120	200
25~40	0.8	1.5	3	6	10	15	25	40	60	100	150	250
40~63	1	2	4	8	12	20	30	50	80	120	200	300
63~100	1.2	2.5	5	10	15	25	40	60	100	150	250	400

表4-16　同轴度、对称度、圆跳动和全跳动公差值

主参数 d (D)、B、L /mm	公差等级/μm											
	1	2	3	4	5	6	7	8	9	10	11	12
≤1	0.4	0.6	1.0	1.5	2.5	4	6	10	15	25	40	60
1~3	0.4	0.6	1.0	1.5	2.5	4	6	10	20	40	60	120
3~6	0.5	0.8	1.2	2	3	5	8	12	25	50	80	150
6~10	0.6	1	1.5	2.5	4	6	10	15	30	60	100	200
10~18	0.8	1.2	2	3	5	8	12	20	40	80	120	250
18~30	1	1.5	2.5	4	6	10	15	25	50	100	150	300
30~50	1.2	2	3	5	8	12	20	30	60	120	200	400
50~120	1.5	2.5	4	6	10	15	25	40	80	150	250	500

表4-17　位置度公差值数系表

1	1.2	1.5	2	2.5	3	4	5	6	8
1×10^n	1.2×10^n	1.5×10^n	2×10^n	2.5×10^n	3×10^n	4×10^n	5×10^n	6×10^n	8×10^n

（1）选择方法。

确定几何公差值有计算法和类比法，一般多用类比法。采用类比法时，应注意几何公差各项目数值的大小关系，同一要素给出的形状公差应小于位置公差值，圆柱形零件的形状公差值（轴线的直线度除外）应小于其尺寸公差值，平行度公差值应小于其相应的距离公差值；在满足功能要求的前提下，考虑加工的难易程度、测量条件等，应适当降低1~2级；确定与标准件相配合的零件几何公差值，不但要考虑几何公差国家标准的规定，还应遵守其他有关国家标准的规定。

（2）考虑的因素。

在确定几何公差值时，应考虑零件的结构特性，对于细长轴（孔）、跨距较大的轴（孔）、宽度较大的表面，由于加工时易产生误差，故公差等级较正常情况低1~2级；应协调几何公差与尺寸公差的关系，对于同一要素，要求满足几何公差值小于尺寸公差值；应考虑几何公差与表面粗糙度的关系，对于中等尺寸、中等精度的零件，表面粗糙度的数值为几何公差值的20%~30%，对于高精度、小尺寸的零件，表面粗糙度的数值为几何公差值的50%~70%。

2. 几何未注公差值的规定

为了简化图样，对一般机床加工能保证的几何精度，不必在图样上注出几何公差。图样上没有具体注明几何公差值的要素，其几何精度应按下列规定执行：

① 对于未注直线度、平面度、垂直度、对称度和圆跳动，各规定了 H、K、L 三个公差等级。采用规定的未注公差值时，应在标题栏或技术要求中注出公差等级代号及标准代号，如"GB/T 1184-H"。

② 未注圆度公差值等于直径公差值，但不能大于径向圆跳动值。

③ 未注圆柱度公差由圆度、直线度和素线平行度的注出公差或未注公差控制。

④ 未注平行度公差值等于尺寸公差值或直线度和平面度未注公差值中的较大者。

⑤ 未注同轴度的公差值可以与圆跳动的未注公差值相等。

⑥ 未注线与面轮廓度、倾斜度、位置度和全跳动的公差值均应由各要素的注出或未注线性尺寸公差或角度公差控制。

● **工作步骤**

工作评价与反馈

几何公差标准化与选用		任务完成情况		
		全部完成	部分完成	未完成
自我评价	子任务 1			
	子任务 2			
工作成果 （工作成果形式）				
任务完成心得				
任务未完成原因				
本项目教与学存在的问题				

巩固与提高

一、填空题

1. 形状和位置公差简称为_____。

2. 如果被测实际要素与其_____能完全重合，表明形状误差为零。

3. 用以限制实际要素变动的区域称为_____。

4. 用来确定被测要素的方向或位置的要素称为_____。

5. 被测实际要素在_____内（或之间）为合格，反之为不合格。

6. 平面度的公差带是距离为公差值 t 的_____区域。

7. 在图样上标注被测要素的几何公差，若公差值前面加注 φ，则公差带是_____形状。

8. 在表 4-18 中填写几何公差各项目的符号，并注明该项目是属于形状公差还是属于位置公差。

表4-18　填空题8表

项目	符号	几何公差类别	项目	符号	几何公差类别
位置度			圆度		
圆柱度			平行度		
同轴度			平面度		
线轮廓度			圆跳动		
全跳动			对称度		

二、综合实训题

1. 指出图4-64标注的各项几何公差的具体含义。

2. 将技术要求中的几何公差标注在图4-65中，并阐述各几何公差项目的公差带。

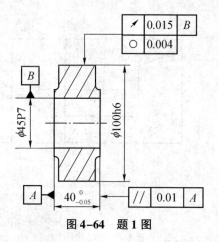

图4-64　题1图

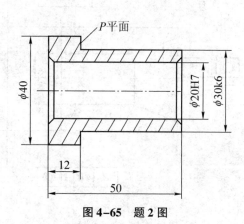

图4-65　题2图

（1）φ30k6的圆柱度不大于0.01mm；

（2）φ20H7的直线度不大于0.04mm；

（3）φ30k6对φ20H7的同轴度不大于0.05mm；

（4）P平面对φ30k6的垂直度不大于0.02mm；

（5）P平面的平面度不大于0.01mm。

3. 将下列技术要求用代号标注在图4-66上。

（1）φ20d7圆柱面任一素线的直线度公差值为0.05 mm；

（2）φ40m7轴线相对于φ20d7轴线的同轴度公差值为φ0.01 mm；

（3）10H6槽的两平行平面中任一平面对另一平面的平行度公差值为0.015 mm；

（4）10H6槽的中心平面对φ40m7轴线的对称度公差值为0.01 mm；

（5）φ20d7圆柱面的轴线对φ40m7圆柱右端面的垂直度公差值为φ0.02 mm。

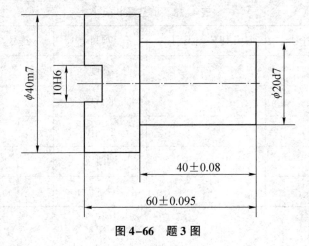

图 4-66　题 3 图

4. 改正图 4-67 几何公差标注的错误（不改变几何公差项目）。

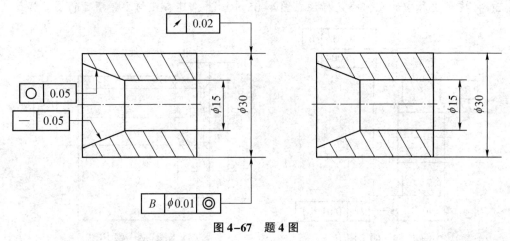

图 4-67　题 4 图

5. 改正图 4-68 几何公差标注的错误（不改变几何公差项目）。

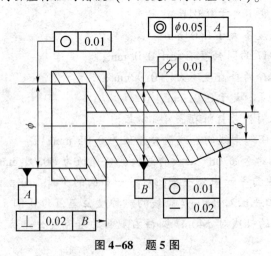

图 4-68　题 5 图

6. 识读图4-69，完成表4-19的填写。

表4-19 题6表　　　　　　　　　　　　　　　　　　　　（单位：mm）

图例	采用公差原则	边界及边界尺寸	给定的几何公差值	可能允许的最大几何误差
a				
b				

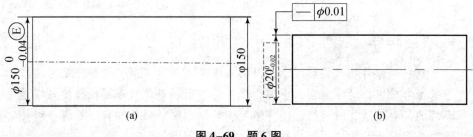

(a)　　　　　　　　　　　　　　(b)

图4-69 题6图

7. 如图4-70所示轴：

（1）求边界尺寸；

（2）当实际尺寸分别为 $\phi 20$mm，$\phi 19.8$mm，$\phi 19.7$mm 时，零件直线度的几何公差分别是多少？

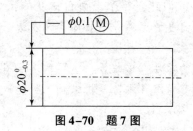

图4-70 题7图

项目 5

PROJECT

表面粗糙度及检测

▶ 项目导学

在机械零件切削的过程中，刀具或砂轮遗留的刀痕、切屑分离时的塑性变形和机床振动等因素，会影响零件的表面粗糙度。表面粗糙度与机械零件的配合性质、耐磨性、疲劳强度、接触刚度、振动和噪声等有密切关系，对机械产品的使用寿命和可靠性有重要影响。

本单元参考 GB/T 1031—2009《产品几何技术规范（GPS）表面结构　轮廓法　表面粗糙度参数及其数值》、GB/T 3505—2009《产品几何技术规范（GPS）表面结构　轮廓法　术语、定义及表面结构参数》和 GB/T 131—2006《产品几何技术规范（GPS）技术产品文件中表面结构的表示法》的有关内容，详细介绍了表面粗糙度的概念及对零件使用性能的具体影响、表面粗糙度评定参数的具体含义及选用原则、表面粗糙度的检测方法等内容。

经过机械加工后的零件合格与否，主要取决于机械加工精度和表面粗糙度，可见表面粗糙度对零件本身及机械加工过程产生显著影响。

▶ 学习目标

认知目标：理解表面粗糙度的概念及意义；掌握表面粗糙度的标注方法；掌握表面粗糙度评定参数的具体含义及选用原则；掌握表面粗糙度的检测方法。

情感目标：通过识读图纸和对零件检测，培养学生严谨务实、具备经济成本意识的职业素养。

技能目标：能够读懂图纸上标注的表面粗糙度的具体含义；能够根据具体情况合理选择表面粗糙度参数；能够正确使用表面粗糙度测量设备进行表面粗糙度检测。

任务1

掌握表面粗糙度的定义及其对零件使用性能的影响

情境导入

无论是切削加工的零件表面，还是用铸、锻、冲压、热轧、冷轧等方法获得的零件表面，都会存在由间距很小的微小峰、谷所形成的微观几何误差，这用表面粗糙度轮廓表示。零件表面粗糙度轮廓对该零件的功能要求、使用寿命、美观程度都有重大的影响。如何正确评定和测量零件表面粗糙度轮廓？如何在零件图上正确标注表面粗糙度轮廓的技术要求，以保证零件的互换性？这个任务要解决这些问题。

任务要求

理解表面粗糙度的含义；理解表面粗糙度对零件使用性能的影响。

子任务1　掌握表面粗糙度的定义

● 工作任务

如图5-1所示，零件加工结束后，表面总会留下微细的凸凹不平的刀痕，将零件表面放大观察更为明显。请说明什么样的表面误差属于表面粗糙度，表面粗糙度和表面波度、形状误差之间有何区别。

● 知识准备

经过机械加工的零件表面总会留下微细的凸凹不平的刀痕，因此零件表面表现为高低不平的状况，其中高起的部分称为峰，低凹的部分称为谷。粗加工后的表面用肉眼就能看到交错起伏的峰谷现象，精加工后的表面虽然肉眼看起来很光滑，但是用放大镜或显微镜仍能观察到交错起伏的峰谷现象，如图5-1所示。我们将加工表面上具有的较小间距峰谷所组成的微观几何形状特性称为表面粗糙度。

表面粗糙度与宏观几何形状误差（形状误差）和表面波度是有区别的，如图5-2所示。一般以波距（指相邻两波峰或两波谷之间的距离）作为评定基准，波距小于1 mm为表面粗糙度，波距在1~10 mm为波度，波距大于10 mm属于形状误差。另外，还可以根据波距λ与波高h的比值λ/h来划分，比值小于40属于表面粗糙度，比值为40~1 000则为波度，比值大于1 000为形状误差。

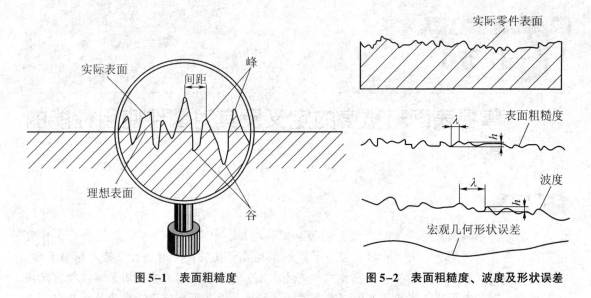

图5-1　表面粗糙度

图5-2　表面粗糙度、波度及形状误差

子任务2　分析表面粗糙度对零件使用性能的影响

● **工作任务**

图5-3为减速器实体图。减速器是一种动力传达机构，利用齿轮的速度转换器，将电动机的回转数减速到所要的回转数，并得到较大转矩。请分析减速器中高速轴和低速轴的表面粗糙度数值会影响减速器的哪些性能。

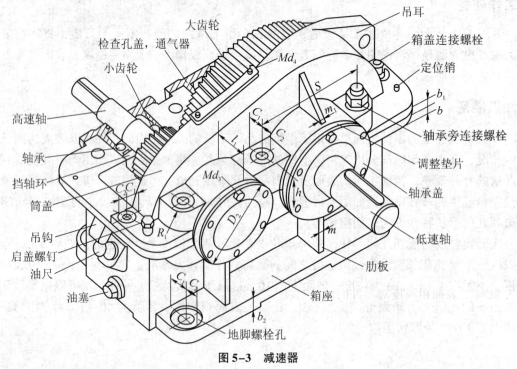

图5-3　减速器

● **知识准备**

　　表面粗糙度反映零件表面的光滑程度，表面粗糙度越小，零件表面越光滑。在实际应用中，由于零件各表面的作用不同，因此对其光滑程度的要求也各异。表面粗糙度是衡量零件质量的重要标准之一，对零件的使用性能和使用寿命有很大的影响，主要表现在以下几个方面。

　　1. 表面粗糙度影响零件的耐磨性

　　由于表面粗糙度的存在，当两个表面接触时，其接触仅仅发生在加工表面的许多凸峰上，实际接触面积远远小于理论接触面积，因而单位面积上承受的压力相应增大，磨损加快。简而言之，表面粗糙度值越大，零件表面越粗糙，磨损越快。

　　2. 表面粗糙度影响配合性质的稳定性

　　对于间隙配合来说，表面越粗糙，就越易磨损，使工作过程中的间隙逐渐增大，特别是在公称尺寸较小、公差较小的情况下，表面粗糙度对间隙的影响更大；对于过盈配合来说，在零件装配过程中，表面粗糙易使峰顶因材料的塑性变形而相互挤压变平，减小了实际有效过盈，降低了紧固连接的强度；对于过渡配合来说，如果零件表面粗糙，在重复装拆过程中，间隙会扩大，从而会降低定心和导向精度。

　　3. 表面粗糙度影响零件的疲劳强度

　　机械零件的疲劳强度除受物理和机械等因素影响外，与零件的表面粗糙度也有很大关系。零件的损坏，特别是在承受交变荷载的情况下，多半是由表面凹凸不平而引起的应力集中所造成的。粗糙零件的表面存在较大的波谷，它们像尖角缺口和裂纹一样，对应力集中很敏感，从而影响零件的疲劳强度。

　　4. 表面粗糙度影响零件的抗腐蚀性

　　金属的腐蚀主要产生于表面微小波谷和裂纹处，零件表面越粗糙，越容易积聚腐蚀性物质，凹谷越深，渗透与腐蚀作用越强烈。受到腐蚀的表面随着腐蚀产物的逐渐剥落，新的表面更加粗糙不平，从而导致金属表面更快地腐蚀。简而言之，表面粗糙度越大，腐蚀越快。

　　5. 表面粗糙度影响零件的密封性

　　对于表面粗糙度值大的表面，波谷过深，密封材料在装配后受到的预压力还不能填满这些微观不平的深谷，因而会在密封面上留下许多微小的缝隙而使密封面之间无法严密地贴合，气体或液体通过缝隙渗漏，从而大大影响结合的密封性。

　　6. 表面粗糙度影响零件的接触刚度

　　机器的刚度不仅取决于机器本身的刚度，而且在很大程度上取决于各零件之间的接触刚度。所谓接触刚度，是指零件结合面在外力作用下抵抗接触变形的能力。表面粗糙的零件，最初是点、线接触，实际接触面很小，在承受一定荷载的作用下，表面层出现的塑性变形增大，表面层的接触刚度也变差。

　　此外，表面粗糙度对零件的测量精度、镀涂层、导热性和接触电阻、反射能力和辐射性能、液体和气体流动的阻力、导体表面电流的流通等都会有不同程度的影响。

● **工作步骤**

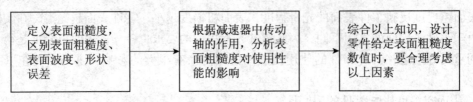

| 定义表面粗糙度，区别表面粗糙度、表面波度、形状误差 | → | 根据减速器中传动轴的作用，分析表面粗糙度对使用性能的影响 | → | 综合以上知识，设计零件给定表面粗糙度数值时，要合理考虑以上因素 |

工作评价与反馈

掌握表面粗糙度的定义及其对零件使用性能的影响		任务完成情况		
		全部完成	部分完成	未完成
自我评价	子任务 1			
	子任务 2			
工作成果 (工作成果形式)				
任务完成心得				
任务未完成原因				
本项目教与学存在的问题				

TASK
任务 2

表面粗糙度的评定及选用

情境导入

　　零件加工后的表面粗糙度轮廓是否符合要求，应由测量和评定的结果来确定。测量和评定表面粗糙度轮廓时，应规定取样长度、评定长度、轮廓中线和评定参数。当没有指定测量方向时，测量截面方向与表面粗糙度轮廓幅度参数的最大值相一致，该方向垂直于被测表面的加工纹理，即垂直于表面主要加工痕迹的方向。那么该如何选用评定参数的数值呢？

任务要求

　　掌握表面粗糙度评定参数的具体含义；根据具体情况，合理选择表面粗糙度参数值。

子任务 1　评定表面粗糙度

● 工作任务

图 5-4 为阶梯轴的安装要求示意图，确定该零件表面粗糙度的评定基准及评定参数，全面、合理地评定轮廓的表面粗糙度。

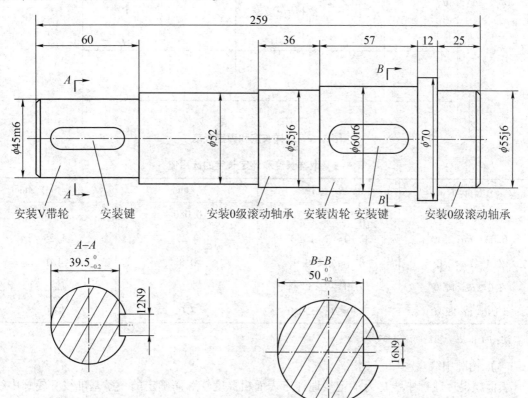

图 5-4　阶梯轴安装示意图

● 知识准备

1. 评定基准

（1）取样长度 l_r。

取样长度是用于判断和测量表面粗糙度而规定的一段基准线长度，它在轮廓总的走向上取样。规定取样长度是为了限制和减弱宏观几何形状误差，特别是波度对表面粗糙度测量结果的影响。取样长度不可太短或太长，一般应包括 5 个或 5 个以上的峰（谷）点，如图 5-5 所示。一般来说，表面越粗糙，取样长度就越大。

（2）评定长度 l_n。

用于判别被评定轮廓 x 轴方向上的长度，而规定的一段最小测量长度称为评定长度 l_n。由于被加工表面粗糙度不一定很均匀，为了合理、客观地反映表面质量，评定长度往往包含几个取样长度。如果加工表面比较均匀，可取 $l_n < 5l_r$；若表面不均匀，则取 $l_n > 5l_r$；一般情况下取 $l_n = 5l_r$，具体数值如表 5-1 所示。

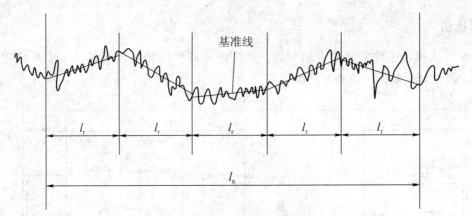

图 5-5　取样长度和评定长度

表 5-1　取样长度和评定长度的选用值

$Ra/\mu m$	$Rz/\mu m$	l_r/mm	$l_n\ (l_n=5l_r)\ /mm$
$0.008 \leqslant Ra < 0.020$	$0.025 \leqslant Rz < 0.100$	0.080	0.400
$0.02 \leqslant Ra < 0.10$	$0.10 \leqslant Rz < 0.50$	0.25	1.25
$0.1 \leqslant Ra < 2.0$	$0.5 \leqslant Rz < 10.0$	0.8	4.0
$2.0 \leqslant Ra < 10.0$	$10.0 \leqslant Rz < 50.0$	2.5	12.5
$10.0 \leqslant Ra < 80.0$	$50.0 \leqslant Rz < 320.0$	8.0	40.0

注：Ra 和 Rz 为粗糙度评定参数。

（3）轮廓中线。

表面粗糙度轮廓中线是为了定量地评定表面粗糙度轮廓而确定的一条基准线。轮廓中线包括轮廓最小二乘中线和轮廓算术平均中线两种。

① 轮廓最小二乘中线是指具有几何轮廓形状并划分轮廓的线，且在取样长度 l_r 内使实际轮廓线上各点至该线距离的平方和为最小。如图 5-6 所示，轮廓线上的点到基准线的距离为 z_i，则轮廓最小二乘中线的数学表达式为 $\int_0^l z^2 \mathrm{d}x = $ 最小。

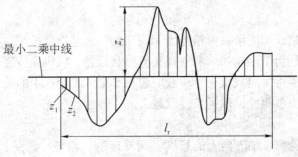

图 5-6　轮廓最小二乘中线示意图

② 轮廓算术平均中线。轮廓算术平均中线是指具有几何轮廓形状，且在取样长度内与轮廓走向一致的基准线。该线将实际轮廓划分为上、下两部分，且上、下两部分的面积相等，即 $\sum\limits_{i=1}^{n} F_i = \sum\limits_{i=1}^{n} F_i'$，如图 5-7 所示。

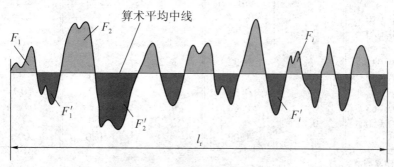

图 5-7　轮廓算术平均中线示意图

用最小二乘法确定的中线是唯一的，但比较困难，常常借助计算机来完成。算术平均法常用目测确定中线，是一种近似的图解，较为简便，在生产中得到广泛应用。

2. 评定参数

GB/T 1031—2009《产品几何技术规范（GPS）表面结构　轮廓法　表面粗糙度参数及其数值》规定了表面粗糙度的三类评定参数：高度参数（Ra 和 Rz）、间距参数（R_{sm}）及形状参数 $[R_{mr}(c)]$。其中，高度参数为主参数，其余两个为附加参数。

（1）高度参数。

① 轮廓的算术平均偏差 Ra。轮廓的算术平均偏差 Ra 是指在一个取样长度内，被测实际轮廓上各点至基准线距离的绝对值的算术平均值，如图 5-8 所示。轮廓的算术平均偏差 Ra 的数学表达式为

$$Ra = \frac{1}{l_r} \int_0^{l_r} |Z(x)| \, \mathrm{d}x \approx \frac{1}{n} \sum_{i=1}^{n} |Z_i(x)| \tag{5-1}$$

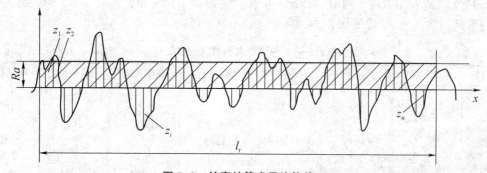

图 5-8　轮廓的算术平均偏差 Ra

Ra 参数能较充分地反映表面微观几何形状，一般来说其值越大，表面越粗糙。常见的 Ra 数值如表 5-2 所示。

表 5-2　轮廓算术平均偏差 Ra 数值　　　　　　　　　　（单位：μm）

系列值	补充系列	系列值	补充系列	系列值	补充系列	系列值	补充系列
	0.008						
	0.010						
0.012			0.125		1.25	12.5	
	0.016		0.160	1.6			16.0
	0.020	0.2			2.0		20
0.025			0.25		2.5	25	
	0.032		0.32	3.2			32
	0.040	0.4			4.0		40
0.050			0.50		5.0	50	
	0.063		0.63	6.3			63
	0.080	0.8			8.0		80
0.1			1.00		10.0	100	

注：优先选用系列值。

② 轮廓最大高度 Rz。轮廓最大高度 Rz 是指在取样长度内，轮廓峰顶线和轮廓谷底线之间的距离，如图 5-9 所示。轮廓最大高度 Rz 的数学表达式为

$$Rz = z_p + z_v \qquad\qquad (5-2)$$

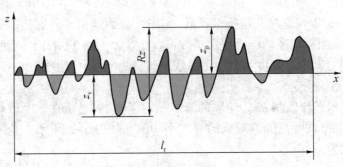

图 5-9　轮廓最大高度 Rz

Rz 所反映的表面微观几何形状特征不全面，但测量十分简便，弥补了 Ra 不能测量极小面积的不足。常见的 Rz 数值如表 5-3 所示。

表 5-3　轮廓最大高度 Rz 数值　　　　　　　　　　（单位：μm）

系列值	补充系列	系列值	补充系列	系列值	补充系列	系列值	补充系列
0.025				6.3			125
		0.4			8.0		160
	0.032		0.50		10.0	200	
0.05	0.040		0.63	12.5			250
		0.8			16.0		320
	0.063		1.00		20	400	
0.1	0.080		1.25	25			500
		1.6			32		630
	0.125		2.0		40	800	
	0.160		2.5	50			1 000
0.2	0.25	3.2			63		1 250
			4.0		80	1 600	
	0.32		5.0	100			

（2）间距参数。

间距参数的值可以反映被测表面加工痕迹的细密程度，主要是指轮廓单元的平均宽度R_{sm}。含有一个轮廓峰和相邻轮廓谷的一段中线长度称为轮廓单元宽度，用S_{mi}表示。在取样长度内，各轮廓单元宽度的平均值称为轮廓单元的平均宽度，用R_{sm}表示，如图5-10所示。轮廓单元的平均宽度R_{sm}的数学表达式为

$$R_{sm} = \frac{1}{n}\sum_{i=1}^{n} S_{mi} \tag{5-3}$$

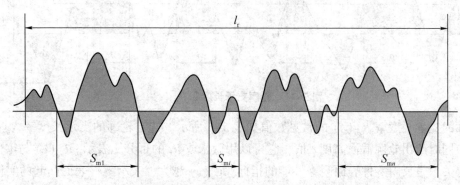

图 5-10　轮廓单元的平均宽度 R_{sm}

轮廓单元的平均宽度 R_{sm} 常见的数值如表 5-4 所示。

表 5-4　轮廓单元的平均宽度 R_{sm} 数值　　　　（单位：mm）

系列值	补充系列	系列值	补充系列	系列值	补充系列	系列值	补充系列
	0.002		0.023		0.25		
	0.003	0.025			0.32		2.5
	0.004		0.04	0.4		3.2	
	0.005	0.05			0.5		4.0
					0.63		5.0
0.006	0.008		0.063	0.8		6.3	
	0.010	0.1	0.080		1.00		8.0
					1.25		
0.012 5	0.016		0.125	1.6		12.5	10.0
	0.020	0.2	0.160		2.0		

（3）形状参数。

轮廓的支承长度率是常用的形状特征参数。在取样长度内，取一条平行于中线且与轮廓峰顶线相距为c的线与轮廓相截，所得到的各段截线b_i长度之和与取样长度l_r的比值称为轮廓支承长度率，用$R_{mr}(c)$表示，如图5-11所示。

轮廓的支承长度率$R_{mr}(c)$的数学表达式为

171

$$R_{mr}(c) = \frac{\sum\limits_{i=1}^{n} b_i}{l_r} \times 100\%$$ (5-4)

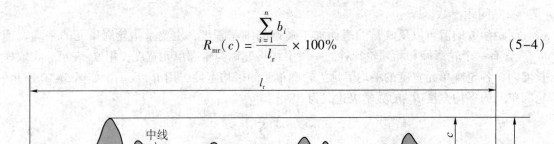

图5-11 轮廓支承长度率 $R_{mr}(c)$

　　轮廓的支承长度率 $R_{mr}(c)$ 的常见数值如表5-5所示。选定轮廓的支承长度率 $R_{mr}(c)$ 参数时，应同时给出轮廓截面高度 c 值，它可以用微米或 Rz 的百分比表示。$R_{mr}(c)$ 与零件的实际轮廓有关，是反映零件表面耐磨性能的指标。$R_{mr}(c)$ 越大，表示零件表面凸起的实体部分越大，承载面积就越大，因而接触刚度就越高，表面就越耐磨。

表5-5　轮廓的支承长度率 $R_{mr}(c)$ 数值

$R_{mr}(c)$	10	15	20	25	30	40	50	60	70	80	90

● **工作步骤**

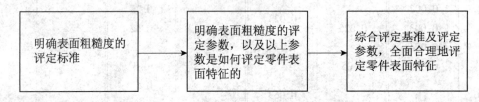

子任务2　选用表面粗糙度的评定参数及参数值

● **工作任务**

　　根据零件的使用要求，为图5-4所示的阶梯轴表面选用合理粗糙度参数值，最常用的是高度参数。当高度参数不能满足零件的功能要求时，可考虑选用间距参数或形状参数，明确选择参数时应遵循哪些原则。

● **知识准备**

　　1. 表面粗糙度参数的选用

　　（1）优先选用 Ra。

　　对于光滑表面和半光滑表面，一般采用 Ra 作为评定参数。由于 Ra 最能充分反映表面

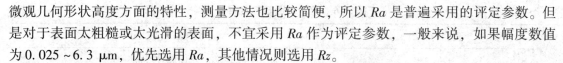

微观几何形状高度方面的特性，测量方法也比较简便，所以 Ra 是普遍采用的评定参数。但是对于表面太粗糙或太光滑的表面，不宜采用 Ra 作为评定参数，一般来说，如果幅度数值为 $0.025 \sim 6.3 \ \mu m$，优先选用 Ra，其他情况则选用 Rz。

（2）微小面积用 Rz。

对于不允许出现较大加工痕迹或受交变应力作用的表面，应采用 Rz 作为评定参数。Rz 概念简单，测量方便，但对表面微观几何形状特性的反映不如 Ra 全面。一般在实际应用中，Rz 常与 Ra 联用来控制表面微观裂纹。

（3）表面有特殊功能要求时选用 R_{sm} 或 $R_{mr}(c)$。

对大多数表面来说，一般仅给出高度特征评定参数即可反映被测表面粗糙的特征。但是对于某些有特殊功能要求的表面，需要采用间距参数或形状参数。对于密封性要求较高的表面，可使用间距参数轮廓单元的平均宽度 R_{sm}；对于耐磨性要求较高的表面，可使用形状参数轮廓的支承长度率 $R_{mr}(c)$。

2. 表面粗糙度参数值的选用

零件表面粗糙度不仅会对其使用性能产生多方面的影响，而且关系到产品质量和生产成本，因此在选择表面粗糙度参数值时，应在满足零件使用功能要求的前提下，同时考虑工艺性和经济性。在实际工作中，由于表面粗糙度和零件的功能关系相当复杂，难以全面而精确地按零件表面功能要求确定表面粗糙度的参数值，因此常用类比法来确定。具体选用时，可先根据经验统计资料初步选定表面粗糙度参数值，再对比工作条件做适当调整。

① 一般情况下，在同一个零件上，工作表面、配合面的表面粗糙度数值应小于非工作面、非配合面的数值。

② 摩擦表面的表面粗糙度值应比非摩擦表面的小，滚动摩擦表面的表面粗糙度值应比滑动摩擦表面的小。

③ 运动速度高、单位面积压力大、受交变荷载作用的零件表面，以及最易产生应力集中的沟槽、圆角部位应选用较小的表面粗糙度数值。

④ 配合性质要求稳定、可靠时，应选用较小的表面粗糙度数值，如小间隙配合表面、受重载作用的过盈配合表面，都应选用较小的表面粗糙度数值。另外，配合性质相同时，小尺寸结合面的表面粗糙度数值应比大尺寸结合面的小；同一公差等级时，轴的表面粗糙度数值应比孔的小一些。

⑤ 表面粗糙度数值应与尺寸公差及几何公差协调。一般来说，尺寸精度和形状精度要求高的表面，表面粗糙度数值应小一些。

⑥ 防腐性、密封性要求高，外表美观的表面的表面粗糙度数值应较小。

⑦ 凡有关标准已对表面粗糙度要求作出规定的（如与滚动轴承配合的轴颈和外壳孔、键槽、各级精度齿轮的主要表面等），则应选用标准确定的表面粗糙度数值。

表5-6、表5-7是常用表面粗糙度推荐值及加工方法和应用举例，以供参考。

表5-6　常用表面粗糙度推荐值

表面特征			$Ra/\mu m$ 不大于		
经常拆卸零件的配合表面（如挂轮、滚刀等）	公差等级	表面	公称尺寸/mm		
			≤50	50～500	
	IT5	轴	0.2	0.4	
		孔	0.4	0.8	
	IT6	轴	0.4	0.8	
		孔	0.4～0.8	0.8～1.6	
	IT7	轴	0.4～0.8	0.8～1.6	
		孔	0.8	1.6	
	IT8	轴	0.8	1.6	
		孔	0.8～1.6	1.6～3.2	
过盈配合表面的装配：（a）按机械压入法；（b）装配按热处理法	公差等级	表面	公称尺寸/mm		
			≤50	50～120	120～500
	IT5	轴	0.1～0.2	0.4	0.4
		孔	0.2～0.4	0.8	0.8
	IT6～IT7	轴	0.4	0.8	1.6
		孔	0.8	1.6	1.6
	IT8	轴	0.8	0.8～1.6	1.6～3.2
		孔	1.6	1.6～3.2	1.6～3.2
	—	轴	1.6		
		孔	1.6～3.2		

精密定心用配合的零件表面	表面	径向跳动公差/μm					
		2.5	4	6	10	16	25
		$Ra/\mu m$					
	轴	0.05	0.1	0.1	0.2	0.4	0.8
	孔	0.1	0.2	0.2	0.4	0.8	1.6

滑动轴承的配合表面	表面	公差等级		液体湿摩擦条件
		IT6～IT9	IT10～IT12	
		$Ra/\mu m$　不大于		
	轴	0.4～0.8	0.8～3.2	0.1～0.4
	孔	0.8～1.6	1.6～3.2	0.2～0.8

工作评价与反馈

表面粗糙度的评定及选用		任务完成情况		
		全部完成	部分完成	未完成
自我评价	子任务 1			
	子任务 2			
工作成果 （工作成果形式）				
任务完成心得				
任务未完成原因				
本项目教与学存在的问题				

T ASK
任务 3

表面粗糙度的标注及检测

情境导入

确定零件表面粗糙度轮廓评定参数及允许值和其他技术要求后，如何按国家标准规定，把表面粗糙度轮廓技术要求正确地标注在零件图上？如何检测零件的表面粗糙度呢？这就是任务 3 要解决的问题。

任务要求

掌握表面粗糙度的标注方法；了解表面粗糙度的检测方法。

子任务 1 学会表面粗糙度的标注方法

● 工作任务

如图 5-12 所示，说明各表面粗糙度符号的含义，并分析表面粗糙度的合格范围。

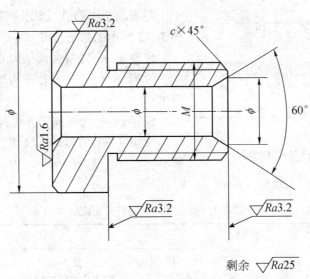

图 5-12　零件图

● 知识准备

1. 表面粗糙度的图形符号

在技术产品文件中，可用几种不同的图形符号表示对表面结构的要求，每种符号都有特定含义。GB/T 131—2006《产品几何技术规范（GPS）技术产品文件中表面结构的表示法》对每种符号的具体含义进行了详细的说明，如表 5-8 所示。

表 5-8　表面粗糙度符号及意义

符　号	意　义
√	基本图形符号，对表面结构有要求时标注
√	扩展图形符号，在基本图形符号上加一短横，表示指定表面是用去除材料的方法获得的，如通过机械加工获得表面
√	扩展图形符号，在基本图形符号上加一圆圈，表示指定表面是用不去除材料的方法获得的
√ ▽ ◯	完整图形符号，在上述三个符号的长边上加一横线，用于标注表面结构特征的补充信息
◌ ◌ ◌	完整全周符号，在上述三个符号的长边上加一小圆，表示图样某个视图上构成封闭轮廓的各表面有相同的表面结构要求

2. 表面粗糙度参数的标注

为了明确表面粗糙度要求，除了标注表面结构参数和数值，必要时应标注补充要求，补充要求包括传输带、取样长度、加工工艺、表面纹理及方向、加工余量等。在完整图形符号

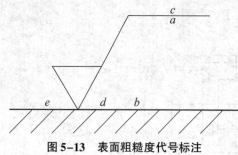

图 5-13 表面粗糙度代号标注

位置 e——注写加工余量（mm）。

中，对表面结构的单一要求和补充要求应注写在如图 5-13 所示的指定位置。

位置 a——注写表面结构的单一要求；

位置 a 和 b——注写两个或多个表面结构要求；

位置 c——注写加工方法；

位置 d——注写加工纹理方向符号，如表 5-9 所示；

表 5-9 加工纹理方向符号及说明

符号	说明	示意图
=	纹理平行于视图所在的投影面	
⊥	纹理垂直于视图所在的投影面	
×	纹理呈两斜向交叉，且与视图所在的投影面相交	
M	纹理呈多方向	
C	纹理呈近似同心圆形，且圆心与表面中心相关	
R	纹理呈近似放射形，且与表面中心相关	

符号	说明	示意图
P	纹理呈微粒、凸起，无方向	

3. 表面粗糙度的标注方法

① 表面粗糙度的注写和读取方向与尺寸的注写和读取方向一致，如图 5-14 所示。

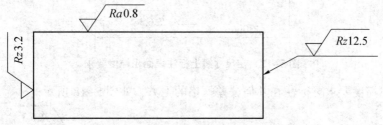

图 5-14　表面粗糙度的注写和读取方向

② 表面粗糙度要求可标注在轮廓线上，其符号应从材料外指向被接触表面，如图 5-15 所示。必要时，表面粗糙度符号也可用带箭头的指引线引出标注，如图 5-16 所示。

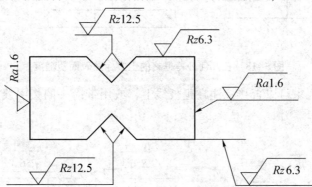

图 5-15　在轮廓线上标注表面粗糙度要求

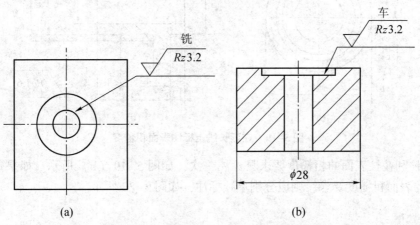

图 5-16　在指引线上标注表面粗糙度要求

③ 在不致引起误解时，表面粗糙度要求可以标注在给定的尺寸线上，如图 5-17 所示。

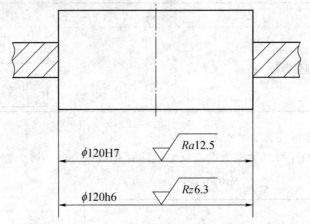

图 5-17　在尺寸线上标注表面粗糙度要求

④ 表面粗糙度要求可标注在几何公差框格的上方，如图 5-18 所示。

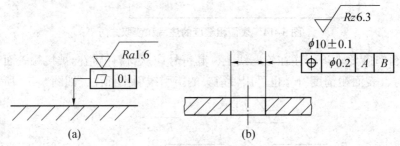

图 5-18　在几何公差框格的上方标注表面粗糙度

⑤ 表面粗糙度要求可以直接标注在延长线上，或用带箭头的指引线引出标注，如图 5-19 所示。

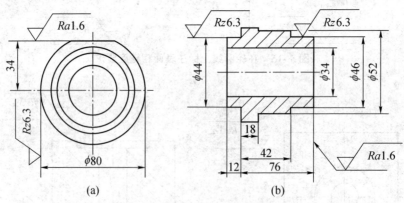

图 5-19　在延长线上标注表面粗糙度

⑥ 圆柱和棱柱表面的粗糙度要求只标注一次，如图 5-19（b）所示。如果每个棱柱表面有不同的表面粗糙度要求，则应分别单独标注，如图 5-20 所示。

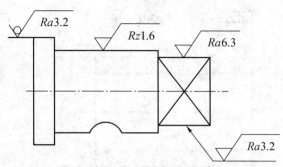

图 5-20　圆柱和棱柱表面的表面粗糙度的标注

⑦ 如果工件的多数表面或全部表面有相同的表面粗糙度要求，可统一标注在图样的标题栏附近。此时（除全部表面有相同要求的情况外），应在粗糙度符号后面的圆括号内给出无任何其他标注的基本图形符号（图 5-21）或不同表面粗糙度要求（图 5-22）。

⑧ 由几种不同的工艺方法获得的同一表面，当需要明确每种工艺方法的表面粗糙度要求时，可按图 5-23 进行标注。

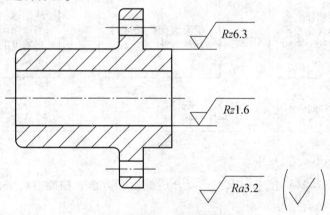

图 5-21　多数表面具有相同表面粗糙度要求的标注示例一

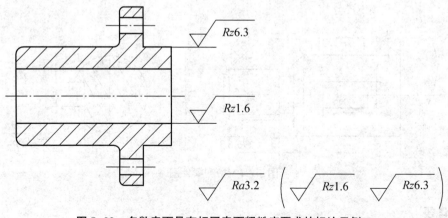

图 5-22　多数表面具有相同表面粗糙度要求的标注示例二

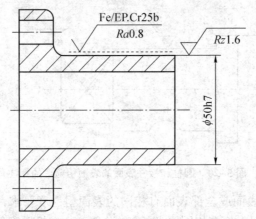

图 5-23 同时给出镀覆前后的表面粗糙度标注

● **工作步骤**

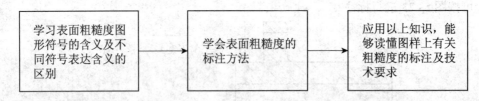

子任务 2 检测零件表面粗糙度

● **工作任务**

根据图纸（图 5-24）技术要求，选择合适的检测方法，检测零件表面粗糙度轮廓，并且判断零件粗糙度的合格性。

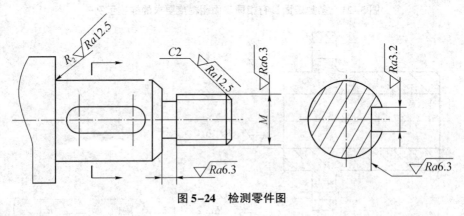

图 5-24 检测零件图

● **知识准备**

目前常用的表面粗糙度的测量方法有下述四种。

1. 比较法

比较法是指将被测量表面与标有一定数值的粗糙度样板进行比较，进而确定被测表面粗糙度数值的方法。比较时，要求样板的加工方法、加工纹理、加工方向、材料与被测零件表面相同。当 $Ra>1.6\ \mu m$ 时，可以用肉眼进行比较判读；当 $0.4\ \mu m \leqslant Ra \leqslant 1.6\ \mu m$ 时，可以借助放大镜进行比较；当 $Ra<0.4\ \mu m$ 时，用比较显微镜进行比较。另外，也可用手摸，依靠指甲划动的感觉来判断被加工表面的粗糙度。

　　比较法是车间常用的现场测量方法，该方法测量简便，常用于中等或较粗糙表面的测量，判断准确程度在很大程度上与检验人员的技术熟练程度有关。表面粗糙度样板如图5-25所示。

　　2. 光切法

　　光切法是指利用"光切原理"测量表面粗糙度的方法。光切法常采用的仪器是光切显微镜，又称为双管显微镜（图5-26），该仪器适宜测量车、铣、刨或其他类似方法加工的金属零件的平面或外圆表面。

　　光切法通常适用于测量 Rz 为 $0.5 \sim 80\ \mu m$ 的表面。测量时，从目镜观察表

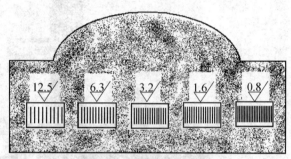

图5-25　表面粗糙度样板

面粗糙度轮廓图像，用测微装置测量 Rz 值，也可通过测量描绘出轮廓图像，再计算 Ra 值。光切法因使用烦琐而不常用，主要适用于计量室的测量。

　　3. 干涉法

　　干涉法是指利用光波干涉原理来测量表面粗糙度的方法。干涉法常采用的仪器是干涉显微镜，如图5-27所示。干涉显微镜在被测表面上产生干涉条纹，通过测量表面干涉条纹的弯曲度，实现对表面粗糙度的测量。测量时，被测表面有一定的粗糙度就呈现出凸凹不平的峰谷状干涉条纹，通过目镜观察、利用测微装置测量这些干涉条纹的数目和峰谷的弯曲程度，即可计算出表面粗糙度的 Rz 值。必要时，还可通过干涉条纹的峰谷拍照来评定。

图5-26　光切显微镜

图5-27　干涉显微镜

　　干涉法通常适用于 Rz 为 $0.025 \sim 0.8\ \mu m$ 的精密加工表面的粗糙度测量，一般适合在计量室内使用。

4. 针描法

针描法又称感触法，是一种接触式测量表面粗糙度的方法，即利用触针（金刚石制成，半径为 2~3 μm 的针尖）直接在被测表面上轻轻划过，从而测出表面粗糙度的 Ra 值。针描法使用的测量仪器为电动轮廓仪，如图 5-28 所示。

图 5-28 电动轮廓仪

针描法可以测定 Ra 为 0.025~5 μm 的表面。由于电动轮廓仪配有各种附件，因此适用于平面、内外圆柱面、圆锥面、球面、曲面、小孔以及沟槽等形状的工件表面测量。该方法具有测量快速可靠、操作简单、精度高、易于实现自动测量和微机数据处理等优点，但是被测表面容易被触针划伤。

● **工作步骤**

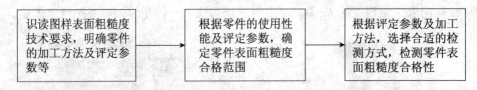

| 识读图样表面粗糙度技术要求，明确零件的加工方法及评定参数等 | 根据零件的使用性能及评定参数，确定零件表面粗糙度合格范围 | 根据评定参数及加工方法，选择合适的检测方式，检测零件表面粗糙度合格性 |

工作评价与反馈

表面粗糙度的标注及检测		任务完成情况		
		全部完成	部分完成	未完成
自我评价	子任务 1			
	子任务 2			
工作成果 （工作成果形式）				

表面粗糙度标注及检测	任务完成情况		
	全部完成	部分完成	未完成
任务完成心得			
任务未完成原因			
本项目教与学存在的问题			

巩固与提高

一、选择题

1. 表面粗糙度值越小，则零件的_____。
   A. 耐磨性好
   B. 配合精度低
   C. 抗疲劳强度差
   D. 传动灵敏性差

2. 下列论述正确的有_____。
   A. 表面粗糙度属于表面微观性质的形状误差
   B. 表面粗糙度属于表面宏观性质的形状误差
   C. 表面粗糙度属于表面波纹度误差
   D. 经过磨削加工所得表面比车削加工所得表面的表面粗糙度值大

3. 表面越粗糙，零件的_____。
   A. 应力越集中   B. 配合精度越高   C. 接触刚度越大   D. 抗腐蚀性越好

4. 选择表面粗糙度评定参数值时，下列论述正确的有_____。
   A. 受交变荷载的表面，参数值应大
   B. 配合表面的粗糙度数值应小于非配合表面
   C. 摩擦表面应比非摩擦表面参数值大
   D. 以上都不正确

5. 表面粗糙度 $\sqrt{Ra1.6}$ 符号表示_____。
   A. $Ra1.6\ \mu m$
   B. $Rz1.6\ \mu m$
   C. 以不去除材料的方法获得的表面
   D. 小于等于 $Ra1.6\ \mu m$

6. 轮廓算数平均偏差用_____表示。
   A. Ra
   B. Rz
   C. Ry
   D. 以上都不对

二、判断题

1. 评定表面轮廓粗糙度所必需的一段长度称取样长度，它可以包含几个评定长度。
   (   )

2. 要求耐腐蚀的零件表面，粗糙度参数值应小一些。
   (   )

3. Rz 参数由于测量点不多，因此在反映微观几何形状高度方面的特性不如 Ra 参数充分。
   (   )

4. 零件的尺寸精度越高，通常表面粗糙度参数值相应取得越小。　　　　　（　　）

5. 摩擦表面应比非摩擦表面的表面粗糙度参数值小。　　　　　　　　　（　　）

6. 要求配合精度高的零件，其表面粗糙度参数值应大。　　　　　　　　（　　）

7. 受交变荷载的零件，其表面粗糙度参数值应小。　　　　　　　　　　（　　）

8. 在间隙配合中，由于表面粗糙不平，会因磨损而使间隙增大。　　　　（　　）

9. 用比较法评定表面粗糙度，能精确地得出被检验表面的粗糙度参数值。（　　）

三、综合实训题

1. 什么是表面粗糙度？如何区别表面粗糙度与宏观几何形状误差（形状误差）和表面波度？

2. 表面粗糙度对零件的使用性能有什么影响？

3. 表面粗糙度的评定参数有哪些？

4. 简述 Ra、Rz 两个高度参数的定义及应用范围。

5. 如何选择表面粗糙度的参数值？

6. 常见的测量表面粗糙度的方法有哪些？

7. 将表面粗糙度符号标注在图 5-29 中，要求：

（1）用任何方法加工圆柱面 $\phi d3$，要求 Ra 最大允许值为 3.2 μm。

（2）用去除材料的方法获得孔 $\phi d1$，要求 Ra 最大允许值为 3.2 μm。

（3）其余用去除材料的方法获得表面，要求 Ra 允许值均为 25 μm。

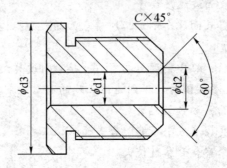

图 5-29　综合实训题 7 图

PROJECT

项目

6

滚动轴承与孔轴结合的互换性

▶ **项目导学**

滚动轴承是机器上广泛应用的标准部件，可以减小运动副的摩擦，提高效率。

通过本项目的学习，了解滚动轴承的结构与分类，掌握标准中对滚动轴承与轴和外壳孔公差带的规定，初步掌握与滚动轴承配合的轴、孔的尺寸公差及其他技术要求的选用与使用。

▶ **学习目标**

认知目标：掌握滚动轴承的结构及分类；掌握滚动轴承内、外径公差带及其特点；了解滚动轴承精度等级；学习滚动轴承与轴和外壳孔的配合及其选择。

情感目标：通过本项目学习训练，培养学生勤劳朴实、能吃苦、乐于相互配合的职业素养。

技能目标：熟悉国家标准关于滚动轴承配合的轴、孔公差带的规定；初步掌握与滚动轴承配合的轴、孔的尺寸公差及其他技术要求的选用与使用。

TASK
任务 1

掌握滚动轴承的结构及分类

情境导入

汽车配件厂小王师傅装配一批零件，需要用到一批轴承。在课堂上展示所选用的轴承图片，请同学们讨论，怎样才能知道这批轴承选用得是否合适？从本任务开始，我们将学习滚动轴承的相关知识，初步掌握轴承的选用与使用方法。

任务要求

学会滚动轴承的结构及分类，能熟练指出各部分名称。

子任务1　学会滚动轴承的结构

● 工作任务

标出图6-1中各部分的名称。

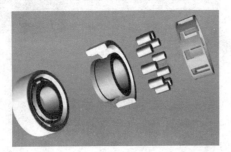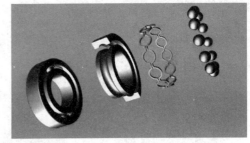

图6-1　滚动轴承结构

● 知识准备

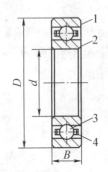

图6-2　滚动轴承

1—外圈；2—内圈；3—滚动体；4—保持架

滚动轴承是机器中应用最多的标准零件，一般由外圈1、内圈2、滚动体3和保持架4组成（图6-2）。内圈与外圈之间装有若干个滚动体，由保持架使其保持一定的间隔以免相互接触和碰撞，从而进行圆滑的滚动。

滚动轴承属于薄壁零件，易变形。其工作性能和使用寿命既取决于制造精度，也与箱体外壳孔、传动轴轴颈的配合精度、形位精度以及表面粗糙度等有关。

滚动轴承的外径D、内径d是配合尺寸，分别与外壳和轴颈相配合。滚动轴承与外壳孔及轴颈的配合属于光滑圆柱体配合，其互换性为完全互换；内、外圈滚道与滚动体的装配一般采用分组装配，其互换性为不完全互换。

● 工作步骤

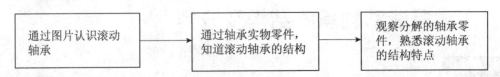

通过图片认识滚动轴承　→　通过轴承实物零件，知道滚动轴承的结构　→　观察分解的轴承零件，熟悉滚动轴承的结构特点

子任务2　了解滚动轴承的分类

● 工作任务

标出图6-3中轴承的名称。

图6-3　各种类型滚动轴承

● **知识准备**

　　按滚动体的形状不同，滚动轴承可分为球轴承和滚子轴承；按承受荷载的方向不同，滚动轴承可分为向心轴承和推力轴承。滚动轴承具有摩擦系数小、润滑简便、易于更换等许多优点，因而在机械制造中作为滚动支承得到广泛应用。

● **工作步骤**

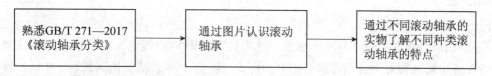

工作评价与反馈

掌握滚动轴承的结构及分类		任务完成情况		
		全部完成	部分完成	未完成
自我评价	子任务1			
	子任务2			
工作成果（工作成果形式）				
任务完成心得				
任务未完成原因				
本项目教与学存在的问题				

T ASK
任务 2

滚动轴承公差带及配合选择

情境导入

　　汽车配件厂小王师傅买了一批滚动轴承，在课堂上展示所买滚动轴承图片，请同学们讨论，怎样才能知道这批轴承是不是合格件？如果轴承合格，是否可实现互换？从本任务开始，我们将学习滚动轴承公差带的相关知识。

任务要求

明确滚动轴承的精度等级、滚动轴承内外径公差带及各公差带的特点；了解滚动轴承与轴和外壳孔的配合及其选择方法。

子任务1　学会滚动轴承及轴径和外壳孔公差带及特点

● 工作任务

明确滚动轴承与轴和外壳孔配合采用哪种基准制。

● 知识准备

1. 滚动轴承精度等级

根据 GB/T 307.3—2017《滚动轴承　通用技术规则》的规定，向心滚动轴承按其尺寸公差和旋转精度分为五个公差等级，用0、6、5、4、2表示。精度依次提高，0级公差轴承精度最低，2级公差精度最高。

0级轴承常称为普通级轴承，在机械中应用最广，主要用于旋转精度要求不高的机构。例如，普通机床中的变速箱和进给箱，汽车、拖拉机的变速箱，普通电动机、水泵、压缩机和汽轮机中的旋转机构等。

6、5、4级轴承应用于转速较高和旋转精度要求也较高的机械，如机床主轴、精密仪器和机械中使用的轴承。

2级轴承用于旋转精度和转速很高的机械，如坐标镗床主轴、高精度仪器和各种高精度磨床主轴所用的轴承。

2. 滚动轴承内、外径公差带及特点

由于滚动轴承为标准部件，因此轴承内径与轴颈的配合采用基孔制，轴承外径和外壳孔的配合采用基轴制。

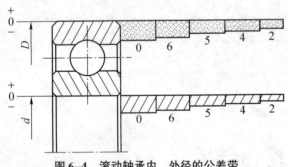

图6-4　滚动轴承内、外径的公差带

轴承内圈通常与轴一起旋转。为防止内圈和轴颈的配合相对滑动而产生磨损，影响轴承的工作性能，要求配合面间具有一定的过盈，但过盈量不能太大。因此 GB/T 307.3—2017《滚动轴承　通用技术规则》规定：公差带均为单向制，而且统一采用公差带位于以公称外径 D 为零线的下方，即上偏差为零、下偏差为负值的分布。内圈基准孔公差带位于以公称内径 d 为零线的下方，即上偏差为零、下偏差为负值。如图6-4所示。

如果作为基准孔的轴承内圈仍采用基本偏差为 H 的公差带，轴颈也选用光滑圆柱结合国家标准中的公差带，则在配合时，无论选过渡配合（过盈量偏小）还是过盈配合（过盈量偏大），都不能满足轴承工作的需要。若轴颈采用非标准的公差带，又违反了标准化与互换性的原则。为此，国家标准规定：内圈基准孔公差带位于以公称内径 d 为零线的下方。因而这种特殊的基准孔公差带比国家标准 GB/T 1800.1—2020《产品几何技术规范（GPS）线性尺寸公差 ISO 代号体系第 1 部分：公差、偏差和配合的基础》和 GB/T 1800.2—2020《产品几何技术规范（GPS）线标尺寸公差 ISO 代号体系第 2 部分：标准公差带代号和孔、轴的极限偏差表》中基孔制的各种轴公差带构成的配合要紧得多，配合性质向过盈增加的方向转化。

轴承外圈因安装在外壳中，通常不旋转，考虑工作时温度升高会使轴热胀而产生轴向移动，因此两端轴承中有一端应是游动支承，可使外圈与外壳孔的配合稍松一点，使之能补偿轴的热胀伸长量，否则轴产生弯曲会被卡住，就会影响正常运转。为此，规定轴承外圈公差带位于公称外径 D 为零线的下方，与基本偏差为 h 的公差带相类似，但公差值不同。轴承外圈采取这样的基准轴公差带与 GB/T 1800.1—2020 和 GB/T 1800.2—2020 中基轴制配合的孔公差带所组成的配合，基本上保持了 GB/T 1800.1—2020 和 GB/T 1800.2—2020 的配合性质。

滚动轴承的内圈与外圈皆为薄壁零件，在制造与保管过程中极易变形（如变成椭圆形），但当轴承内圈与轴或外圈与外壳孔装配后，如果这种变形不大，极易得到纠正。因此，国家标准对轴承内、外径分别规定了两种尺寸公差及其尺寸的变动量，用于控制自由状态下的变形量。其中对配合性质影响最大的是单一平面平均内（外）径偏差 Δd_{mp}（ΔD_{mp}），即轴承套圈任意横截面内测得的最大直径与最小直径的平均值 d_{mp}（D_{mp}）与公称直径 d（D）的公差必须在极限偏差范围内，因为平均直径是配合时起作用的尺寸。

表 6-1 列出了部分向心轴承 Δd_{mp} 和 ΔD_{mp} 的极限值。

表 6-1　向心轴承 Δd_{mp} 和 ΔD_{mp} 的极限值（GB/T 307.1—2017）

精度等级			0		6		5		4		2	
基本直径/mm			极限偏差/μm									
大于		到	上偏差	下偏差	上偏差	下偏差	上偏差	下偏差	上偏差	下偏差	上偏差	下偏差
内圈		10	18	0	−8	0	−7	0	−5	0	−4	0	−2.5
		18	30	0	−10	0	−8	0	−6	0	−5	0	−2.5
		30	50	0	−12	0	−10	0	−8	0	−6	0	−2.5
外圈		30	50	0	−11	0	−9	0	−7	0	−6	0	−4
		50	80	0	−13	0	−11	0	−9	0	−7	0	−4
		80	120	0	−15	0	−13	0	−10	0	−8	0	−5

● **工作步骤**

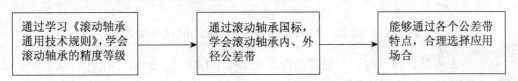

子任务 2　学会滚动轴承与轴和外壳孔的配合及其选择

● 工作任务

明确为使轴承的安装与拆卸方便，对重型机械用的大型或特大型轴承，宜采用什么配合？当轴承的旋转速度较高，又在冲击震动负荷下工作时，轴承与轴和外壳孔最好采用什么样的配合？

● 知识准备

1. 轴和外壳孔公差带的种类

由于在制造时已确定轴承内径和外径公差带，因此，它们与外壳孔、轴颈的配合分别要由外壳孔和轴颈的公差带决定。故选择轴承的配合即确定轴颈和外壳孔的公差带。为了实现各种松紧程度的配合性质要求，GB/T 275—2015《滚动轴承　配合》规定了 0 级和 6（6x）级轴承与轴颈和外壳孔配合时轴颈和外壳孔的常用公差带，对轴颈规定了 17 种公差带，对外壳孔规定了 16 种公差带，如图 6-5 所示。

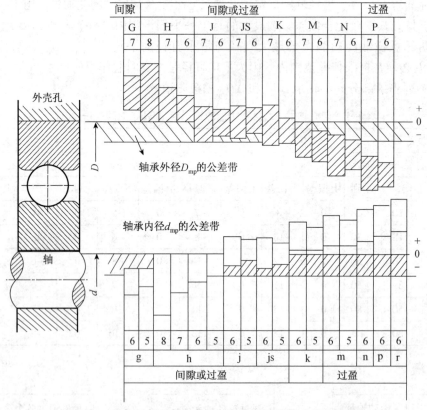

图 6-5　滚动轴承与轴和外壳孔配合的常用公差带关系图

由图 6-5 可见，轴承内圈与轴颈的配合比 GB/T 1800.2—2020 中基孔制同名配合紧一些。轴承外圈与外壳孔的配合与 GB/T 1800.2—2020 中基轴制的同名配合相比较，虽然尺寸公差的代号相同，但配合性质有所不同。

2. 轴和外壳孔与滚动轴承配合的选用

正确地选择配合，对保证轴承的正常运转，延长其使用寿命作用极大。为了使轴承具有较高的定心精度，一般在选择轴承两个套圈的配合时，都偏向紧密。但要防止太紧，因内圈的弹性胀大和外圈的收缩会使轴承内部间隙减小甚至完全消除，并产生过盈，不仅影响正常运转，还会使套圈材料产生较大的应力，以致降低轴承的使用寿命。

选择轴承配合时，要全面地考虑各个主要因素，应以轴承的工作条件、结构类型、尺寸、精度等级为依据，查表确定轴颈和外壳孔的尺寸公差带。表 6–2 ~ 表 6–5 适用于以下情况：

① 主机的旋转精度、运转平衡性、工作温度无特殊要求的安装情况；

② 轴承的外形尺寸、种类等符合有关规定，且公称内径小于或等于 500 mm，公称外径小于或等于 500 mm；

③ 轴承公差符合 0 级、6 （6x） 级；

④ 轴为实心或厚壁钢制轴；

⑤ 外壳为铸钢和铸铁制件；

⑥ 轴承应是具有基本组的径向游隙，另有注解的除外。

表 6–2　安装向心轴承和角接触轴承的轴颈公差带

内圈工作条件		应用举例	深沟球轴承和角接触球轴承	圆柱滚子轴承和圆锥滚子轴承	调心滚子轴承	轴颈公差带
旋转状态	荷载类型		轴承公称内径/mm			
			圆柱孔轴承			
内圈相对于荷载方向旋转或摆动	轻荷载	电器、仪表、机床主轴、精密机械、泵、通风机、传送带	≤18	—	h5	j6[①]
			>18 ~ 100	≤40		k6[①]
			>100 ~ 200	>40 ~ 100		m6[②]
				>100 ~ 200		
	正常荷载	一般机构、电动机、涡轮机、泵、内燃机、变速箱、木工机床	≤18	—	—	j5 或 js5
			>18 ~ 100	≤40	≤40	k5[②]
			>100 ~ 140	>40 ~ 100	>40 ~ 65	m5[②]
			>140 ~ 200	>100 ~ 140	>65 ~ 100	m6
			>200 ~ 280	>140 ~ 200	>100 ~ 140	n6
			—	>200 ~ 240	>140 ~ 280	p6
			—	—	>280 ~ 500	r6
			—	—	>500	s7
	重荷载	铁路车辆和电车的轴箱、牵引电动机、轧机、破碎机等重型机构	—	>50 ~ 140	>50 ~ 100	n6[③]
			—	>140 ~ 200	>100 ~ 140	p6[③]
			—	>200	>140 ~ 200	r6[③]
			—	—	>200	r7[③]

续表

内圈工作条件		应用举例	深沟球轴承和角接触球轴承	圆柱滚子轴承和圆锥滚子轴承	调心滚子轴承	轴颈公差带
旋转状态	荷载类型		轴承公称内径/mm			
内圈相对于荷载方向静止	各类荷载	静止轴上的各种轮子内圈必须在轴向容易移动	所有尺寸			g6①
		张紧滑轮、绳索轮内圈不需在轴向移动	所有尺寸			h6①
纯轴向荷载		所有应用场合	所有尺寸			j6 或 js6
圆锥轴承（带锥形套）						
所有荷载		火车和电车的轴箱	装在退卸套上的所有尺寸			h8（IT6）④
		一般机械或传动轴	装在紧定套上的所有尺寸			h9（IT7）⑤

注：① 对精度有较高要求的场合，应选用 j5、k5 等分别代替 j6、k6 等。

② 单列圆锥滚子轴承和单列角接触球轴承的内部游隙的影响不甚重要，可用 k6 和 m6 分别代替 k5 和 m5。

③ 应选用轴承径向游隙大于基本组游隙的滚子轴承。

④ 凡有较高的精度或转速要求的场合，应选用 h7，轴颈形状公差为 IT5。

⑤ 尺寸≥500mm，轴颈形状公差为 IT7。

表 6-3　安装向心轴承和角接触轴承的外壳孔公差带

外圈工作条件				应用举例	外壳孔公差带①
旋转状态	荷载类型	轴向位移的限度	其他情况		
外圈相对于荷载方向静止	轻、正常和重荷载	轴向容易移动	轴处于高温场合	烘干筒、有调心滚子轴承的大电动机	G7
			剖分式外壳	一般机械、铁路车辆轴箱轴承	H7①
	冲击荷载	轴向能移动	整体式或剖分式外壳	铁路车辆轴箱轴承	J7①
外圈相对于荷载方向摆动	轻和正常荷载			电动机、泵、曲轴主轴承	
	正常和重荷载			电动机、泵、曲轴主轴承	K7①
	重冲击荷载	轴向不移动	整体式外壳	牵引电动机	M7①
外圈相对于荷载方向旋转	轻荷载			张紧滑轮	M7①
	正常和重荷载			装有球轴承的轮毂	N7①
	重冲击荷载		薄壁、整体式外壳	装有滚子轴承的轮毂	P7①

注：① 对精度有较高要求的场合，应选用 P6、N6、M6、K6、J6 和 H6 分别代替 P7、N7、M7、K7、J7 和 H7，并应同时选用整体式外壳。

② 对于轻合金外壳，应选择比钢或铸铁外壳较紧的配合。

表6-4 安装推力轴承的轴颈公差带

轴圈工作条件		推力球和圆柱滚子轴承	推力调心滚子轴承	轴颈公差带
		轴承公称内径/mm		
纯轴向荷载		所有尺寸	所有尺寸	j6 或 js6
径向和轴向联合荷载	轴圈相对于荷载方向静止	—	≤250	j6
		—	>250	js6
	轴圈相对于荷载方向旋转或摆动	—	≤200	k6
		—	>200 ~ 400	m6
		—	>400	n6

表6-5 安装推力轴承的外壳孔公差带

座圈工作条件		轴承类型	外壳孔公差带
纯轴向荷载		推力球轴承	H8
		推力圆柱滚子轴承	H7
		推力调心滚子轴承	①
径向和轴向联合荷载	座圈相对于荷载方向静止或摆动	推力调心滚子轴承	H7
	座圈相对于荷载方向旋转		M7

注：① 外壳孔与座圈间的配合间隙为 $0.001D$，D 为外壳孔直径。

在确定轴承配合时，可参照表6-2～表6-5对轴颈的公差带和外壳孔公差带进行选择，同时应综合考虑以下因素。

（1）套圈与荷载方向的关系。

① 套圈相对于荷载方向静止。此种情况是指方向固定不变的定向荷载（如齿轮传动力、传动带拉力、车削时的径向切削力）作用于静止的套圈。如图6-6（a）中不旋转的外圈和图6-6（b）中不旋转的内圈皆受到方向始终不变的 F_r 的作用。减速器转轴两端轴承外圈、汽车与拖拉机前轮（从动轮）轴承内圈受力就是这种情况。此时套圈相对于荷载方向静止的受力特点是荷载集中作用，套圈滚道局部容易产生磨损。

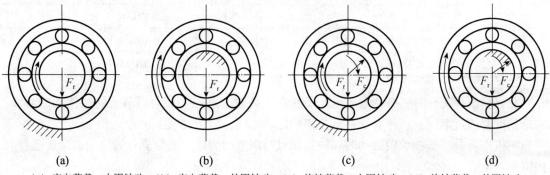

（a）定向荷载、内圈转动；（b）定向荷载、外圈转动；（c）旋转荷载、内圈转动；（d）旋转荷载、外圈转动

图6-6 轴承套圈与荷载的关系

② 套圈相对于荷载方向旋转。此种情况是指旋转荷载（如旋转工件上的惯性离心力、旋转镗杆上作用的径向切削力等）依次作用在套圈的整个滚道上。如图 6-6（a）中 F_r 对旋转内圈和图 6-6（b）中 F_r 对旋转外圈的作用，此时套圈相对于荷载方向旋转的受力特点是荷载呈周期性作用，套圈滚道产生均匀磨损。

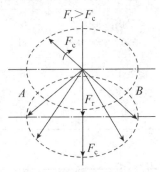

图 6-7　相对于荷载摆动的区域

③ 套圈相对于荷载方向摆动。当由定向荷载与旋转荷载所组成的合成径向荷载作用在套圈的部分滚道上时，该套圈便相对于荷载方向摆动。如图 6-6（c）和图 6-6（d）所示，轴承套圈受到定向荷载 F_r 和旋转荷载 F_c 的同时作用，二者的合成荷载将由小到大，再由大到小地周期性变化。当 $F_r>F_c$ 时（图 6-7），合成荷载就在 AB 弧区域内摆动，不旋转的套圈就相对于荷载方向摆动，而旋转的套圈则相对于荷载方向旋转。当 $F_r<F_c$ 时，合成荷载沿着圆周变动，不旋转的套圈就相对于荷载方向旋转，而旋转的套圈则相对于荷载方向摆动。

由此可知，套圈相对于荷载方向的状态不同（静止、旋转、摆动），荷载作用的性质亦不相同。相对静止状态呈局部荷载作用；相对旋转状态呈循环荷载作用；相对摆动状态呈摆动荷载作用。一般来说，受循环荷载作用的套圈与轴颈（或外壳孔）的配合应选得较紧一些；而承受局部荷载作用的套圈与外壳（或轴颈）的配合应选得松一些（既可避免轴承局部磨损，又可使装配拆卸方便）；而承受摆动荷载的套圈与承受循环荷载作用的套圈在配合要求上可选得稍松一点。

（2）荷载的大小。

选择滚动轴承与轴颈和外壳孔的配合还与荷载的大小有关。GB/T 275—2015 根据当量径向动荷载 P_r 与轴承产品样本中规定的额定动荷载 C_r 的比值大小，将负荷状态分为轻荷载、正常荷载和重荷载三种类型（表 6-6）。选择配合时，应逐渐变紧。这是因为在重荷载和冲击荷载的作用下，为了防止轴承产生变形和受力不均，引起配合松动，随着荷载的增大，过盈量应选得较大，承受变化荷载应比承受平稳荷载的配合选得较紧一些。

表 6-6　荷载的类型及大小

荷载大小	P_r/C_r
轻荷载	≤0.07
正常荷载	>0.07～0.15
重荷载	>0.15

总之，选择配合时，要考虑轴承套圈相对于荷载的状况：相对荷载旋转或摆动的套圈，应选择配合或过渡配合；相对于荷载方向固定的套圈，应选择间隙配合。

当以不可分离型轴承做游动时，应以相对荷载方向为固定的套圈作为游动套圈，选择间隙或过渡配合。

随着轴承尺寸的增大，所选择的过盈配合的过盈越大，间隙配合的间隙越大。

采用过盈配合会导致轴承游隙的减小，应检验安装后轴承的游隙是否满足使用要求，以便正确选择配合及轴承游隙。

（3）径向游隙。

轴承的径向游隙按 GB/T 4604.1—2012 规定，分为 2、0、3、4、5 五组，游隙依次由小到大，0 组为基本游隙。

游隙大小必须合适，过大不仅使转轴发生较大的径向跳动和轴向窜动，还会使轴承产生较大的振动和噪声。过小又会使轴承滚动体与套圈间产生较大的接触应力，使轴承摩擦发热而降低寿命，故游隙大小应适度。

在常温状态下工作的具有基本组径向游隙的轴承（供应的轴承无游隙标记，即是基本组游隙），按表选取轴颈和外壳孔公差带一般都能保证有适度的游隙。但如因重荷载轴承内径选取过盈量较大的配合，则为了补偿变形引起的游隙过小，应选用大于基本组游隙的轴承。

（4）其他因素。

① 温度的影响。因轴承摩擦发热和其他热源的影响，轴承套圈的温度高于配件的温度时，内圈与轴颈的配合将会变松，外圈与壳孔的配合将会变紧。当轴承工作温度高于100 ℃时，应对所选定的配合适当修正（减小外圈与外壳孔的配合过盈，增加内圈与轴颈的配合过盈）。

② 转速的影响。对于转速高又承受冲击动荷载作用的滚动轴承，轴承与轴颈和外壳孔的配合应选用过盈配合。

③ 公差等级的协调。轴颈和外壳孔公差等级应与轴承公差等级相协调。如 0 级轴承配合轴颈一般为 IT6，外壳孔则为 IT7；对旋转精度和运动平稳性有较高要求的场合（如电动机），轴颈为 IT5 时，外壳孔为 IT6。

采取类比法选择轴颈和外壳孔的公差带时，可参考表 6-2 ~ 表 6-5 所列条件进行。

滚针轴承外壳孔材料为钢或铸铁时，尺寸公差带可选用 N6；为轻合金时，可选用比 N6 略松的公差带。轴颈尺寸公差有内圈时，可选用 k5（或 j6），无内圈时可选用 h5（或 h6）。

3. 配合表面的其他技术要求

为了保证轴承的正常工作，不仅要正确选择轴承与轴颈和外壳孔的公差等级及配合，还应对轴颈和外壳孔的几何公差及表面粗糙度提出要求。

轴承套圈为薄壁件，装配后靠轴颈和外壳孔校正。为保证轴承正常工作，应对轴颈和外壳孔表面提出圆柱度要求。为保证轴承具有较高的旋转精度，应规定与套圈端面接触的轴肩及外壳孔肩的轴向圆跳动公差。表面粗糙度情况直接影响着配合质量和连接强度，所以应对与轴承内外圈配合表面的表面粗糙度提出较高的要求。

轴颈和外壳孔的几何公差与表面粗糙度可参照表 6-7 和表 6-8 选择，但必须强调：为避免套圈安装后轴颈或外壳孔产生变形，轴颈、外壳孔应采用包容要求，并规定更严的圆柱度公差。

表 6-7 轴颈与外壳孔的几何公差

公称尺寸 /mm		圆柱度				端面圆跳动			
		轴颈		外壳孔		轴肩		外壳孔肩	
		轴承公差等级							
		0	5 (5x)	0	6 (5x)	0	6 (6x)	0	5 (6x)
通过	到	公差值/μm							
—	6	2.5	1.5	4	2.5	5	3	8	5
6	10	2.5	1.5	4	2.5	6	4	10	6
10	18	3.0	2.0	5	3.0	8	5	12	8
18	30	4.0	2.5	6	4.0	10	6	15	10
30	50	4.0	2.5	7	4.0	12	8	20	12
50	80	5.0	3.0	8	5.0	15	10	25	15
80	120	6.0	4.0	10	6.0	15	10	25	15
120	180	8.0	5.0	12	8.0	20	12	30	20
180	250	10.0	7.0	14	10.0	20	12	30	20
250	315	12.0	8.0	16	12.0	25	15	40	25
315	400	13.0	9.0	18	13.0	25	15	40	25
400	500	15.0	10.0	20	15.0	25	15	40	25

表 6-8 配合面的表面粗糙度

轴或轴承座直径/mm		轴或外壳配合面直径公差等级								
		IT7			IT6			IT5		
		表面粗糙度/μm								
超过	到	Rz	Ra		Rz	Ra		Rz	Ra	
			磨	车		磨	车		磨	车
—	80	10	1.6	3.2	6.3	0.8	1.6	4	0.4	0.8
80	500	16	1.6	3.2	10	1.6	3.2	6.3	0.8	1.6
端面		25	3.2	6.3	25	3.2	6.3	10	1.6	3.2

4. 滚动轴承配合选择实例

图 6-8 (a) 所示为直齿圆柱齿轮减速器输出轴轴颈的部分装配图,已知该减速器的功率为 5 kW,从动轴转速为 83 r/min,其两端的轴承为 6211 深沟球轴承($d = 55$ mm,$D = 100$ mm),齿轮的模数为 3 mm,齿数 79。试确定轴颈和外壳孔的公差带代号(尺寸极限偏差)、几何公差值和表面粗糙度参数值,并将它们分别标注在装配图和零件图上。

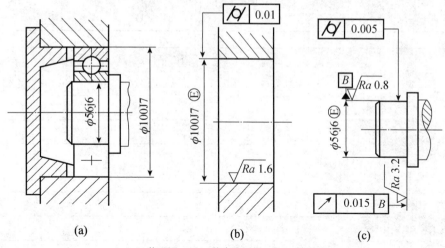

（a）装配图；（b）外壳孔图样；（c）轴图样

图 6-8　轴颈与外壳孔在图样上的标注示例

① 减速器属于一般机械，轴的转速不高，所以选用 0 级轴承。

② 该轴承承受定向荷载的作用，内圈与轴一起旋转，外圈安装在剖分式壳体中，不旋转。因此：内圈相对于荷载方向旋转，它与轴颈的配合应较紧；外圈相对于荷载方向静止，它与外壳孔的配合应较松。

③ 按轴承的工作条件，由经验计算公式（参见《机械工程手册》第 29 篇　轴承中的计算）并经单位换算，求得该轴承的当量径向荷载 P_r 为 883 N，查得 6211 球轴承的额定动荷载 C_r 为 43.2 kN，则 $P_r/C_r = 0.020\ 4$，小于 0.07。故轴承的荷载类型属于轻荷载。

④ 按轴承的工作条件，从表 6-2 和表 6-3 中选取轴颈公差带为 $\phi56j6$（基孔制配合），外壳孔公差带为 $\phi100J7$（基轴制配合）。

⑤ 按表 6-7 选取几个公差值：轴颈圆柱度公差 0.005 mm，轴肩轴向圆跳动公差 0.015 mm，外壳孔圆柱公差 0.01 mm。

⑥ 按表 6-8 选取轴颈和外壳孔的表面粗糙度参数值：轴颈 $Ra \leqslant 0.8$ μm，轴肩端面 $Ra \leqslant 3.2$ μm，外壳孔 $Ra \leqslant 1.6$ μm。

⑦ 将确定好的上述公差标注在图样上，如图 6-8（b）、（c）所示。

由于滚动轴承是外购的标准部件，因此，只需在装配图上注出轴颈和外壳孔的公差带代号，如图 6-8（a）所示。轴和外壳孔上的标注如图 6-8（b）、（c）所示。

● **工作步骤**

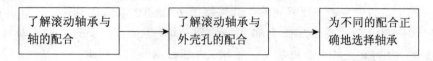

工作评价与反馈

滚动轴承公差带及配合选择		任务完成情况		
		全部完成	部分完成	未完成
自我评价	子任务1			
	子任务2			
工作成果 (工作成果形式)				
任务完成心得				
任务未完成原因				
本项目教与学存在的问题				

巩固与提高

一、选择题

1. 滚动轴承的精度等级分5级,其中_____称为普通级。

A. P5 　　　　B. P0 　　　　C. P2

2. 一般来说,受循环负荷作用的套圈与轴颈(或外壳孔)配合应选_____。

A. 紧一些 　　　　B. 松一些 　　　　C. 不能确定

二、判断题

1. 滚动轴承在重负荷下轴承游隙应选大于0组。　　　　　　　　　　　( )

2. 轴承内圈与轴的配合比 GB/T 1800.2—2020 中基孔制同名配合要紧一些。( )

三、填空题

1. 滚动轴承是标准部件,一般由_____、_____、_____和_____组成。

2. P0级轴承配合的轴径一般为_____级,外壳孔为_____级。

四、简答题

1. 滚动轴承与轴和外壳孔配合采用哪种基准制?

2. 滚动轴承内径的公差带有何特点?

五、综合实训题

1. 有一批生产的直齿轮减速器输出轴上安装有6208/P0深沟球轴承,经计算得知当量径向动负荷为1 500 N,工作温度低于60 ℃,内圈与轴一块旋转。试选择轴承与轴及外壳孔配合的公差带、几何公差及表面粗糙度,并标注在装配图和零件图上。

2. 大众轿车齿轮变速箱输出轴前轴用轻系列深沟球轴承,$d=50$ mm,试用类比法确定滚动轴承的精度等级、型号以及与轴、外壳孔结合的公差带,并画出配合公差带图。

键连接的互换性及检测

▶ 项目导学

平键连接和花键连接是可拆连接，广泛应用于轴和轴上传动件之间的连接，用以传递扭矩或作为轴上传动件的导向件。

键又称单键，常用于连接轴以及齿轮、带轮、联轴器等轴上零件。键可分为平键、半圆键、切向键和楔形键等几种，具有结合紧凑、简单、可靠、拆装方便、容易加工等特点，其中平键应用最为广泛。

花键是把多个键和轴制成一个整体，在机床、汽车等机械行业中得到广泛应用。花键分为内花键（花键孔）和外花键（花键轴）。按截面形状可分为矩形花键、渐开线花键。花键连接能够传递较大的扭矩，定心精度高，导向性好，连接可靠。

本项目只讨论平键和矩形花键。

▶ 学习目标

认知目标： 了解平键、矩形花键结合的种类与特点；掌握平键和矩形花键连接的公差与配合的特点；掌握矩形花键连接的定心方式；了解平键与矩形花键的标注。

情感目标： 通过对键连接的互换性与检测方法的掌握，培养学生严谨务实、具备经济成本意识的职业素养。

技能目标： 会合理地选用平键连接、花键连接的公差配合；能正确地在图样上标注平键连接、花键连接。

TASK 任务 1

平键连接的互换性及检测

情境导入

维修厂小李师傅发现减速器中的轴在使用中损坏，需对该轴进行测绘并重新加工，在课堂上展示所加工零件的图片及零件图纸，请同学们讨论，在测绘过程中怎样确定轴中平键轴的标准尺寸？轴重新加工后怎样检测平键槽是否合格？从本任务开始，我们将学习平键连接的互换性与检测。

任务要求

理解并能运用平键连接的基本知识确定平键连接的公称尺寸并进行标注，能对平键槽进行表面粗糙度及几何公差标注，能对平键进行检测。

子任务 1　学会平键连接的极限与配合

● 工作任务

设计如图 7-1 所示减速器输出轴两处平键槽的尺寸，选择该平键连接的极限与配合。

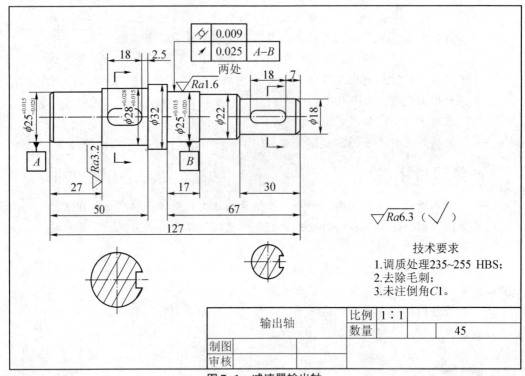

图 7-1　减速器输出轴

● 知识准备

1. 平键连接的特点

平键连接是通过键的侧面与轴槽和轮毂槽的侧面相互接触来传递扭矩的。国家标准规定的键和键槽的剖面尺寸如图 7-2 所示。其中，键和键槽宽度 b 是主要配合尺寸，通过选择其不同配合性质，可分别用作固定连接和轴向滑动导向连接，应规定较高的公差精度。而其他尺寸均为非配合尺寸，规定有较松的间隙配合公差。如键高 h 的上、下面与键槽底面间具有 0.2～0.5 mm 的间隙，以免影响轴与轮毂间所确定的配合性质。

键是一种标准件，是平键连接中的"轴"，所以键连接采用基轴制配合。在设计平键连接时，当轴径 d 确定后，根据 d 就可确定平键的规格参数，见表 7-1。

2. 平键连接的极限与配合

按照键宽和键槽宽配合的松紧不同，普通平键连接分为较松连接、一般连接和较紧连接。按 GB/T 1096—2003《普通型　平键》要求，从 GB/T 1800.2—2020《产品几何技术规范（GPS）线性尺寸公差 ISO 代号体系

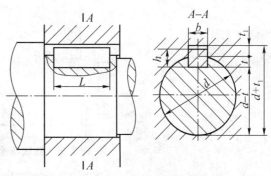

图 7-2　键和键槽的剖面尺寸

第 2 部分：标准公差带代号和孔、轴的极限偏差表》中选取公差带，对键宽规定一种公差带，对轴槽宽和轮毂槽宽各规定三种公差带，构成三组配合，以满足不同的用途。键宽与槽宽 b 的公差带如图 7-3 所示，三组配合的应用情况见表 7-2。

表 7-1　平键、键槽剖面尺寸及键槽公差　　　　　（单位：mm）

轴颈	键	键 槽										
		宽度 b					轴槽深 t		毂槽深 t_1		半径 r	
		键宽 b	轴槽宽与毂槽宽的极限偏差									
			较松连接		一般连接		较紧连接					
公称直径 d	公称尺寸 $b×h$		轴 H9	毂 D10	轴 N9	毂 JS9	轴和毂 P9	公称	偏差	公称	偏差	最小	最大
6~8	2×2	2	+0.0250	+0.006	-0.006	±0.0125	-0.006	1.2		1			
8~10	3×3	3	-0.020	-0.020	-0.029		-0.031	1.8		1.4			
10~12	4×4	4	+0.0300	+0.078	0	±0.015	-0.012	2.5	+0.10	1.8	+0.10		
12~17	5×5	5		+0.030	-0.030		-0.042	3.0		2.3			
17~22	6×6	6						3.5		2.8			
22~30	8×7	8	+0.0360	+0.098	0	±0.018	-0.015	4.0		3.3		0.16	0.25
30~38	10×8	10		+0.040	-0.036		-0.051	5.0		3.3			
38~44	12×8	12	+0.0430	+0.120	0	±0.0215	-0.018	5.0		3.3			
44~50	14×9	14		+0.050	-0.043		-0.061	5.5		3.8		0.25	0.40
50~58	16×10	16						6.0	+0.20	4.3	+0.20		
58~65	18×11	18						7.0		4.4			
65~75	20×12	20	+0.0520	+0.149	0	±0.026	-0.022	7.5		4.9			
75~85	22×14	22		+0.065	-0.052		-0.074	9.0		5.4		0.40	0.60
85~90	25×14	25						9.0		5.4			
90~110	28×16	28						10.0		6.4			

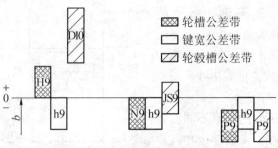

图 7-3　键宽与槽宽 b 的公差带

表 7-2　平键连接的三种配合及应用

配合种类	尺寸 b 的公差			配合性质及应用
	键	轴槽	轮毂槽	
较松连接	h9	H9	D10	键在轴上及轮毂中均能滑动，主要用于导向平键，轮毂可在轴上做轴向移动
一般连接				
较紧连接		N9	JS9	键在轴上及轮毂中均匀固定，用于荷载不大的场合
		P9	P9	键在轴上及轮毂中均匀固定，而比一般连接配合更紧，主要用于荷载较大、荷载具有冲击性以及双向传递扭矩的场合

平键连接的非配合尺寸中，轴槽深 t 和毂槽深 t_1 的公差见表 7-1，键高 h 的公差采用 h11，键长 L 的公差采用 h14，轴键槽长度的公差采用 H14。

● **工作步骤**

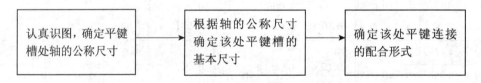

认真识图，确定平键槽处轴的公称尺寸 ⟶ 根据轴的公称尺寸确定该处平键槽的基本尺寸 ⟶ 确定该处平键连接的配合形式

子任务2　选用、标注及检测平键连接的几何公差和表面粗糙度

● **工作任务**

标注图 7-1 所示减速器输出轴的平键槽的几何公差和表面粗糙度，并确定检测方法。

● **知识准备**

1. 平键连接的几何公差和表面粗糙度的选用及图样标注

平键连接的非配合尺寸中，还应考虑其配合表面的几何公差和表面粗糙度。

为保证键侧与键槽之间有足够的接触面积且容易装配，应分别对轴槽和毂槽的中心平面规定对称度公差。对称度公差等级按 GB/T 1184—1996《形状和位置公差　未注公差值》确定，一般配合取 7~9 级。对称度公差的主要参数是键宽 b。

当键的长度 L 与键宽 b 之比 $L/b \geqslant 8$ 时，应对键的两工作侧面在长度方向上的平行度进行要求，平行度公差也按 GB/T 1184—1996《形状和位置公差　未注公差值》选取：当 $b \leqslant 6$ mm 时，平行度公差等级取 7 级；当 6 mm$<b<$36 mm 时，平行度公差取 6 级；当 $b \geqslant 40$ mm 时，平行度公差等级取 5 级。

键和键槽配合面的表面粗糙度值 Ra 一般取 1.6 ~ 6.3 μm，非配合表面的 Ra 取 12.5 μm。轴槽和毂槽的剖面尺寸、几何公差及表面粗糙度在图样上的标注如图 7-4 所示。

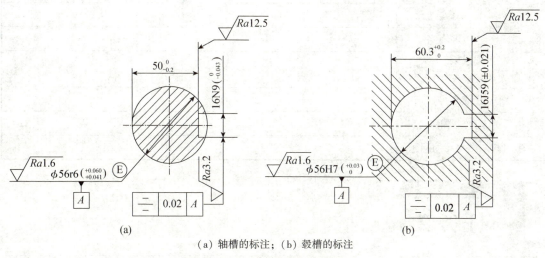

（a）轴槽的标注；（b）毂槽的标注

图 7-4　轴槽与毂槽的标注

2. 平键的检测

对于平键连接，需要检测的项目有键宽，轴槽和轮毂槽的宽度、深度，以及槽的对称度。

（1）键和键宽。

在单件小批量生产时，一般采用通用计量器具（如千分尺、游标卡尺）测量；在大批量生产时，用极限量规控制。

（2）轴槽和轮毂槽深。

在单件小批量生产时，一般用游标卡尺或外径千分尺测量轴槽尺寸，用游标卡尺或内径千分尺测量轮毂尺寸；在大批量生产时，应用专用量规进行测量，如轮毂槽深度极限量规和轴槽深度极限量规。

（3）键槽对称度。

在单件小批量生产时，可用分度头、型块和百分表测量；在大批量生产时，一般用综合量规检测，如对称度极限量规，只要量规通过即为合格。

● **工作步骤**

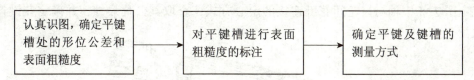

工作评价与反馈

平键连接的互换性及检测		任务完成情况		
		全部完成	部分完成	未完成
自我评价	子任务1			
	子任务2			
工作成果 (工作成果形式)				
任务完成心得				
任务未完成原因				
本项目教与学存在的问题				

T ASK

任务 2

花键连接的互换性及检测

情境导入

　　正安机械厂需要对损坏设备进行维修,发现机床中一花键轴损坏,需对该轴进行测绘并重新加工,在课堂上展示所加工零件的图片,请同学们讨论,在测绘过程中,应怎样确定花键轴中花键的标准尺寸?花键轴重新加工后,怎样检测合格性?本任务将介绍花键连接的互换性与检测。

任务要求

　　理解并能运用花键连接的基本知识,确定花键连接定心方式,对公称尺寸、表面粗糙度及几何公差进行标注,并进行检测。

子任务 1　学会矩形花键的极限与配合

● 工作任务

　　确定图 7-5 中轴与齿轮间花键连接的定心方式,查取其公称尺寸,并确定花键连接的极限及配合。

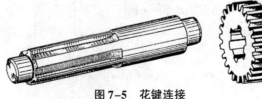

图 7-5　花键连接

● **知识准备**

1. 花键连接的特点

花键是把多个键和轴制成一个整体，花键连接是通过花键孔和花键轴作为连接件，用以传递扭矩和轴向移动的。与平键连接相比，花键连接具有定心精度高、导向性能好、承载能力强等优点，在机床、汽车等机械行业中得到广泛应用。

花键连接的类型较多，按键的轮廓形状不同分为矩形花键、渐开线花键及三角形花键。本任务就矩形花键进行详细讲解。

2. 矩形花键的主要参数和定心方式

GB/T 1144—2001《矩形花键尺寸、公差和检验》规定了矩形花键的主要尺寸有小径 d、大径 D、键宽和键槽宽 B，如图7-6所示，其尺寸见表7-3。

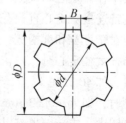

图7-6 矩形花键的主要几何参数

表7-3 矩形花键的尺寸系列 （单位：mm）

小径 d	轻系列				中系列			
	规格	键数 N	大径 D	键宽 B	规格	键数 N	大径 D	键宽 B
11					6×11×14×3		14	3
13					6×13×16×3.5		16	3.5
16					6×16×20×4		20	4
18					6×18×22×5		22	5
21					6×21×25×5	6	25	5
23	6×23×26×6		26	6	6×23×28×6		28	6
26	6×26×30×6	6	30	6	6×26×32×6		32	6
28	6×28×32×7		32	7	6×28×34×7		34	7
32	8×32×36×6		36	6	8×32×38×7		38	6
36	8×36×40×7		40	7	8×36×42×7		42	7
42	8×42×46×8		46	8	8×42×48×8		48	8
46	8×46×50×9	8	50	9	8×46×54×9	8	54	9
52	8×52×58×10		58	10	8×52×60×10		60	10
56	8×56×62×10		62	10	8×56×65×10		65	10
62	8×62×68×12		68	12	8×62×72×12		72	12
72	10×72×78×12		78	12	10×72×82×12		82	12
82	10×82×88×12		88	12	10×82×92×12		92	12
92	10×92×98×14	10	98	14	10×92×102×14	10	102	14
102	10×102×108×16		108	16	10×102×112×16		112	16
112	10×112×120×18		120	18	10×112×125×18		125	18

　　为了便于加工和测量，矩形花键的键数为偶数，即 6、8、10 三种。按承载能力不同，矩形花键可分为中、轻两个系列。中系列的键高尺寸较大，承载能力强；轻系列的键高尺寸较小，承载能力较差。

　　矩形花键连接有三个结合面，即大径、小径和键侧。确定配合性质的结合面称为定心表面，理论上每个结合面都可作为定心表面，所以矩形花键的定心方式有三种：按大径 D 定心、按小径 d 定心和按键宽 B 定心。

　　花键连接对定心直径有较高的精度要求，对非定心直径的精度要求较低，且有较大的间隙；但对于键宽和键槽宽，必须有足够的精度，以保证传递扭矩和导向的功能要求。

　　当按大径定心时，内花键定心表面的精度依靠拉刀来保证，而当内花键定心表面硬度要求高时，如 40 HRC 以上，热处理后的变形难以用拉刀修正；当内花键定心表面的粗糙度要求较高时，如 $Ra<0.63\ \mu m$，用拉削工艺很难保证达到要求；在单件、小批量生产以及大规格的花键中，内花键也难以使用拉削工艺（因为这种加工方法经济性不好）。

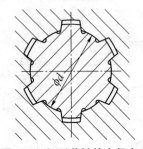

图 7-7　矩形花键的小径定心

　　采用小径定心时，热处理后的变形可用内圆磨修复，而且内圆磨可达到更高的尺寸精度和更高的表面粗糙度要求。同时，外花键小径精度可用成形磨削保证，所以小径定心能保证定心精度高，定心稳定性好，且使用寿命长，更有利于产品质量的提高。所以，GB/T 1144—2001《矩形花键尺寸、公差和检验》中规定矩形花键以小径的结合面为定心表面，即小径定心，如图 7-7 所示。

　　3. 矩形花键连接的极限与配合

　　矩形花键连接按其使用要求分为一般级和精密级两种。精密级用于机床变速箱中，其定心精度要求高，或传递扭矩较大；一般级适用于汽车、拖拉机的变速箱中。内、外花键的尺寸公差带和装配形式如表 7-4 所示。

表 7-4　矩形花键的尺寸公差带（GB／T 1144—2001）

内花键				外花键			装配形式
d	D	B		d	D	B	
		拉削后不热处理	拉削后热处理				
一般用							
H7	H10	H9	H11	f7	a11	d10	滑动
				g7		f9	紧滑动
				h7		h10	固定
精密传动用							
H5	H10	H7、H9		f5	a11	d8	滑动
				g5		f7	紧滑动
				h5		h8	固定
H6				f6		d8	滑动
				g6		f7	紧滑动
				h6		h8	固定

　　注：精密传动用的内花键，当需要控制键侧配合间隙时，槽宽可选用 H7，一般情况可选用 H9。
　　　　当内花键公差带为 H6 和 H7 时，允许与提高一级的外花键配合。

矩形花键连接采用基孔制配合，这是为了减少加工和检验内花键拉刀与花键量规的规格及数量。矩形花键按松紧程度递增依次分为滑动配合、紧滑动配合和固定配合三种。当花键孔在花键轴上无轴向移动，而传递扭矩较大时，选用固定配合；当移动频率高且移动的距离长时，应选用配合间隙较大的滑动连接，以保证运动灵活性，并使配合面间有足够的润滑油层，如汽车、拖拉机等变速箱中的变速齿轮与轴的连接；当内、外花键之间虽有相对滑动，但定心精度要求高，传递扭矩大，或经常反向转动时，则应选用配合间隙较小的紧滑动连接。三种配合均为间隙配合，但由于受形位误差影响，配合变紧。

● **工作步骤**

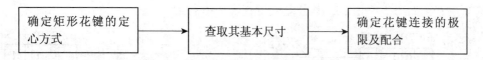

● **工作任务**

确定图 7-5 所示轴与齿轮间花键连接中花键轴和齿轮花键孔的几何公差和表面粗糙度，并确定检测方法。

● **知识准备**

1. 矩形花键连接的几何公差和表面粗糙度要求
（1）几何公差要求。

内、外花键是具有复杂表面的结合件，且键长与键宽的比值较大，为保证花键连接质量，要对其形位误差加以控制。

在大批量生产的条件下，为了便于采用综合量规进行检验，花键的几何公差主要是控制键（键槽）的位置度误差（包括等分度误差和对称度误差），并遵守最大实体原则。其标注方法如图 7-8 所示，其公差值可根据键（键槽）宽及配合性质查表 7-5 得出。

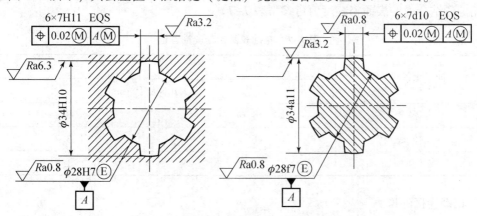

图 7-8　矩形花键的位置度公差标注

表 7–5 矩形花键位置度公差 t_1 (单位：mm)

键槽宽或键宽 B			3	3.5 ~ 6.0	7 ~ 10	12 ~ 18
t_1	键槽宽		0.010	0.015	0.020	0.025
	键宽	滑动、固定	0.010	0.015	0.020	0.025
		紧滑动	0.006	0.010	0.013	0.016

对于较长的花键，可以根据要求自行规定键侧面对花键轴线的平行度公差，标准未对其数值作出规定，可根据产品性能要求自行规定。

对于单件或小批量生产矩形花键而没有专用量规时，可标注对称度公差，以便做单项测量，其标注方法如图 7–9 所示，其公差值可查表 7–6 得出。

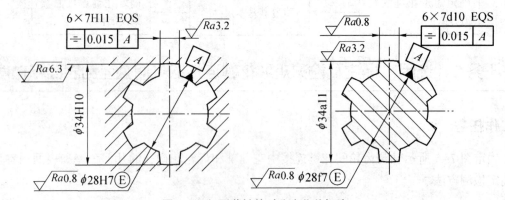

图 7–9 矩形花键的对称度公差标注

表 7–6 矩形花键对称度公差 t_z (单位：mm)

键槽宽或键宽 B		3	3.5 ~ 6.0	7 ~ 10	12 ~ 18
t_z	一般用	0.010	0.012	0.015	0.018
	精密传动用	0.006	0.008	0.009	0.011

花键的等分度公差值与对称度公差值相同。

（2）表面粗糙度要求。

花键各结合面的表面粗糙度值可参考表 7–7。

表 7–7 花键表面粗糙度推荐值

加工表面	内花键	外花键
	Ra 不大于/μm	
小径	1.6	0.8
大径	6.3	3.2
键侧	6.3	1.6

2. 花键连接的检测

（1）大批量生产时，采用花键综合量规来检验矩形花键，因此键宽需要遵守最大实体要求。对键和键槽，只需要规定位置公差。

（2）在单件或小批量生产时，对键（键槽）宽规定对称度公差和等分度公差，并遵守独立原则，两者同值。

（3）对于较大的花键，国家标准未作出规定，可根据产品性能自行规定键（键槽）侧对小径 d 轴线的平行度公差。大批量生产时，因为键和键槽的位置误差包括其中心平面相对于定心轴线的对称度、等分度及键（键槽）侧面对定心轴线的平行度误差，故可规定位置公差进行综合控制，并采用最大实体原则，用综合量规检验。因此，图样上标注了位置公差，就不必再标注对称度公差。单件或小批量生产时，采用单项测量，应规定对称度公差和等分度公差，并遵守独立原则。

● **工作步骤**

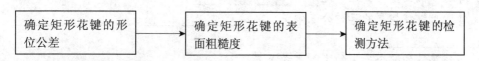

确定矩形花键的形位公差 → 确定矩形花键的表面粗糙度 → 确定矩形花键的检测方法

工作评价与反馈

花键连接的互换性及检测		任务完成情况		
		全部完成	部分完成	未完成
自我评价	子任务 1			
	子任务 2			
工作成果 （工作成果形式）				
任务完成心得				
任务未完成原因				
本项目教与学存在的问题				

巩固与提高

一、选择题

1. 外花键的基本偏差是_____。

　　A. ES　　　　　　　B. EI　　　　　　　C. es　　　　　　　D. ei

2. 内花键的基本偏差是_____。

　　A. ES　　　　　　　B. EI　　　　　　　C. es　　　　　　　D. ei

3. 国家标准对内、外花键规定了_____。

　　A. 大径公差带　　　　　　　　　　　B. 小径公差带

　　C. 键与键槽宽公差带

二、判断题

1. 普通平键连接中，键与键槽宽是主要配合尺寸。 （　　）
2. 矩形花键按国家标准要求应采用小径定心。 （　　）
3. 国家标准对普通平键主要配合尺寸规定了三种公差带。 （　　）
4. 矩形花键的配合采用基轴制。 （　　）
5. 矩形花键的公差分为一般用和精密传动用。 （　　）

三、填空题

1. 国家标准对普通平键主要配合尺寸规定了三种连接形式，它们是＿＿＿＿＿＿＿、＿＿＿＿＿＿＿＿＿、＿＿＿＿＿＿＿＿＿。
2. 相互结合的内、外花键采用的基准制是＿＿＿＿＿＿＿＿＿＿。
3. 普通平键键宽的公差带是＿＿＿＿＿＿＿＿＿。
4. 普通平键键槽宽的三种公差带是＿＿＿＿＿＿＿＿＿、＿＿＿＿＿＿＿＿＿、＿＿＿＿＿＿＿＿＿。
5. 矩形花键的配合采用的定心方式是＿＿＿＿＿＿＿＿＿。

四、简答题

1. 为什么平键连接只对键（键槽）宽规定较严的公差？
2. 平键连接有几种配合类型？它们应用在什么场合？
3. 矩形花键有哪些主要参数？定心方式有哪几种？哪种方式最常用？为什么？

螺纹连接的互换性

▶ 项目导学

螺纹在机械制造和仪器制造中应用十分广泛，是一种典型的具有互换性的连接结构。它由相互结合的内、外螺纹组成，通过相互旋合及牙侧面的接触作用来实现零部件的连接、紧固和相对位移等功能。螺纹连接按不同用途可分为紧固螺纹、传动螺纹和紧密螺纹。连接螺纹要求螺纹牙侧面接触均匀紧密、连接可靠、装拆方便，是使用最广泛的一种螺纹结合形式。

▶ 学习目标

认知目标：

掌握螺纹连接的分类和使用要求；了解普通螺纹的基本牙型和主要几何参数；了解普通螺纹的几何参数误差对螺纹连接性能的影响；掌握作用尺寸中径的概念；了解普通螺纹的公差、配合的标准规定；掌握普通螺纹公差的标注方法。

情感目标：

通过对螺纹连接相关知识的学习，培养学生扎实、严谨的工作态度，具备节约、经济的职业素养。

技能目标：

会合理地选用螺纹的公差配合；能正确地在图样上标注。

TASK 任务1

掌握普通螺纹的主要几何参数及其对互换性的影响

情境导入

第一机床厂需要购入一批螺栓、螺母，在课堂上展示螺纹零件的图片，请同学们讨论，螺纹的用途是什么？有哪些种类？同样规格的合格螺纹，不经挑选就能实现互换，那么螺纹的哪些几何参数影响其互换性？普通螺纹主要有哪些几何参数？本任务将介绍这些内容。

任务要求

掌握螺纹连接的分类和使用要求；掌握普通螺纹的基本牙型和主要几何参数；了解普通螺纹的几何参数对互换性的影响。

子任务1 学会螺纹的种类和主要几何参数

● 知识准备

1. 螺纹的种类和用途

螺纹在机械产品中的应用极为广泛。螺纹按用途分为紧固螺纹、传动螺纹和紧密螺纹三大类。

紧固螺纹又称连接螺纹，如图8-1所示，主要用于紧固和连接零件。对该类螺纹的主要要求是旋合性和连接强度。即从同样公称直径、同样螺纹规格的螺栓和螺母中，不经挑选任取一个，不需要任何修配，就能互相拧入（称为可旋入性）。同时，螺纹应连接可靠，符合松紧要求，具有一定的连接强度（称为连接可靠性）。

传动螺纹如图8-2所示，分为传位移螺纹和传力螺纹两类。对传位移螺纹的主要要求是能准确传递位移（具有一定的传动精度），且能传递一定的荷载，该类螺纹连接均有一定的侧隙，以便于储存润滑油。传力螺纹的主要要求是能传递较大的荷载，具有较高的承载强度。

紧密螺纹又称密封螺纹，如图8-3所示，主要用于密封，如连接管道用的螺纹。对这种螺纹的要求是不漏水、不漏气、不漏油，所以螺纹要具有一定的过盈。

图8-1 连接螺纹

图8-2 传动螺纹

图8-3 紧密螺纹

2. 螺纹的基本牙型和主要几何参数

普通螺纹的基本牙型如图8-4所示。

普通螺纹主要有以下几何参数：

① 大径（D 或 d）。大径是指与外螺纹牙顶或内螺纹牙底相切的假想圆柱的直径。D 表示内螺纹大径，d 表示外螺纹大径。国家标准规定，普通螺纹的公称直径是指螺纹大径的公称尺寸。

② 小径（D_1 或 d_1）。小径是指与外螺纹牙底或内螺纹牙顶相切的假想圆柱的直径。D_1 表示内螺纹小径，d_1 表示外螺纹小径。为方便起见，外螺纹大径 d 或内螺纹小径 D_1 又称顶

径；外螺纹小径 d_1 或内螺纹大径 D 又称底径。

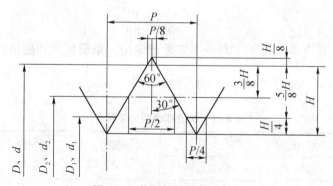

图8-4　普通螺纹的基本牙型

③ 中径（D_2 或 d_2）与单一中径（D_{2s} 或 d_{2s}）。中径是一个假想圆柱的直径，该圆柱的母线通过牙型上沟槽和凸起宽度相等的地方。中径的大小决定了螺纹牙侧相对于轴线的径向位置，直接影响螺纹的使用。因此，中径是螺纹公差与配合中的主要参数之一。中径的大小不受大径和小径尺寸变化的影响，也不是大径和小径的平均值。

单一中径是指一个假想圆柱直径，该圆柱的母线通过牙型上沟槽宽度等于螺距公称尺寸一半（即 $P/2$）的地方，如图8-5所示，其中 P 为基本螺距，ΔP 为螺距误差。

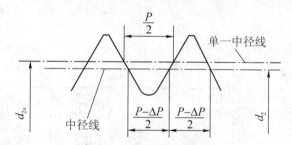

图8-5　普通螺纹的单一中径

单一中径是按三针法测量中径定义的，当螺距没有误差时，中径就是单一中径；当螺距有误差时，中径则不等于单一中径。

④ 螺距（P）与导程（L）。螺距是指相邻两牙在中径线上对应两点间的轴向距离，用 P 表示。导程是指同一条螺线上的相邻两牙在中径线上对应两点间的轴向距离，用 L 表示。对于单线螺纹，$L=P$；对于多线螺纹，$L=nP$，n 为螺纹的线数。

螺距 P 应按国际规定的系列选用，见表8-1。普通螺纹的螺距分为粗牙和细牙两种。

⑤ 牙型角（α）和牙型半角（$\alpha/2$）。牙型角是指在螺纹牙型上相邻两牙侧间的夹角。普通螺纹的牙型角 $\alpha = 60°$。牙型半角是指牙型角的一半。普通螺纹的理论牙型半角 $\alpha/2 = 30°$。

牙型半角的大小和倾斜方向会影响螺纹的旋合性与接触面积，故牙型半角 $\alpha/2$ 也是螺纹公差与配合的主要参数之一。

⑥ 螺纹的旋合长度。螺纹的旋合长度是指两个相互配合的螺纹沿螺纹轴线方向相互旋合部分的长度。

⑦ 螺纹升角（ϕ）。螺纹升角是指在中径圆柱上，螺旋线的切线与垂直于螺纹轴线的平

面的夹角。螺纹升角可用式（8-1）计算：

$$\tan\phi = \frac{L}{\pi d_2} = \frac{nP}{\pi d_2} \qquad (8\text{-}1)$$

⑧ 原始三角形高度 H。原始三角形高度是指原始三角形顶点到底边的垂直距离。原始三角形为等边三角形，H 与螺纹螺距 P 的几何关系为 $H = \frac{\sqrt{3}}{2}P$。

表 8-1　普通螺纹的公称尺寸　（单位：mm）

大径 D、d			螺距 P	中径 D_2、d_2	小径 D_1、d_1
第一系列	第二系列	第三系列			
6			**1**	5.350	4.917
			0.75	5.513	5.188
			(0.5)	5.675	5.459
		7	**1**	6.350	5.917
			0.75	6.513	6.188
			0.5	6.675	6.459
8			**1.25**	7.188	6.647
			1	7.350	6.917
			0.75	7.513	7.188
			0.5	7.675	7.459
	9		**(1.25)**	8.188	7.647
			1	8.350	7.917
			0.75	8.513	8.188
			(0.5)	8.675	8.459
10			**1.5**	9.026	8.376
			1.25	9.188	8.647
			1	9.350	8.917
			0.75	9.513	9.188
			(0.5)	9.675	9.459
12			**1.75**	10.863	10.106
			1.5	11.026	10.376
			1.25	11.188	10.647
			1	11.350	10.917
			(0.75)	11.513	11.188
			(0.5)	11.675	11.675

续表

大径 D、d			螺距 P	中径 D_2、d_2	小径 D_1、d_1
第一系列	第二系列	第三系列			
	14		**2**	12.071	11.835
			1.5	13.026	12.376
			1.25	13.188	13.647
			1	13.350	12.917
			(0.75)	13.513	13.188
			(0.5)	13.675	13.459
16			**2**	14.701	13.835
			1.5	15.026	14.376
			1	15.350	14.917
			(0.75)	15.513	15.188
			(0.5)	15.675	15.459
	18		**2.5**	16.376	15.294
			2	16.701	15.835
			1.5	17.026	16.376
			1	17.350	16.917
			0.75	17.513	17.188
			(0.5)	17.675	17.459
20			**2.5**	18.376	17.294
			2	18.701	17.835
			1.5	19.026	18.376
			1	19.350	18.917
			(0.75)	19.513	19.188
			(0.5)	19.675	19.459
	22		**2.5**	20.376	19.294
			2	20.701	19.835
			1.5	21.026	20.376
			1	21.350	20.917
			(0.75)	21.513	21.188
			(0.5)	21.675	21.459
24			**3**	22.051	20.752
			2	22.701	21.835
			1.5	23.026	22.376
			1	23.350	22.917
			(0.75)	23.513	23.188

续表

大径 D、d			螺距 P	中径 D_2、d_2	小径 D_1、d_1
第一系列	第二系列	第三系列			
		26	1.5	25.026	24.376
	27		**3**	25.051	23.752
			2	25.701	24.835
			1.5	26.026	25.376
			1	26.350	25.917
			(0.75)	26.513	26.188
		28	**2**	26.701	25.835
			1.5	27.026	26.376
			1	27.350	26.917
30			**3.5**	27.727	26.211
			(3)	28.051	26.752
			2	28.701	27.835
			1.5	29.026	28.376
			1	29.350	28.917
			(0.75)	29.513	29.188

注：用黑体字表示的均为粗牙螺纹，括号内的螺距尽量不用。

大径优先选用第一系列，其次是第二系列，第三系列尽可能不用。

● 工作步骤

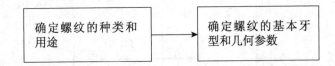

子任务2　了解螺纹的几何参数对互换性的影响

● 工作任务

掌握螺纹中径合格性的判断原则，了解为什么说中径公差是一项综合公差。

● 知识准备

螺纹连接的互换性要求是指装配过程的旋合性以及使用过程中连接的可靠性。

影响螺纹互换性的几何参数有螺纹的大径、中径、小径、螺距和牙型半角。由于螺纹的大径和小径处均留有间隙，一般不会影响螺纹的配合性质，而内、外螺纹连接是依靠旋合后的牙侧面接触的均匀性来实现的。因此，影响螺纹互换性的主要因素是螺距误差、牙型半角误差和中径误差。其中，螺距误差和牙型半角误差为螺牙间的形位误差，中径误差为螺牙间的尺寸误差。

1. 螺距误差对螺纹互换性的影响

螺距误差包括局部误差（ΔP）和累积误差（ΔP_Σ）。累积误差与旋合长度有关，是螺纹互换性的主要影响因素。

假设内螺纹具有理想牙型，外螺纹的中径及牙型半角均无误差，仅存在螺距误差，并且在旋合长度内，外螺纹有螺距累积误差 ΔP_Σ，如图 8-6 所示，在这种情况下，内、外螺纹会产生干涉而无法旋合。

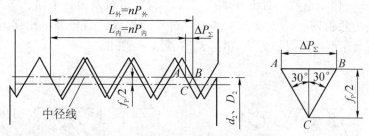

图 8-6　螺距误差对螺纹旋合性的影响

为了使有螺距误差的外螺纹可旋入具有理想牙型的内螺纹，应把外螺纹的中径 d_2 减少 f_P 至 d_2'（图中细实线）。

同理，当外螺纹有螺距误差时，为了保证旋合性，应把内螺纹的中径加大一个数值 f_P。这个 f_P 值是为补偿螺距误差影响而折算到中径上的数值，称为螺距误差的中径补偿值。

如图 8-6 所示，从 $\triangle ABC$ 中可知：

$$f_P = \Delta P_\Sigma \cot \frac{\alpha}{2} \tag{8-2}$$

对于牙型半角 $\alpha = 60°$ 的普通螺纹，有

$$f_P = 1.732 \left| \Delta P_\Sigma \right| \tag{8-3}$$

由于 ΔP_Σ 不论正、负都影响旋合性，故 ΔP_Σ 应取绝对值。

2. 牙型半角误差对螺纹互换性的影响

牙型半角误差是指实际牙型半角与理论牙型半角的中径之差，它是螺纹牙侧相对于螺纹轴线的方向误差，主要是由牙型角不准确和牙型角平分线不垂直于螺纹轴线造成的，也可能是二者的综合。它对螺纹的旋合性和连接强度均有影响。

假设内螺纹具有基本牙型，外螺纹中径及螺距与内螺纹相同，仅牙型半角有误差（$\Delta \frac{\alpha}{2}$）。此时，内、外螺纹旋合时，牙侧将发生干涉，不能旋合，如图 8-7 所示。为了保证旋合性，必须将内螺纹中径增大一个数值 $f_{\frac{\alpha}{2}}$。这个 $f_{\frac{\alpha}{2}}$ 值是为补偿牙型半角误差的影响而折算到中径上的数值，称为牙型半角误差的中径补偿值。

在图 8-7（a）中，外螺纹的 $\Delta \frac{\alpha}{2} = \frac{\alpha}{2}(外) - \frac{\alpha}{2}(内) < 0$，则其牙顶部分的牙侧有干涉现象。

在图 8-7（b）中，外螺纹的 $\Delta \frac{\alpha}{2} = \frac{\alpha}{2}(外) - \frac{\alpha}{2}(内) > 0$，则其牙根部分的牙侧发生干涉。

在图 8-7（c）中，由 $\triangle ABC$ 和 $\triangle DEF$ 可以看出，当左、右牙型半角不相同时，两侧

干涉区的干涉量也不相同。因此，应对中径补偿值取平均值。根据任意三角形的正弦定理，可推导出

$$f_{\frac{\alpha}{2}} = 0.073P\left(K_1\left|\Delta\frac{\alpha_1}{2}\right| + K_2\left|\Delta\frac{\alpha_2}{2}\right|\right) \tag{8-4}$$

式中：$f_{\frac{\alpha}{2}}$——牙型半角误差的中径补偿值，μm；

$\Delta\frac{\alpha_1}{2}$、$\Delta\frac{\alpha_2}{2}$——牙型半角误差；

K_1、K_2——修正系数。对于外螺纹，当牙型半角误差为正值时，K_1（或K_2）取2，当牙型半角误差为负值时，K_1（或K_2）取3；对于内螺纹，当牙型半角误差为正值时，K_1（或K_2）取3，当牙型半角误差为负值时，K_1（或K_2）取2。

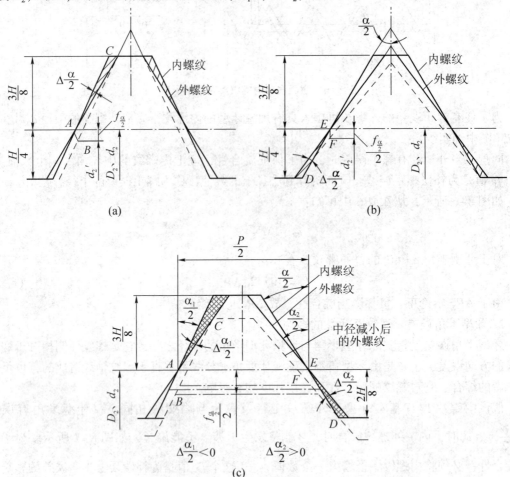

图8-7　牙型半角误差对旋合性的影响

3. 中径误差对螺纹互换性的影响

螺纹中径在制造过程中不可避免地会出现一定的误差，即单一中径与其公称中径之差。如仅考虑中径的影响，只要使外螺纹中径小于内螺纹中径，就能保证内、外螺纹的旋合性，否则就不能旋合。但如果外螺纹中径过小，内螺纹中径又过大，则会降低连接强度。所以，为了确保螺纹的旋合性，必须对中径误差加以控制。

4. 螺纹作用中径和中径合格性的判断原则

（1）作用中径（D_{2m}、d_{2m}）。

螺纹的作用中径是指在规定的旋合长度内，恰好包容实际螺纹的一个假想螺纹的中径。此假想螺纹具有基本牙型的螺距、半角以及牙型高度，并在牙顶和牙底处留有间隙，以保证不与实际螺纹的大径、小径发生干涉，故作用中径是螺纹旋合时实际起作用的中径。

当外螺纹存在螺距误差和牙型半角误差时，只能与一个中径较大的内螺纹旋合，其效果相当于外螺纹的中径增大了。这个增大了的假想中径称为外螺纹的作用中径 d_{2m}，它等于外螺纹的实际中径与螺距误差及牙型半角误差的中径补偿值之和，即

$$d_{2m} = d_{2a} + \left(f_P + f_{\frac{\alpha}{2}}\right) \tag{8-5}$$

同理，当内螺纹存在螺距误差及牙型半角误差时，只能与一个中径较小的外螺纹旋合，其效果相当于内螺纹的中径减小了。这个减小了的假想中径称为内螺纹的作用中径 D_{2m}，它等于内螺纹的实际中径与螺距误差及牙型半角误差的中径补偿值之差，即

$$D_{2m} = D_{2a} - \left(f_P + f_{\frac{\alpha}{2}}\right) \tag{8-6}$$

显然，为了使相互结合的内、外螺纹能自由旋合，应保证 $D_{2m} \geqslant d_{2m}$。

（2）螺纹中径合格性的判断原则。

国家标准没有单独规定螺距和牙型半角公差，只规定了内、外螺纹的中径公差（T_{D_2}、T_{d_2}），通过中径公差同时限制实际中径、螺距及牙型半角三个参数的误差，如图 8-8 所示。

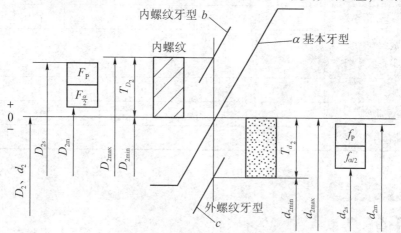

图 8-8　实际中径、螺距误差、牙型半角和中径公差的关系

由于螺距误差和牙型半角误差的影响均可折算为中径补偿值，因此，只要规定中径公差，就可控制中径本身的尺寸偏差、螺距误差和牙型半角误差的共同影响。可见，中径公差是一项综合公差。

判断螺纹中径合格性时，应遵循泰勒原则，即螺纹的作用中径不能超越最大实体牙型的中径；任意位置的实际中径（单一中径）不能超越最小实体牙型的中径。所谓最大与最小实体牙型，是指在螺纹中径公差范围内，分别具有材料量最多和最少且与基本牙型形状一致的螺纹牙型。

对于外螺纹：作用中径不大于中径最大极限尺寸；任意位置的实际中径不小于中径最小极限尺寸。即

$$\left.\begin{array}{l} d_{2m} \leqslant d_{2max} \\ d_{2n} \geqslant d_{2min} \end{array}\right\} \tag{8-7}$$

对于内螺纹：作用中径不小于中径最小极限尺寸；任意位置的实际中径不大于中径最大极限尺寸。即

$$\left.\begin{array}{l} D_{2m} \geqslant D_{2min} \\ D_{2n} \leqslant D_{2max} \end{array}\right\} \tag{8-8}$$

● **工作步骤**

工作评价与反馈

掌握普通螺纹的主要几何参数及其对互换性的影响	任务完成情况		
	全部完成	部分完成	未完成
自我评价　子任务 1			
子任务 2			
工作成果 (工作成果形式)			
任务完成心得			
任务未完成原因			
本项目教与学存在的问题			

T ASK 任务 2

螺纹的公差与配合及选用

情境导入

　　汽车配件厂新进了一批螺钉，在课堂上展示所购螺钉的图片及零件的标注，请同学们讨论螺纹标注中各字母、数字的含义，为保证螺纹的互换性和配合精度，应如何选用螺纹的公差带？本任务将介绍这部分内容。

任务要求

　　了解普通螺纹的公差带标准的规定，了解普通螺纹公差带选用的基本方法，掌握普通螺

纹的标注方法。

子任务 1　掌握螺纹的公差与配合基本知识

● 工作任务

掌握普通螺纹的公差带位置和大小分别由什么决定，内、外螺纹各规定了哪几种公差带位置。

● 知识准备

普通螺纹的公差带与尺寸公差带一样，其位置由其本身偏差决定，大小由公差等级决定。普通螺纹 GB/T 197—2018《普通螺纹　公差》规定了螺纹的大径、小径和中径的公差带。

1. 公差带的大小和公差等级

螺纹的公差等级如表 8-2 所示。内螺纹的中径、小径，外螺纹的中径、大径可分别选择不同的公差等级。其中，6 级是基本级；3 级的公差值最小，精度高；9 级的精度最低。各级公差见表 8-3 和表 8-4。由于内螺纹的加工比较困难，所以在同一公差等级中，内螺纹中径公差比外螺纹中径公差大32%左右。

表 8-2　螺纹的公差等级

螺纹直径	公差等级	螺纹直径	公差等级
外螺纹中径 d_2	3、4、5、6、7、8、9	内螺纹中径 D_2	4、5、6、7、8
外螺纹大径 d	4、6、8	内螺纹大径 D	4、5、6、7、8

表 8-3　普通螺纹的基本偏差和顶径公差　　　　（单位：μm）

螺距 P/mm	内螺纹的基本偏差 EI		外螺纹的基本偏差 es				内螺纹小径公差 T_{D_1} 公差等级					外螺纹大径公差 T_d 公差等级		
	G	H	e	f	g	h	4	5	6	7	8	4	5	6
1	+26		−60	−40	−26		150	190	236	300	375	112	180	280
1.25	+28		−63	−42	−28		170	212	265	335	425	132	212	335
1.5	+32		−67	−45	−32		190	236	300	375	485	150	236	375
1.75	+34		−71	−48	−34		212	265	335	425	530	170	365	425
2	+38	0	−71	−52	−38	0	236	300	375	475	600	180	380	450
2.5	+42		−80	−58	−42		280	355	450	560	710	212	225	530
3	+48		−85	−63	−48		315	400	500	630	800	236	275	600
3.5	+53		−90	−70	−53		355	450	560	710	900	265	425	670
4	+60		−95	−75	−60		375	475	600	750	950	300	475	750

表 8-4 普通螺纹的中径公差　　　　　　　　（单位：mm）

公称直径 D/mm		螺距 P/mm	内螺纹中径公差 T_{D_2}					外螺纹中径公差 T_{d_2}					
			公差等级					公差等级					
>	≤		4	5	6	7	8	3	4	5	6	7	8	9
5.6	11.2	0.5	71	90	112	140	—	42	53	67	85	106	—	—
		0.75	85	106	132	170	—	50	63	80	100	125	—	—
		1	95	118	150	190	236	56	71	90	112	140	180	224
		1.25	100	125	160	200	250	60	75	95	118	150	190	236
		1.5	112	140	180	224	280	67	85	106	132	170	212	295
11.2	22.4	0.5	75	95	118	150	—	45	56	71	90	112		
		0.75	90	112	140	180	—	53	67	85	106	132	—	—
		1	100	125	160	200	250	60	75	95	118	150	190	236
		1.25	112	140	180	224	280	67	85	106	132	170	212	265
		1.5	118	150	190	236	300	71	90	112	140	180	224	280
		1.75	125	160	200	250	315	75	95	118	150	190	236	300
		2	132	170	212	265	335	80	100	125	160	200	250	315
		2.5	140	180	224	280	355	85	106	132	170	212	265	335
22.4	45	0.75	95	118	150	190	—	56	71	90	112	140	—	—
		1	106	132	170	212	—	63	80	100	125	160	200	250
		1.5	125	160	200	250	315	75	95	118	150	190	236	300
		2	140	180	224	280	355	85	106	132	170	212	265	335
		3	170	212	265	335	425	100	125	160	200	250	315	400
		3.5	180	224	280	355	450	106	132	170	212	265	335	425
		4	190	236	300	375	475	112	140	180	224	280	355	450
		4.5	200	250	315	400	500	118	150	190	236	300	375	475

　　由于外螺纹的小径 d_1 与中径 d_2、内螺纹的大径 D 和中径 D_2 是同时由刀具切出的，其尺寸在加工过程中自然形成，由刀具保证，因此国家标准中对内螺纹的大径和外螺纹的小径均不规定具体的公差值，只规定内、外螺纹牙底实际轮廓的任何点均不能超过基本偏差所确定的最大实体牙型。

　　2. 螺纹的基本偏差

　　基本偏差是指公差带两极限偏差中靠近零线的那个偏差。它确定了公差带相对基本牙型的位置。

　　① 内螺纹的中径、小径规定采用 G、H 两种公差带位置，以下偏差 EI 为基本偏差，见图 8-9（a）、（b）。

② 外螺纹的中径、大径规定采用 e、f、g、h 四种公差带位置，以上偏差 es 为基本偏差，见图 8-9（c）、（d）。

有限的常用公差带如表 8-5 所示。表中规定了优先、其次和尽可能不用的选用顺序。除了特殊需要，一般不选择标准规定以外的公差带。

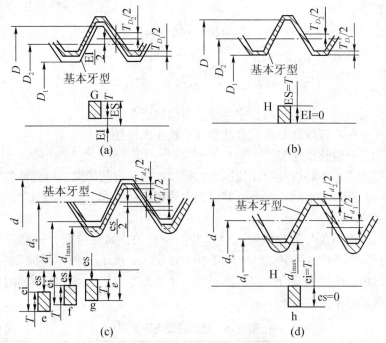

图 8-9　内、外螺纹的基本偏差

表 8-5　普通螺纹选用公差带

旋合长度		内螺纹选用公差带			外螺纹选用公差带		
		S	N	L	S	N	L
配合精度	精密	4H	4H5H	5H6H	(3h4h)	4h*	(5h4h)
	中等	5H* (5G)	6H* (6G)	7H* (7G)	(5h6h) (5g6g)	6h* 6g* 6e* 6f*	(7h6h) (7g6g)
	粗糙	—	7H (7G)			(8h) 8g	

注：大量生产的精制紧固件螺纹，推荐采用带方框的公差带；优先选用带 * 号的公差带，其次是不带 * 号的公差带，尽可能不用带（ ）的公差带。

● **工作步骤**

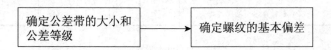

子任务2　学会螺纹的公差带的选用和标注方法

● **工作任务**

解释下面螺纹代号的含义：

$$M20-5h6h-S$$

● **知识准备**

1. 配合精度的选用

螺纹的配合精度可分为精密级、中等级和粗糙级三个等级。

精密级：用于精密螺纹及要求配合性质变动较小的连接。

中等级：用于一般螺纹连接。

粗糙级：用于要求不高或制造比较困难的螺纹，如长盲孔螺纹、热轧棒料螺纹。

一般以中等旋合长度下的6级公差等级为中等精度的基准。

2. 旋合长度的确定

螺纹的配合精度不仅与制造精度（公差等级）有关，而且与旋合长度有关。螺纹的旋合长度可分为短旋合长度S、中等旋合长度N和长旋合长度L三种，可按表8-6选取。在同一配合精度等级中，不同的旋合长度有不同的中径公差等级，这是由于不同的旋合长度对螺纹的螺距累积误差有不同的影响。

表8-6　螺纹的旋合长度　　　　　　　　　（单位：mm）

公称直径 D、d		螺距 P	旋 合 长 度			
			S	N		L
>	≤		≤	>	≤	>
5.6	11.2	0.5	1.6	1.6	4.7	4.7
		0.75	2.4	2.4	7.1	7.1
		1	2	2	9	9
		1.25	4	4	12	12
		1.5	5	5	15	15
11.2	22.4	0.5	1.8	1.8	5.4	5.4
		0.75	2.7	2.7	8.1	8.1
		1	3.8	3.8	11	11
		1.25	4.5	4.5	13	13
		1.5	5.6	5.6	16	16
		1.75	6	6	18	18
		5	8	8	24	24
		2.5	10	10	30	30

3. 公差等级和基本偏差的确定

根据配合精度和旋合长度，由表 8-5 中选定公差等级各基本偏差，具体数值见表 8-3 和表 8-4。

4. 配合的选用

内外螺纹配合的公差带可按照表 8-5 任意组合成多种配合，在实际使用中，主要根据使用要求选用螺纹的配合。为保证连接强度、具有足够的螺纹接触高度及拆装方便，完工后的螺纹采用 H／g、H／h、G／h 配合为宜。对需要涂镀的螺纹，间隙大小取决于镀层厚度，如 5 μm 选用 6H／6g，10 μm 选用 6H／6e，内、外均涂则选用 6G／6e。

5. 普通螺纹的标注

螺纹的完整标记由螺纹代号、螺纹公差代号和螺纹旋合长度代号组成，这三者之间用短横符号"–"分开。螺纹公差带代号包括中径公差带代号和顶径公差带代号。公差带代号由表示其大小的公差等级数字和表示其位置的基本偏差代号组成。标注示例如下：

外螺纹：

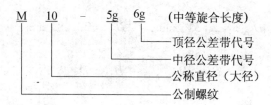

内螺纹：

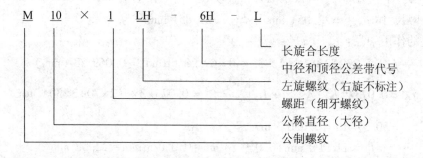

在装配图上，内、外螺纹公差带代号用斜线分开，左内右外，如 M10×2-6H/5g6g。

必要时，在螺纹公差带代号之后加注旋合长度代号 S 或 L（中等旋合长度代号 N 不标注），如 M10-5g6g-S。如有特殊需要，可以标注旋合长度的数值，如 M10-5g6g-30 表示螺纹的旋合长度为 30 mm。

6. 综合实训举例

例 8-1　螺纹 M24-6H 与 M24-6h 分项测量的结果：内螺纹 $D_{2a} = 22.200$ mm，$\Delta P_{\Sigma} = 25$ μm，$\Delta \frac{\alpha_1}{2} = -60'$，$\Delta \frac{\alpha_2}{2} = +70'$。外螺纹 $d_{2a} = 21.900$ mm，$\Delta P_{\Sigma} = 40$ μm，$\Delta \frac{\alpha_1}{2} = -70'$，$\Delta \frac{\alpha_2}{2} = -30'$。

试求：（1）内螺纹中径是否合格；（2）外螺纹中径是否合格；（3）内、外螺纹所需旋合长度的范围；（4）作出公差带图。

解 （1）查表8-1，M24-6H 的螺距 $P = 3$ mm，中径 $D_2 = 22.051$ mm；查表8-4，中径公差 $T_{D_2} = 265$ μm；查表8-3，中径下偏差 EI = 0。

中径极限尺寸：

$$D_{2max} = 22.316 \text{ mm}, \qquad D_{2min} = 22.051 \text{ mm}$$

内螺纹的作用中径：

$$D_{2m} = D_{2a} - \left(f_P + f_{\frac{\alpha}{2}}\right)$$

$$f_P = 1.732 \left| \Delta P_\Sigma \right| = 1.732 \times 25 = 43.3 \text{ （μm）} = 0.043 \text{ （mm）}$$

$$f_{\frac{\alpha}{2}} = 0.073P\left(K_1 \left| \Delta \frac{\alpha_1}{2} \right| + K_2 \left| \Delta \frac{\alpha_2}{2} \right|\right) = 0.073 \times 3 \times （2 \times 60 + 3 \times 70）$$

$$= 72.27 \text{ （μm）} = 0.072 \text{ （mm）}$$

$$D_{2m} = 22.200 - （0.043 + 0.072） = 22.085 \text{ （mm）}$$

根据中径合格性判断原则（泰勒原则）：

因为

$$D_{2a} = 22.200 \text{ mm}, \qquad D_{2max} = 22.316 \text{ mm}, \qquad D_{2m} = 22.085 \text{ mm}, \qquad D_{2min} = 22.051 \text{ mm}$$

所以

$$D_{2a} < D_{2max}, \qquad D_{2m} > D_{2min}$$

故内螺纹中径合格。

（2）查表8-1，M24-6h 的螺距 $P = 3$ mm，中径 $d_2 = 22.051$ mm。

查表8-4，中径公差 $T_{d_2} = 200$ μm；查表8-3，中径上偏差 ES = 0。

中径极限尺寸：$d_{2max} = 22.051$ mm，$d_{2min} = 21.851$ mm。

外螺纹的作用中径：$d_{2m} = d_{2a} + \left(f_P + f_{\frac{\alpha}{2}}\right)$

$$f_P = 1.732 \left| \Delta P_\Sigma \right| = 1.732 \times 40 = 69.28 \text{ （μm）} = 0.069\,28 \text{ （mm）}$$

$$f_{\frac{\alpha}{2}} = 0.073P\left(K_1 \left| \Delta \frac{\alpha_1}{2} \right| + K_2 \left| \Delta \frac{\alpha_2}{2} \right|\right) = 0.073 \times 3 \times （2 \times 70 + 3 \times 30） \text{ μm}$$

$$= 50.37 \text{ μm} = 0.050\,3 \text{ mm}$$

$$d_m = 21.900 \text{ mm} + 0.069\,28 \text{ mm} + 0.050\,3 \text{ mm} \approx 22.02 \text{ mm}$$

根据中径合格性判断原则（泰勒原则）：

因为

$$d_{2a} = 21.900 \text{ mm}, \qquad d_{2max} = 22.051 \text{ mm}, \qquad d_{2m} = 22.020 \text{ mm}, \qquad d_{2min} = 21.851 \text{ mm}$$

所以

$$d_{2a} > d_{2min}, \qquad d_{2m} < d_{2max}$$

故外螺纹中径合格。

（3）根据该内、外螺纹的公称直径 $D = 24$ mm，$d = 24$ mm，$P = 3$ mm ，查表8-6得内、外螺纹均采用中等旋合长度为 12～36 mm。

（4）内、外螺纹公差带如图8-10 所示。

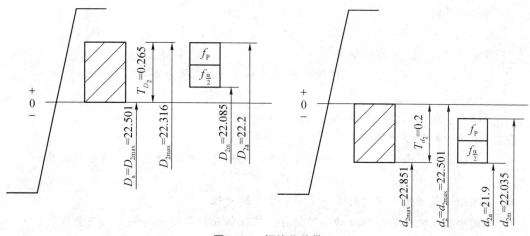

图 8-10　螺纹公差带

● **工作步骤**

选用配合精度 → 确定旋合长度 → 确定公差等级和基本偏差 → 选用配合 → 标注螺纹

工作评价与反馈

螺纹的公差与配合及选用		任务完成情况		
		全部完成	部分完成	未完成
自我评价	子任务 1			
	子任务 2			
工作成果 （工作成果形式）				
任务完成心得				
任务未完成原因				
本项目教与学存在的问题				

巩固与提高

一、多项选择题

1. 可以用普通螺纹中径公差限制＿＿＿＿＿＿。

　　A. 螺纹累积误差　　　　　　　　B. 牙型半角误差

　　C. 大径误差　　　　　　　　　　D. 小径误差

　　E. 中径误差

2. 普通螺纹的基本偏差是_____。

    A. ES   B. EI   C. es   D. ei

3. 国家标准对内、外螺纹规定了_____。

    A. 中径公差   B. 顶径公差   C. 底径公差

二、判断题

1. 螺纹中径是影响螺纹互换性的主要参数。   (   )

2. 普通螺纹的配合精度与公差等级和旋合长度有关。   (   )

3. 国家标准对普通螺纹除规定中径公差外，还规定了螺距公差和牙型半角公差。

                                                                         (   )

4. 当螺距无误差时，螺纹的单一中径等于实际中径。   (   )

5. 作用中径反映了实际螺纹的中径偏差、螺距偏差和牙型半角偏差的综合作用。

                                                                             (   )

三、填空题

1. 螺纹种类按用途可分为_____、_____和_____三种。

2. 螺纹大径用代号_____表示，螺纹小径用代号_____表示，螺纹中径用代号_____表示。其中，大写代号代表_____，小写代号代表_____。

3. 国家标准规定，普通螺纹的公称直径是指_____的公称尺寸。

4. 影响螺纹互换性的五个基本几何要素是螺纹的大径、中径、小径，_____和_____。

5. 国家标准对普通螺纹内螺纹规定了_____两种公差位置；对外螺纹规定了_____、_____、_____、_____四种公差带位置。

四、综合实训题

1. 解释下列螺纹代号。

    （1）M20-5H   （2）M16-5H6H-L

    （3）M30×1-6H/5g6g   （4）M20-5h6h-S

2. 为什么说中径公差为综合公差？

3. 内、外螺纹中径是否合格的判断原则是什么？

4. 查表写出 M20×2-6H/5g6g 的大、中、小径尺寸，中径和顶径的上、下偏差和公差。

5. 有一内螺纹 M20-7H，测得其实际中径 $d_{2a}=18.61$ mm，螺距累积误差 $\Delta P_\Sigma=40$ μm，实际牙型半角 $\alpha/2$（左）$=30°30'$，$\alpha/2$（右）$=29°10'$，问此内螺纹的中径是否合格？

圆锥配合的互换性及检测

▶ 项目导学

在机械加工中，圆锥配合是各类机器广泛采用的典型结构，我们经常遇到圆锥零件的配合使用，如普通车床的主轴孔、尾座和顶尖的配合，铣床主轴锥孔与铣刀锥柄的配合，其结合要素为内、外圆锥表面。圆锥配合与圆柱配合相比较，虽然都是由包容面与被包容面所构成的配合关系，但是由于圆锥是由直径、长度、锥度（或锥角）构成的多尺寸要素，所以在配合性质的确定和配合精度设计方面，比圆柱配合要复杂得多。

▶ 学习目标

认知目标：了解圆锥配合的种类、特点、基本参数及代号；掌握圆锥公差的给定方法及标注；了解圆锥配合的精度设计。

情感目标：通过对圆锥配合的互换性与检测方法的掌握，培养学生严谨细致的工作作风、认真负责的工作态度。

技能目标：会合理设计圆锥配合的精度；能正确掌握圆锥的测量方法。

TASK 任务1

掌握圆锥公差与配合的基本术语及选用

情境导入

学校实习实训中心的 CA6140 车床的尾座在使用中损坏，需对该部件进行测绘并重新加工，在课堂上展示所加工零件的图片及零件图纸，请同学们讨论，在测绘过程中，怎样确定尾座和顶尖的圆锥公差与配合？本任务将介绍圆锥的公差与配合。

任务要求

理解并能运用圆锥及圆锥配合的基本知识进行圆锥配合的精度设计。

子任务1 了解圆锥配合的种类及基本参数

● **工作任务**

说明 CA6140 尾座和顶尖的配合属于哪种圆锥配合，其主要参数有哪些。

● **知识准备**

1. 圆锥配合的特点

圆锥配合是机器、仪器及工具中常用的典型结合。圆锥配合与圆柱配合相比具有很多优点：圆锥配合的内、外圆锥在轴向力的作用下，能自动对心，保证内、外圆锥轴线具有较高的同轴度，且拆装方便；圆锥配合间隙或过盈的大小可以通过内、外圆锥的轴向相对移动来调整；内、外圆锥表面经过配对研磨后，配合起来具有良好的自锁性和密封性。但是圆锥配合跟圆柱配合相比，影响互换性的参数比较复杂，加工和检测也比较麻烦。

2. 圆锥配合的种类

圆锥配合不采用过渡配合，可有以下三种配合：

① 间隙配合。间隙配合具有间隙，间隙大小可以调整，零件易拆开，相互配合的内、外圆锥能相对运动，如车床顶尖、车床主轴的圆锥轴颈与滑动轴承的配合。

② 紧密配合。紧密配合很紧密，可以防止漏气、漏水。如内燃机中阀门与阀门座的配合。然而，为了使配合的圆锥面有良好的密封性，内、外圆锥要成对研磨，因而这类圆锥不具有互换性。

③ 过盈配合。过盈配合具有自锁性，过盈量大小可调，用以传递扭矩，如铣床主轴锥孔与铣刀锥柄的配合。

3. 圆锥配合的基本术语和定义

圆锥配合的基本参数如图 9–1 所示。

① 圆锥直径。圆锥直径指与圆锥轴线垂直的截面内的直径，有内、外圆锥的最大直径 D_i、D_e，内、外圆锥的最小直径 d_i、d_e，任意约定截面圆锥直径 d_x（与锥面有一定距离）。设计时，一般选用内圆锥的最大直径或外圆锥的最小直径作为基本直径。

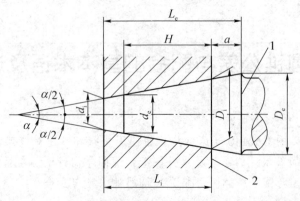

1—外圆锥基准面；2—内圆锥基准面
图 9–1 圆锥配合的基本参数

② 圆锥长度。圆锥长度指圆锥的最大直径与其最小直径之间的距离。内、外圆锥长度分别用 L_i、L_e 来表示。

③ 圆锥结合长度。圆锥结合长度指内、外圆锥配合面的轴向距离，用符号 H 表示。

④ 圆锥角。圆锥角指在通过圆锥轴线的截面内两条素线间的夹角，用符号 α 表示。

⑤ 圆锥素线角。圆锥素线角指圆锥素线与其轴线间的夹角，它等于圆锥角的一半，即 $\dfrac{\alpha}{2}$。

⑥ 锥度。锥度指圆锥的最大直径与其最小直径之差对圆锥长度之比，用符号 C 表示，即 $C = \dfrac{D-d}{L} = 2\tan\dfrac{\alpha}{2}$。锥度常用比例或分数表示，如 $C = 1:20$ 或 $C = 1/20$ 等。

⑦ 基面距。基面距指相互配合的内、外圆锥基准面间的距离，用 a 表示。

⑧ 轴向位移。轴向位移指相互配合的内、外圆锥，从实际初始位置 P_a 到终止位置 P_f 移动的距离，用 E_a 表示，如图 9-2 所示。

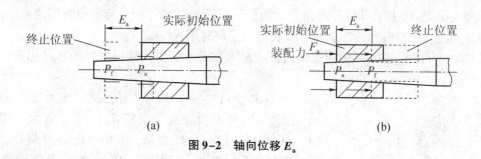

(a)　　　　　　　　　　　　　　(b)

图 9-2　轴向位移 E_a

● **工作步骤**

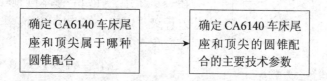

子任务 2　学会圆锥的公差与配合

● **工作任务**

确定 CA6140 车床尾座和顶尖的公差与配合，并进行标注。

● **知识准备**

1. 圆锥的公差项目

（1）圆锥直径公差 T_D。

圆锥直径公差 T_D 是指圆锥直径的允许变动量，即允许的最大极限圆锥直径 D_{max}（或 d_{max}）与最小极限圆锥直径 D_{min}（或 d_{min}）之差，如图 9-3 所示。在圆锥轴向截面内，两个极限圆锥所限定的区域就是圆锥直径的公差带。圆锥直径公差值 T_D 以基本圆锥直径（一般

取最大圆锥直径 D)为公称尺寸,按 GB/T 1800.1—2020 和GB/T 1800.2—2020 选其公差,适用于圆锥的全长 L 。

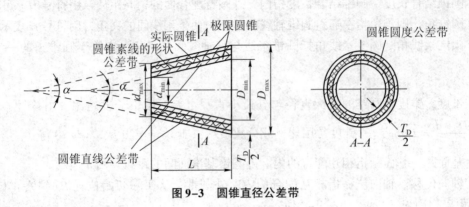

图 9-3　圆锥直径公差带

(2)圆锥角公差 AT。

圆锥角公差 AT 是指圆锥角的允许变动量,即最大圆锥角 α_{max} 与最小圆锥角 α_{min} 之差。以弧度或角度为单位时用 AT_α 表示;以长度为单位时用 AT_D 表示。

由图 9-4 可知,在圆锥轴向截面内,由最大和最小极限圆锥所限定的区域为圆锥角公差带。

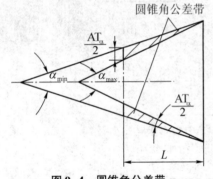

图 9-4　圆锥角公差带

GB/T 11334—2005《产品几何量技术规范(GPS)圆锥公差》对圆锥角公差规定了 12 个等级,用符号 AT_1,AT_2,$\cdots$,AT_{12} 表示,其中 AT_1 精度最高,其余依次降低。表 9-1 列出了 $AT_5 \sim AT_{10}$ 级圆锥角公差数值。

在表 9-1 中,在每一基本圆锥长度 L 的尺寸段内,当公差等级一定时,AT_α 为一定值,对应的 AT_D 随长度不同而变化:

$$AT_D = AT_\alpha \times L \times 10^{-3} \qquad (9-1)$$

式中,AT_α 的单位为 μrad;AT_D 的单位为 μm;L 的单位为 mm。

1 μrad 等于半径为 1 m、弧长为 1 μm 所对应的圆心角。微弧度与分、秒的关系为

$$5\ \mu rad \approx 1'', \qquad 300\ \mu rad \approx 1'$$

例如,当 $L = 100$ mm,AT_α 为 9 级时,查表 9-1 得 $AT_\alpha = 630$ μrad 或 $2'10''$,$AT_D = 63$ μm。若 $L = 80$ mm,AT_α 仍为 9 级,则 $AT_D = 630 \times 80 \times 10^{-3}$ $\mu m \approx 50$ μm。

(3)圆锥的形状公差 T_F。

圆锥的形状公差包括素线直线度公差和圆度公差等。对于要求不高的圆锥工件,其形状误差一般也用直径公差 T_D 控制;对于要求较高的圆锥工件,应单独按要求给定形状公差 T_F,T_F 的数值可从 GB/T 1182—2018《产品几何技术规范(GPS)几何公差　形状、方向、位置和跳动公差标注》中选取。

表 9-1　圆锥角公差

基本圆锥 长度 L / mm	AT₅			AT₆		
	ATα		AT_D	ATα		AT_D
	/μrad	/(′)(″)	/μm	/μrad	/(′)(″)	/μm
25 ~ 40	160	33″	4. 0 ~ 6. 3	250	52″	6. 3 ~ 10. 0
40 ~ 63	125	26″	5. 0 ~ 8. 0	200	41″	8. 0 ~ 12. 5
63 ~ 100	100	21″	6. 3 ~ 10. 0	160	33″	10. 0 ~ 16. 0
100 ~ 160	80	16″	8. 0 ~ 12. 5	125	26″	12. 5 ~ 20. 0
160 ~ 250	63	13″	10. 0 ~ 16. 0	100	21″	16. 0 ~ 25. 0
基本圆锥 长度 L / mm	AT₇			AT₈		
	ATα		AT_D	ATα		AT_D
	/μrad	/(′)(″)	/μm	/μrad	/(′)(″)	/μm
25 ~ 40	400	1′22″	4. 0 ~ 6. 3	630	2′10″	16. 0 ~ 25. 0
40 ~ 63	315	1′05″	12. 5 ~ 20. 0	500	1′43″	20. 0 ~ 32. 0
63 ~ 100	250	52″	16. 0 ~ 25. 0	400	1′22″	25. 0 ~ 40. 0
100 ~ 160	200	41″	20. 0 ~ 32. 0	315	1′05″	32. 0 ~ 50. 0
160 ~ 250	160	33″	25. 0 ~ 40. 0	250	52″	40. 0 ~ 63. 0
基本圆锥 长度 L / mm	AT₉			AT₁₀		
	ATα		AT_D	ATα		AT_D
	/μrad	/(′)(″)	/μm	/μrad	/(′)(″)	/μm
25 ~ 40	1000	3′26″	25 ~ 40	1600	5′30″	40 ~ 63
40 ~ 63	800	2′45″	32 ~ 50	1250	4′18″	50 ~ 80
63 ~ 100	630	2′10″	40 ~ 63	1000	3′26″	63 ~ 100
100 ~ 160	500	1′43″	50 ~ 80	800	2′45″	80 ~ 125
160 ~ 250	400	1′22″	63 ~ 100	630	2′10″	100 ~ 160

　　注：1 μrad 等于半径为 1 m、弧长为 1 μm 所对应的圆心角。5 μrad ≈ 1″，300 μrad ≈ 1′。

　　查表示例 1：L 为 63 mm，选用 AT₇，查表得 ATα 为 315 μrad 或 1′05″，则 AT_D 为 20 μm。

　　示例 2：L 为 50 mm，选用 AT₇，查表得 ATα 为 315 μrad 或 1′05″，则 $AT_\alpha = AT_\alpha \times L \times 10^{-3} = 315 \times 50 \times 10^{-3} \mu m = 15. 75 \mu m$，取 15. 8 μm。

　　（4）给定截面圆锥直径公差 T_{DS}。

　　给定截面圆锥直径公差 T_{DS} 是指在垂直于圆锥轴线的给定截面内圆锥直径的允许变动量。其公差带为在给定的圆锥截面内，由两个同心圆所限定的区域，如图 9-5 所示。

　　给定截面圆锥直径公差以给定截面圆锥直径 d_x 为公称尺寸，按 GB/T 1800. 1—2020《产品几何技术规范（GPS）线性尺寸公差 ISO 代号体系　第 1 部分：公差、偏差和配合的基础》的标准公差选取。

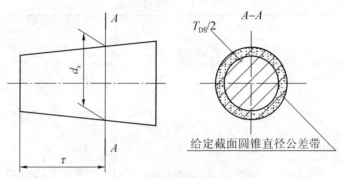

图 9-5　给定截面圆锥直径公差带

T_{DS} 公差带所限定的是平面区域，而 T_D 公差带限定的是空间区域，二者是不同的。

一般情况下，不规定给定截面圆锥直径公差，只有对圆锥工件有特殊需求（如阀类零件中，在配合的圆锥给定截面上要求接触良好，以保证密封性）时，才规定此项公差，但必须同时规定锥角公差 AT，它们间的关系如图 9-6 所示。

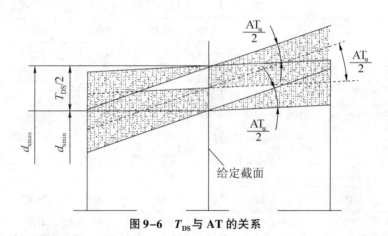

图 9-6　T_{DS} 与 AT 的关系

由图 9-6 可见，给定截面圆锥直径公差 T_{DS} 不能控制锥角公差 AT，两者无关，应分别满足要求。在给定截面上圆锥角误差的影响最小，故它是精度要求最高的一个截面。按 GB/T 11334—2005《产品几何量技术规范（GPS）圆锥公差》规定，圆锥公差的给定方法有两种。

2. 圆锥公差的给定方法

对于一个具体的圆锥，并不都需要给定上述四项公差，而是根据工件使用要求来提出公差项目。

① 给出圆锥的理论正确圆锥角 α（或锥度 C）和圆锥直径公差 T_D，由 T_D 确定两个极限圆锥。此时，圆锥角误差和圆锥形状误差均应在极限圆锥所限定的区域内。图 9-7（a）为此种给定方法的标注示例，图 9-7（b）为其公差带。

当对圆锥角公差和圆锥形状公差有更高的要求时，可再给出圆锥公差 AT 和锥形状公差 T_F。此时，AT 和 T_F 仅占 T_D 的一部分。

此种给定公差的方法通常运用于有配合要求的内、外圆锥。

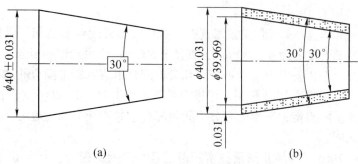

图 9-7　第一种公差给定方法的标注示例

② 给出给定截面圆锥直径公差 T_{DS} 和锥角公差 AT。此时，给定截面圆锥直径和圆锥角应分别满足这两项公差和要求。当对圆锥形状公差有更高的要求时，可再给出圆锥形状公差 T_F，如图 9-8 所示。

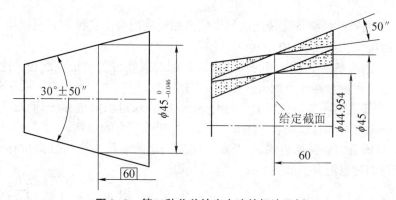

图 9-8　第二种公差给定方法的标注示例

此种方法通常运用于对给定圆锥截面直径有较高要求的情况。如某些阀类零件中，两个相互配合的圆锥在规定截面上要求接触良好，以保证密封性。

GB/T 15754—1995《技术制图　圆锥的尺寸和公差注法》提出，圆锥公差也可用面轮廓度标注，如图 9-9 所示，必要时还可以给出形状公差要求，但只占面轮廓度公差的一部分。

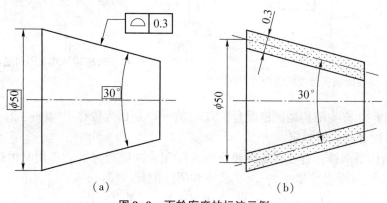

图 9-9　面轮廓度的标注示例

3. 圆锥配合

GB/T 12360—2005《产品几何量技术规范（GPS）圆锥配合》适用于锥度 C 在 1∶500 ~ 1∶3 之间，基本圆锥长度 L 为 6 ~ 630 mm，直径至 500 mm 光滑圆锥的配合。

圆锥公差与配合制由基准制、圆锥公差和圆锥配合组成。圆锥配合的基准制分为基孔制和基轴制，标准推荐优先采用基孔制；圆锥公差按 GB/T 11334—2005《产品几何量技术规范（GPS）圆锥公差》确定；圆锥配合分为间隙配合、紧密配合和过盈配合，相互配合的两圆锥公称尺寸应相同。

GB/T 12360—2005《产品几何量技术规范（GPS）圆锥配合》中给出了圆锥配合的形成，圆锥配合的一般规定，以及内、外圆锥轴向极限偏差的确定标准。

（1）圆锥配合的形成。

因为圆锥配合的配合特征是通过相互配合的内、外圆锥规定的轴向位置来形成间隙或过盈的，所以根据确定相互配合的内、外圆锥轴向位置的不同，可形成以下四种圆锥配合方式：

① 由内、外圆锥的结构确定装配的最终位置而形成配合。这种方式可以得到间隙配合、过渡配合和过盈配合，如图 9-10 所示。

② 由内、外圆锥基准平面之间的尺寸确定装配的最终位置而形成配合。这种方式可以得到间隙配合、紧密配合和过盈配合，如图 9-11 所示。

③ 由内、外圆锥实际初始位置 P_a 开始，做一定的相对轴向位移 E_a 而形成配合。这种方式可以得到间隙配合和过盈配合。图 9-2（a）为间隙配合的示例。

④ 由内、外圆锥实际初始位置 P_a 开始，施加一定的装配力产生轴向位移而形成配合。这种方式只能得到过盈配合，如图 9-2（b）所示。

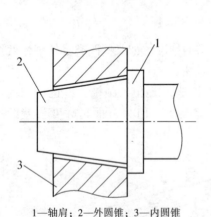

1—轴肩；2—外圆锥；3—内圆锥

图 9-10　由轴肩接触得到间隙配合

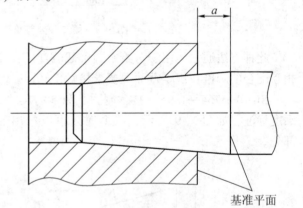

基准平面

图 9-11　由结构尺寸 a 得到过盈配合

方式 ① 和 ② 称为结构型圆锥配合，方式 ③ 和 ④ 称为位移型圆锥配合。

（2）圆锥配合的一般规定。

① 对于结构型圆锥，直径误差主要影响实际配合间隙或过盈。选用时可根据配合公差 T_{DP} 来确定内、外圆锥直径公差 T_{Di}、T_{De}，和圆柱配合一样：

$$\left.\begin{array}{l} T_{DP} = X_{max} - X_{min} = Y_{min} - Y_{max} = X_{max} - Y_{max} \\ T_{DP} = T_{Di} + T_{De} \end{array}\right\} \tag{9-2}$$

式中：X、Y——配合间隙、过盈。

国家标准中推荐结构型圆锥配合优先采用基孔制。

例 9-1　某结构型圆锥根据传递扭矩的需要，$Y_{max} = -159\ \mu m$，$Y_{min} = -70\ \mu m$，基本直径（在大端）为 100 mm，锥度 $C = 1:50$，试确定内、外圆锥直径公差代号。

解　圆锥配合公差为

$$T_{DP} = -70 - (-159) = 89(\mu m)$$

查 GB/T 1800.1—2020《产品几何技术规范（GPS）线性尺寸公差 ISO 代号体系　第 1 部分：公差、偏差和配合的基础》，IT7+IT8 = 35+54 = 89（μm），且一般孔的精度比轴低一级，故取内圆锥直径公差为 $\phi100H8(^{+0.054}_{0})$ mm，外圆锥直径为 $\phi100u7(^{+0.159}_{+0.124})$ mm。

② 对于位移型圆锥，其配合性质是通过给定内、外圆锥的轴向位移量或装配力确定的，而与直径公差带无关。直径公差仅影响接触的初始位置和终止位置及接触精度。

所以，对于位移型圆锥配合，可根据对终止位置基面距有无要求来选取直径公差。如对基面距有要求，公差等级一般在 IT8~IT12 级选取，必要时应通过计算来选取和校核内、外圆锥角的公差带；若对基面距无严格要求，可选较低的公差等级，以便使加工更经济；如对接触精度要求较高，可用给圆锥角公差的办法来满足。为了计算和加工方便，GB/T 12360—2005《产品几何量技术规范（GPS）圆锥配合》推荐位移型圆锥的基本偏差用 Hh 或 JS、js 的组合。

（3）圆锥轴向极限偏差。

由于圆锥工件往往同时存在圆锥直径偏差和圆锥角偏差，但对圆锥直径偏差和圆锥角偏差的检查不方便，特别是对圆锥的检查更为困难。因此，一般采用综合量规检查控制圆锥工件相对基本圆锥的轴向位移量（轴向偏差），轴向位移量必须控制在轴向极限偏差范围内。

圆锥轴向极限偏差即轴向上偏差（es_z、ES_z）、轴向下偏差（ei_z、EI_z）和轴向公差 T_z，可根据图 9-12、图 9-13 确定。

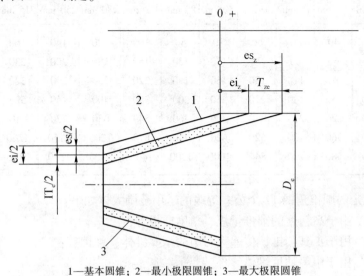

1—基本圆锥；2—最小极限圆锥；3—最大极限圆锥

图 9-12　外圆锥轴向极限偏差

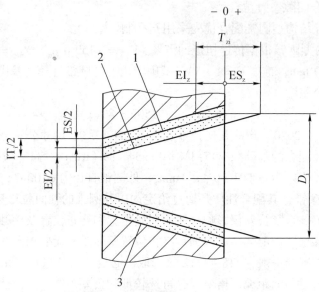

1—基本圆锥；2—最小极限圆锥；3—最大极限圆锥

图 9-13　内圆锥轴向极限偏差

（4）圆锥角公差的选用。

按第一种方法给定圆锥公差，圆锥角误差限制在两个极限圆锥范围内，可不另给这圆锥角公差。表 9-2 列出了当圆锥长度 $L = 100$ mm 时圆锥直径公差 T_D 所限制的最大圆锥角误差。当 $L \neq 100$ mm 时，应将表中的数值乘以 $100/L$，L 的单位为 mm。

表 9-2　$L = 100$ mm 的圆锥直径公差 T_D 所限制的最大锥角误差 $\Delta\alpha_{max}$ （单位：μrad）

标准公差等级	圆锥直径											
	≤ 3 mm	3 ~ 6 mm	6 ~ 10 mm	10 ~ 18 mm	18 ~ 30 mm	30 ~ 50 mm	50 ~ 80 mm	80 ~ 120 mm	120 ~ 180 mm	180 ~ 250 mm	250 ~ 315 mm	315 ~ 400 mm	400 ~ 500 mm
IT4	30	40	40	50	60	70	80	100	120	140	160	180	200
IT5	40	50	60	80	90	110	130	150	180	200	230	250	270
IT6	60	80	80	110	130	160	190	220	250	290	320	360	400
IT7	100	120	150	180	210	250	300	350	400	460	520	570	630
IT8	140	180	220	270	330	390	460	540	630	720	810	890	970
IT9	250	300	360	430	520	620	740	870	1000	1150	1300	1400	1550
IT10	400	480	580	700	840	1000	1200	1400	1300	1850	2100	2300	2500

国家标准规定的圆锥角的 12 个公差等级的适用范围大体如下：

① $AT_1 \sim AT_5$ 用于高精度的圆锥量规、角度样板等；

② $AT_6 \sim AT_8$ 用于工具圆锥，传递大力矩的摩擦锥体、锥销等；

③ $AT_9 \sim AT_{10}$ 用于中等精度锥体零件；

④ $AT_{11} \sim AT_{12}$ 用于低精度零件。

从加工角度考虑，角度公差 AT 的等级数字与相应的尺寸公差 IT 等级有大体相当的加工难度。例如，AT6 级与 IT6 级加工难度大体相当。

　　圆锥角极限偏差可按单向（α +AT 或 α -AT）或双向取。双向取时可以对称（α ±AT/2），也可以不对称。对于有配合要求的圆锥，若只要求接触均匀性，则内、外圆锥角的极限偏差方向应尽量一致。

● **工作步骤**

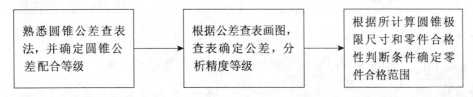

```
┌──────────────────┐      ┌──────────────────┐      ┌──────────────────┐
│ 熟悉圆锥公差查表 │      │ 根据公差查表画图，│      │ 根据所计算圆锥极 │
│ 法，并确定圆锥公 │ ───> │ 查表确定公差，分 │ ───> │ 限尺寸和零件合格 │
│ 差配合等级       │      │ 析精度等级       │      │ 性判断条件确定零 │
│                  │      │                  │      │ 件合格范围       │
└──────────────────┘      └──────────────────┘      └──────────────────┘
```

工作评价与反馈

掌握圆锥公差与配合的 基本术语及选用		任务完成情况		
		全部完成	部分完成	未完成
自我评价	子任务 1			
	子任务 2			
工作成果 （工作成果形式）				
任务完成心得				
任务未完成原因				
本项目教与学存在的问题				

TASK 任务 2

圆锥检测

情境导入

　　学校实习实训中心的 CA6140 车床的尾座在使用中损坏，需对该部件进行测绘并重新加工。加工完成后怎样对其进行测量？圆锥配合的几何参数误差对互换性有何影响？课堂展示所加工零件图片及零件图纸，请同学们讨论圆锥配合的测量方法。本任务将介绍圆锥配合的检测。

任务要求

在实际工厂加工圆锥零件时会产生配合的问题，一批零件加工生产出来后需要进行检测，试探究如何判断零件是否能够互换。

子任务1　学会圆锥的测量方法

● 工作任务

对已加工的 CA6140 车床尾座和顶尖进行测量，判断其是否合格。

● 知识准备

1. 直接测量法测量锥度和圆锥角

直接测量法是用量具、量仪直接测量零件的角度。例如，用万能角度尺、光学测角仪等计量器具测量实际圆锥角的数值。

2. 用量规检验圆锥角偏差

内、外圆锥圆锥角的实际偏差可分别用圆锥量规检验。参看图9-14，测内圆锥用圆锥塞规检验，测外圆锥用圆锥环规检验。检验内圆锥的圆锥角偏差时，在圆锥塞规工作表面素线全长上，涂3~4条极薄的显示剂；检验外圆锥的圆锥角偏差时，在被测外圆锥表面素线全长上，涂3~4条极薄的显示剂，然后把量规与被测圆锥对研（来回旋转应小于180°），根据被测圆锥上的着色或量规上擦掉的痕迹来判断被测圆锥角的实际值合格与否。

此外，在量规的基准端部刻有两条刻线（凹缺口），它们之间的距离为 Z，用以检验被测圆锥的实际直径偏差、圆锥角的实际偏差和形状误差的综合结果产生的基面距偏差。若被测圆锥的基准平面位于量规这两条线之间，则表示该综合结果合格。

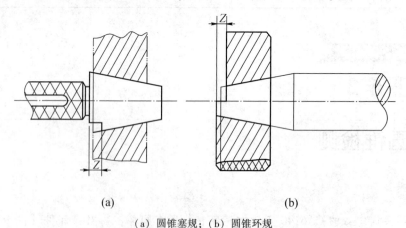

(a)　　　　　　　　　　　　　　　(b)

（a）圆锥塞规；（b）圆锥环规

图9-14　用圆锥量规检验圆锥角偏差

3. 间接测量圆锥角

间接测量圆锥角是指测量与被测圆锥角有一定函数关系的若干线性尺寸，然后计算出被测圆锥角的实际值。通常使用指示式计量器具和辅助工具，例如，利用正弦尺、量块、滚子、钢球等进行测量。

① 图 9-15 为利用正弦尺测量圆锥角的示例。测量时，将尺寸为 h 的量块组 2 安放在平板 3 的工作面（测量基准）上，然后把正弦尺 1 的两个圆柱分别放置在平板 3 的工作面上和量块组 2 的上测量面上。

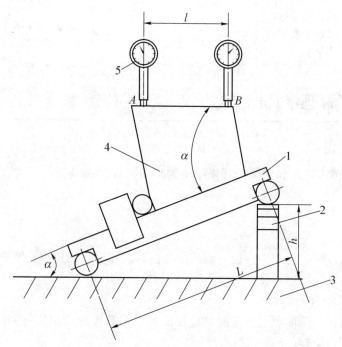

1—正弦尺；2—量块组；3—平板；4—被测圆锥；5—指示表

图 9-15　用正弦尺测量圆锥角

根据被测圆锥的基本圆锥角 α 和正弦尺两圆柱的中心距 L 计算量块组的尺寸 h：

$$h = L \cdot \sin \alpha \tag{9-3}$$

如果被测圆锥的实际圆锥角等于 α，则该圆锥最高的素线必然平行于平板 3 的工作面，由指示表 5 在最高素线两端的 A、B 两点测得的示值相同，否则在 A、B 两点测得的示值就不相同。令指示表在 A、B 两点测得的示值分别为 M_A（μm）和 M_B（μm），用普通量具测得的 A、B 两点间的距离为 l（mm），则可获得圆锥角偏差 $\Delta \alpha$：

$$\Delta \alpha = \frac{M_A - M_B}{l}(\text{rad}) = 206 \frac{M_A - M_B}{l}(\,'') \tag{9-4}$$

② 图 9-16 为用两个标准钢球（D 和 d）测量圆锥角的示例。通过测量大小钢球至零件上平面的距离 L_1 和 L_2，计算出内圆锥角半角 $\alpha/2$：

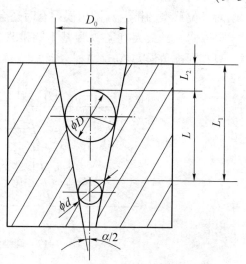

图 9-16　用标准钢球测量圆锥角

$$\sin \frac{\alpha}{2} = \frac{D-d}{2L_1 - 2L_2 + d - D} \qquad (9-5)$$

● **工作步骤**

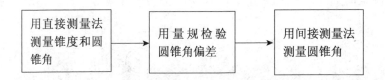

子任务2 了解圆锥几何参数误差对互换性的影响

● **工作任务**

通过 CA6140 车床尾座和顶尖的圆锥结构的几何参数误差分析，了解圆锥几何参数误差对互换性的影响。

● **知识准备**

加工内、外圆锥时，会产生直径、圆锥角各形状误差。它们反映在圆锥配合中，将造成基面距误差和配合表面接触不良。

1. 直径误差对配合的影响

对于结构型圆锥，基面距是一定的，直径误差影响圆锥配合的实际间隙或过盈的大小，影响情况和圆柱配合一样。

对于位移型圆锥，直径误差影响圆锥配合的实际初始位置，所以影响装配后的基面距。

2. 圆锥角误差对配合的影响

不管对哪种类型的圆锥配合，圆锥角误差（特别是内、外圆锥角误差不相等时）都会影响接触均匀性。

对于位移型圆锥，圆锥角误差有时还会影响基面距。

设以内圆锥最大直径 D_i 为基本圆锥直径，基面距在大端，内、外圆锥大端直径均无误差，只有圆锥角误差 Δa_i、Δa_e，且 $\Delta a_i \neq \Delta a_e$，如图 9-17 所示。

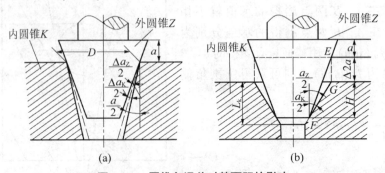

图 9-17 圆锥角误差对基面距的影响

当 $\Delta a_i < \Delta a_e$，即 $a_i < a_e$ 时，内、外圆锥在大端接触，它们对基面距的影响很小，可忽略不计。但由于内、外圆锥在大端局部接触，接触面积小，将使磨损加剧，可能导致内、外

圆锥相对倾斜，影响使用性能，如图 9-17（a）所示。

当 $\Delta a_i > \Delta a_e$，即 $a_i > a_e$ 时，内、外圆锥在小端接触，不但影响接触均匀性，而且影响位移型圆锥配合的基面距，由此产生的基面距变化量为 $\Delta a''$，如图 9-17（b）所示。

3. 圆锥形状误差对配合的影响

圆锥形状误差是指素线直线度误差和横截面的圆度误差，它们主要影响配合表面的接触精度。对于间隙配合，使其间隙大小不均匀，磨损加快，影响使用寿命；对于过盈配合，由于接触面积减小，使其连接强度降低；对于紧密配合，影响其密封性。

● **工作步骤**

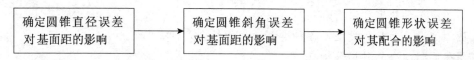

工作评价与反馈

圆锥检测		任务完成情况		
		全部完成	部分完成	未完成
自我评价	子任务 1			
	子任务 2			
工作成果 （工作成果形式）				
任务完成心得				
任务未完成原因				
本项目教与学存在的问题				

巩固与提高

一、单项选择题

1. 圆锥通常分为_____和圆锥轴两种。

　　A. 圆锥孔　　　　　　B. 圆锥直径　　　　　　C. 圆锥长度

2. 圆锥配合与圆柱配合相比，具有较高的_____，且拆装方便。

　　A. 圆柱度　　　　　B. 同轴度　　　　　C. 圆锥度　　　　　D. 随便

3. GB/T 1800.2—2020 中对公称尺寸至 500 mm 范围内，规定了_____个公差等级。

　　A. 15　　　　　　B. 18　　　　　　C. 20　　　　　　D. 28

4. 圆锥公差项目有_____。

　　A. 重要配合尺寸　　B. 一般配合尺寸　　C. 圆锥角公差 AT　　D. 没有公差要求

5. 直接测量法就是直接从_____读出被测角度。

　　A. 角度测量器　　　B. 直弦尺　　　　　C. 光学分度头　　　D. 测角仪

二、判断题

1. 两个垂直于圆锥轴线截面的圆锥直径之差与该两截面的轴向距离之比叫锥度。
   （　　）

2. 圆锥角符号一般用 C 表示。（　　）

3. 基本圆锥是一种理想圆锥。（　　）

4. 圆锥是个单参数的零件，为满足其性能和互换性要求，给圆锥公差定了四个项目。
   （　　）

5. 圆锥公差配合通常可采用面轮廓法。（　　）

三、简答题

1. 圆锥公差的给定方法有哪些？

2. 圆锥配合分为几种类型？各种类型适用的场合是什么？

3. 简述圆锥配合的种类和特点。

4. 简述圆锥公差的种类及对圆锥直径尺寸公差的规定。

5. 简述圆锥配合的优、缺点。

6. 简述影响圆锥配合互换性的参数。

圆柱齿轮传动的互换性与检测

▶ 项目导学

齿轮传动是用来传递运动和动力的一种常用机构，广泛应用于机器、仪器中。凡有齿轮传动的机械产品，其工作性能、承载能力、使用寿命和工作精度等都与齿轮传动的传动质量密切相关。而齿轮传动的传动质量又取决于各主要组成零件，其中齿轮本身的制造精度及齿轮副的安装精度起主要作用。

通过对圆柱齿轮传动要求的学习，了解齿轮加工误差产生的原因，掌握单个圆柱齿轮及齿轮副的误差项目及检测的方法，掌握渐开线圆柱齿轮精度标准的内容和应用，初步掌握渐开线圆柱齿轮精度设计方法。

▶ 学习目标

认知目标： 掌握齿轮传动的使用要求及齿轮加工误差产生的原因；掌握渐开线圆柱齿轮的误差项目及检测方法；掌握渐开线圆柱齿轮精度的选择及确定方法；掌握渐开线圆柱齿轮精度设计方法。

情感目标： 通过学习圆柱齿轮传动要求及使用的精度要求，培养学生改革创新的意识，提高学生分析解决问题的能力。

技能目标： 通过本项目的学习，学生能够根据加工与设计要求，运用类比法，掌握精度等级选用的基本方法；会查表确定齿轮偏差允许值，并能进行单个齿轮的正确标注；学会根据给定条件设计齿轮精度的一般方法。

TASK

任务 1

影响齿轮及齿轮副传动的误差项目及检测

情境导入

车间师傅小李在操作时发现，齿轮箱中有不寻常噪声，打开箱体盖，发现齿轮传动异常。如果你是操作者，应该从哪里入手去检查其异常呢？本任务主要介绍这一部分内容。

任务要求

图 10-1 为齿轮检测示意图，请读懂该图，了解齿轮加工误差产生的原因，以及如何根据该图确定齿距累积总偏差及径向跳动偏差。

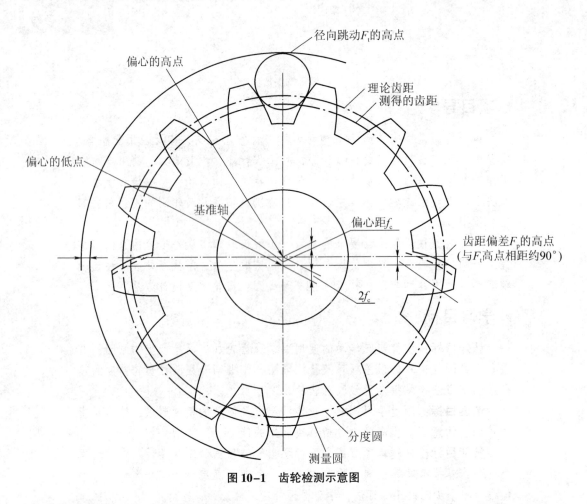

图 10-1　齿轮检测示意图

子任务1　圆柱齿轮的误差项目及检测分析

● **工作任务**

单个齿距偏差 f_{Pt} 主要影响齿轮的_____；齿距累积总偏差 F_P 主要影响齿轮的_____；齿廓总偏差 F_{α} 主要影响齿轮的_____；螺旋线总偏差 F_{β} 主要影响齿轮的_____。

A. 传递运动的准确性　　　　　　　B. 传动平稳性

C. 荷载分布均匀性　　　　　　　　D. 传动侧隙合理性

● 知识准备

1. 齿轮传动要求

齿轮是一个多参数的零件，影响齿轮传动使用要求的因素很多，因而齿轮加工误差也复杂得多。按反映的周期、相对于齿轮分布方向和对使用要求的不同影响，可将齿轮主要加工误差分为如下几方面：

（1）传递运动的准确性。

要求齿轮在转一周范围内，传动比的变化要小，最大转角误差应限制在一定范围内，以保证传递运动的准确性。

（2）传递运动的平稳性。

要求齿轮传动的瞬时传动比变化要小，在一个齿距范围内，转角误差的最大值限制在一定范围内，以保证传递运动的平稳性。齿轮任一瞬时传动比的变化，将使从动轮转速不断变化，从而引起齿轮传动中的冲击、振动和噪声。

（3）荷载分布的均匀性。

要求齿轮相互啮合的齿面有良好的接触，使轮齿在齿面上承载均匀，从而提高齿轮的承载能力和使用寿命。

（4）传动侧隙的合理性。

侧隙是指齿轮单面啮合时，非工作齿面沿圆周方向的间隙。侧隙有两个作用：一是储存润滑油；二是补偿齿轮受力变形和热变形以及齿轮制造和安装误差。侧隙过大，尤其是对于经常需要正、反转的传动齿轮，会产生空行程，引起换向冲击；侧隙过小，易出现卡死现象。因此，要使齿轮正常传动，必须保证适当的侧隙。

以上四方面的使用要求，针对齿轮传动的用途和工作条件不同，应有不同的侧重。

对于精密机床和仪器上的分度和读数齿轮，主要要求是传递运动的准确性，对传动平稳性也有一定要求。

对于一般机器的传动齿轮，如汽车、拖拉机等减速器中的齿轮和机床的变速齿轮，主要要求是传动的平稳性和荷载分布的均匀性，而对传递运动的准确性要求可低一些。

对于高速、大功率传动装置中的齿轮，如汽轮机减速器的齿轮，由于圆周速度高，传递功率大，对传动平稳性有严格的要求。对传递运动的准确性和荷载分布的均匀性也有较高的要求，而且要求有较大的齿侧间隙，以便润滑畅通，避免齿轮因温度升高而咬死。

对于低速、重载的传动齿轮，如轧钢机、矿山机械和起重机械中低速、重载的齿轮，由于模数大、齿面宽、受力大，因此荷载分布均匀性是主要的要求。齿侧间隙应足够大，而对传递运动准确性和传动平稳性的要求可降低一些。

当需要可逆转传动时，应对齿侧间隙加以限制，以减少反转时的空程误差。

2. 齿轮加工误差产生的原因

齿轮加工有仿形法和展成法，通常采用展成法，即用滚刀或插齿刀在滚齿机、插齿机上加工，高精度齿轮还需进行剃齿或磨齿等精加工工序。下面以滚齿为例，讨论加工误差产生的主要因素。

（1）几何偏心（e_j）。

几何偏心是由于齿轮安装轴线 $O'O'$ 与齿轮加工时滚齿机旋转轴线 OO 不重合而引起的安

装偏心，如图 10－2 所示。几何偏心对齿轮精度的影响如图 10－3 所示。假定齿坯本身是正确的(内外圆无偏心)，加工时，由于齿坯孔与机床主轴之间有间隙，在安装时，由于齿坯孔中心 $O'O'$ 与切齿时的旋转中心 OO 不重合，产生几何偏心 e_j。在切齿过程中，滚刀至 OO 的距离不变，故切出的齿廓以 OO 为中心，即在以 OO 为中心的圆周上，加工出的齿距相等。对于齿坯而言，则可能是绕中心 $O'O'$ 旋转，由于齿坯本身的制造误差，齿圈到中心的距离是变化的，从而造成加工后的齿轮两边齿高不相同。

当这种齿轮与理想齿轮啮合时，必然产生转角误差（图 10－3），从而影响齿轮传动的准确性。

（2）运动偏心（e_y）。

运动偏心主要是由机床分度蜗轮安装偏心引起的，如图 10－2 所示，当分度蜗轮安装存在偏心（e_k）时，会使工作台以一转为周期时快时慢地旋转，使被切齿轮的轮齿在分度圆周上分布不均匀。运动偏心也对齿轮传动的准确性有影响。

以上两种偏心引起的误差以齿坯一转为一个周期，为长周期误差。

（3）机床传动链的高频误差。

机床分度蜗杆有安装偏心 e_ω 和轴向窜动，使分度蜗杆转速不均匀，造成齿轮的齿距和齿形误差。分度蜗杆每转一转，跳动重复一次，故为短周期误差。

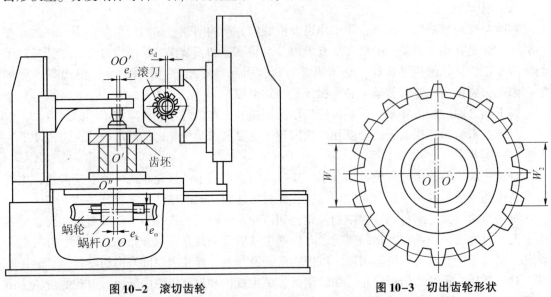

图 10-2　滚切齿轮　　　　　　图 10-3　切出齿轮形状

（4）滚刀的安装误差。

滚刀偏心使被加工齿轮产生径向误差。滚刀刀架导轨或齿坯轴线相对于工作台旋转曲线的倾斜及轴向窜动，使滚刀的进刀方向与轮齿的理论方向不一致，直接造成齿面沿高方向歪斜，产生齿向误差。

3. 影响传递运动准确性的误差及检测

齿轮传动中影响传递运动准确性的误差项目有五项，即切向综合总偏差 F_i'、齿距累积总偏差 F_P、齿距累积偏差 F_{Pk}、径向跳动 F_r、径向综合总偏差 F_i''、公法线长度变动 ΔF_w 等。

（1）切向综合总偏差 F_i'。

切向综合总偏差 F_i' 是指被测齿轮与理想精确的测量齿轮单面啮合时，被测齿轮一转内，齿轮分度圆上实际圆周位移与理论圆周位移的最大差值，如图 10-4 所示。

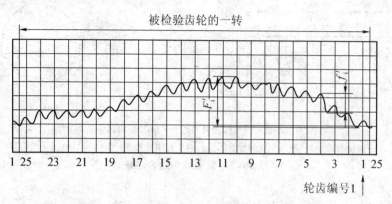

被检验齿轮的一转

轮齿编号1

图 10-4　切向综合总偏差 F_i' 和一齿切向综合偏差 f_i'

切向综合总偏差 F_i' 是被测齿轮与理想精确的测量齿轮（允许用精确齿条、蜗杆、测头等测量元件代替）在公称中心距的位置上保持单面啮合状态，所测得的齿轮一周内实际转角（圆周位移）相对于理论转角（圆周位移）的最大误差，反映出齿轮径向误差、切向误差和基本偏差的综合结果。由于测量状态比较接近齿轮的工作状态，因此 F_i' 是评定齿轮传递运动准确性比较理想的综合性指标。

F_i' 是用单面啮合综合检查仪（单啮仪）测量的。图 10-5（a）为双圆盘摩擦式单啮仪测量原理示意图。被测齿轮 1 与作为测量基准的理想精确测量齿轮 2，在工程中心距 a 下形成单面啮合齿轮副的传动。直径分别等于齿轮 1 和 2 分度圆直径的精密摩擦盘 3 和 4 的纯滚动形成标准传动。若被测齿轮 1 有误差，则其传动轴 5 与圆盘不同步，两者产生的相对转角误差由传感器 6 经放大器传至记录仪，并可绘出一条光滑、连续的齿轮转角误差曲线 ［图 10-5（b）］。该曲线称为切向综合误差曲线，$\Delta F_i'$ 是这条误差曲线的最大幅值。

单啮仪的种类除机械式外，还有光栅式、磁分度式和地震式等。这些仪器的共同特点是万能性强，操作方便，均配有自动记录装置，测量效率高。

用单啮仪测量，测量过程接近齿轮实际工作状态而使测量结果能较好地反映齿轮的使用质量，而且测量效率高，便于实现测量自动化。单啮仪的制造精度要求高，价格较贵，现已广泛使用在生产中。

（2）齿距累积总偏差 F_P。

齿轮同侧齿面任意弧段（$k = 1$ 至 $k = z$）内的最大齿距累积偏差称为齿距累积总偏差 F_P。它表现为齿距累积偏差曲线的总幅值，如图 10-6 所示。

齿距累积误差是指在分度圆上附近，任意两个同侧齿面的实际弧长与公称弧长之差的最大绝对值。

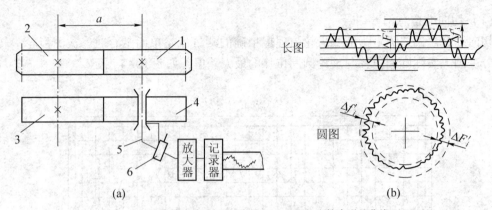

(a) 双圆盘摩擦式单啮仪测量原理图；(b) 切向综合误差曲线

1—被测齿轮；2—理想精密测量齿轮；3、4—精密摩擦盘；5—传动轴；6—传感器

图 10-5　单面啮合综合测量

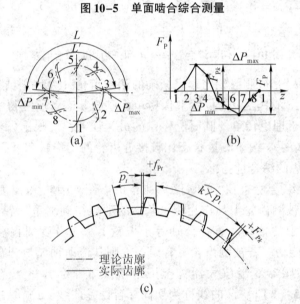

(a) 齿距分布不均匀；(b) 齿距偏差曲线；(c) $F_{Pk} = F_{P3}$ 时

图 10-6　齿距偏差和齿距累积偏差

如图 10-6 (a) 所示，设实际齿面（图中的实线）与公称齿面（图中的虚线）在位置 1 处重合，该齿轮任意两个同侧齿面的实际弧长与公称弧长的最大差值发生在第 3 齿与第 7 齿之间。故该齿轮的齿距累积误差为

$$\Delta F_P = \left| L' - L \right|$$

即

$$\Delta F_P = \left| \Delta P_{max} - \Delta P_{min} \right| \tag{10-1}$$

式中：L'、L——第 3 齿与第 7 齿之间同侧齿面的分度圆实际弧长与公称弧长；

　　　ΔP_{max}、ΔP_{min}——齿轮齿距累积偏差 ΔP 代数差的最大值和最小值。

齿距累积误差 ΔF_P 反映了分度圆上齿距的不均匀性。ΔF_P 越大，齿廓间的相互位置误差就越大，齿轮一周内的最大转角误差也越大，传递运动的准确性就越差；反之，齿轮传递运动的准确性就越高。

齿距累积误差 ΔF_{p} 同样可综合反映径向和切向误差对齿轮传递运动准确性的影响，因此 ΔF_{p} 也是一个评定齿轮传递运动准确性的综合性指标。

如图 10-6（b）所示，ΔF_{p} 是沿分度圆上若干点（每个同侧齿廓与分度圆的交点）测量的，测量结果是由不连续的折线上取得的，因此用它来评定齿轮传递运动准确性时，不及切向综合误差 $\Delta F_{\mathrm{i}}'$ 全面。

F_{p} 反映了齿轮的几何偏心和运动偏心使齿轮齿距不均匀所产生的齿距累积误差。由于它能反映齿轮一转中偏心误差引起的转角误差，所以 F_{p} 可替代 F_{i}' 作为评定齿轮传递运动准确性的项目。两者的差别如下：F_{p} 是分度圆上逐齿测得的有限个点的误差情况，不能反映两齿间传动比的变化；而 F_{i}' 是在单面连续转动中测得的一条连续误差曲线，能反映瞬时传动比的变化情况，与齿轮工作情况相近，数值上 $F_{\mathrm{p}}=0.8F_{\mathrm{i}}'$。

（3）齿距累积偏差 $F_{\mathrm{p}k}$。

任意 k 个齿距的实际弧长与理论弧长的代数差称为齿距累积偏差。理论上它等于这 k 个齿距的单个齿距偏差的代数和，如图 10-6（c）所示。

标准指出：除非另有规定，$F_{\mathrm{p}k}$ 的计值仅限于不超过圆周 1/8 的弧段内。因此，偏差 $F_{\mathrm{p}k}$ 的允许值适用于齿距数 k 为 2 到 $z/8$ 的弧段。通常，$F_{\mathrm{p}k}$ 取 $\approx z/8$ 就足够了。对于特殊的应用（如高速齿轮），还需检验较小弧段，并规定相应的 k 值。

F_{p} 和 $F_{\mathrm{p}k}$ 的测量方法主要分为相对测量法、绝对测量法两种。

① 相对测量法过程简单，速度快，且具有一定的测量精度，目前使用较广。常用仪器是齿距仪或万能测齿仪。图 10-7 是用手持式齿距仪测量齿轮累积误差的示意图。

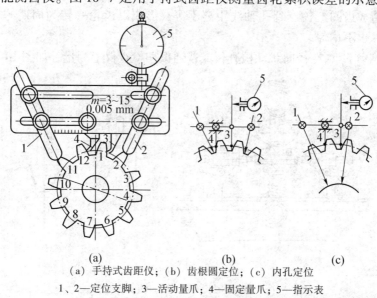

（a）手持式齿距仪；（b）齿根圆定位；（c）内孔定位
1、2—定位支脚；3—活动量爪；4—固定量爪；5—指示表
图 10-7 齿距累积误差的测量

测量前，将固定量爪 4 按被测齿轮模数值调至标尺的相应刻线上。然后将仪器与被测齿轮一起平置于平板上，使两量爪分别在分度圆附近与两相邻同侧齿廓相接触，与此同时，调节两定位支脚 1 和 2，使其末端分别与齿顶圆接触后，再拧紧螺钉。

测量时，以任意一齿距为基准，先将指示表 5 压缩 1~2 圈，再转动表盘使指针指零。

为了提高精度，可多次重复调零，直至示值稳定为止。然后依次测出其余各实际齿距相对于基准齿距的偏差，经数据处理，便可求出齿距累积误差 ΔF_p 和 k 个齿距累积误差 ΔF_{Pk}。

用齿距仪测量时，可用齿顶圆定位，还可用齿根圆或齿轮的内孔定位。一般因齿顶圆或齿根圆定位的精度较低，往往会引起较大的测量误差。齿轮加工和工作时都以内孔为基准，因此用齿轮的内孔定位是最合理的，但不易实现。

② 绝对测量法是把实际齿距直接与理论齿距比较，以获得齿距偏差的角度值或线性值。绝对测量检测麻烦，费时，效率低，实际中很少应用。

（4）径向跳动 F_r。

齿轮径向跳动 F_r 为测头（球形、圆柱形、砧形）相继置于每个齿槽内时，从测头到齿轮轴线的最大和最小径向距离之差，如图 10-8 所示。检查中，测头在近似齿高中部与左右齿面接触，图中偏心量是径向跳动的一部分。

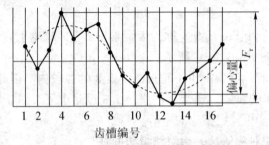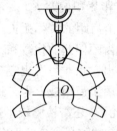

图 10-8　齿轮的径向跳动

F_r 主要是由几何偏心引起的。切齿是由于齿坯孔与轴间有间隙，使两旋转轴线不重合而产生偏心，造成齿圈上各点到孔轴线距离不等，形成以齿轮一转为周期的径向长周期误差，齿距或齿厚也不均匀。

齿轮径向跳动 F_r 可在径向跳动检查仪或普通偏摆检查仪上测量，如图 10-9 所示。

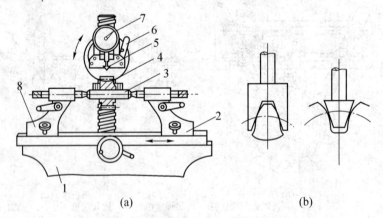

（a）径向跳动检查仪；（b）测头形式

1—底座；2、8—顶尖座；3—心轴；4—被测齿轮；5—测量头；6—指示表提升手柄；7—指示表

图 10-9　径向跳动的测量

测量时以齿轮基准孔定位，将被测齿轮的基准孔装在心轴上，心轴支承在仪器的两顶尖之间。把百分表测杆上的专用测量头（可以是球、圆锥或 V 形槽等）与齿轮的齿高中部相接触，依次进行测量。在齿轮一转范围内，指示表的最大读数与最小读数之差，即为被测齿轮的 F_r。

（5）径向综合总偏差 F''_i。

径向综合总偏差 F''_i 是在径向（双面）综合检验时，产品齿轮的左、右齿面同时与测量齿轮接触，并转过一整圈时出现的中心距最大值与最小值之差，如图 10-10 所示。

定义中的双面啮合是指在测量过程中，被测齿轮两面齿廓同时与标准测量齿轮（一般比被测齿轮精度高 2~3 级，测量时其误差可以忽略不计）保持接触。由于标准测量齿轮的轮齿在测量中相当于一个锥形测头，因此在双啮状态下中心距的最大变动量 $\Delta F''_i$ 类似于齿圈径向跳动 ΔF_r，主要反映齿轮的径向误差。由于 $\Delta F''_i$ 是齿轮连续回转测得的，因此齿轮的基节偏差、齿形误差等以一齿转角为周期的误差也能综合反映在 $\Delta F''_i$ 中，故将双啮中心距的最大变动量称为径向综合误差。

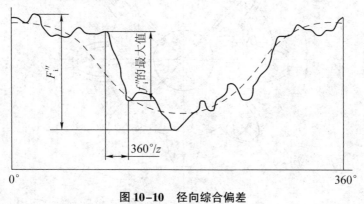

图 10-10　径向综合偏差

径向综合误差 $\Delta F''_i$ 采用齿轮双面啮合仪（双啮仪）测量，其测量原理如图 10-11（a）所示。被测齿轮 5 安装在固定溜板 6 的心轴上，测量齿轮 3 安装在滑动溜板 4 的心轴上，借助弹簧 2 的作用使两齿轮做无侧隙双面啮合。在被测齿轮一转内，双啮中心距 a 连续变动使滑动溜板产生位移，通过指示表 1 测出最大与最小中心距变动的差值，即为径向综合误差 $\Delta F''_i$。同时，自动记录装置，可录得双啮中心距误差曲线，如图 10-11（b）所示，误差曲线的最大幅值即为 $\Delta F''_i$。

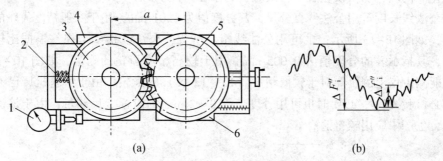

(a)　　　　　　　　　　　　　　(b)

（a）双啮仪测量原理；（b）双啮中心距误差曲线

1—指示表；2—弹簧；3—测量齿轮；4—滑动溜板；5—被测齿轮；6—固定溜板

图 10-11　双面啮合综合测量

双面啮合测量的缺点是与齿轮的工作状态不符合，测量结果受轮齿两面误差的共同影响，所以不能全面反映齿轮的精度。但因双啮仪结构简单，测量效率高，故在大批量的生产中用来测量 6 级精度以下的齿轮。必要时，还可在该仪器上进行齿厚和接触斑点的检测。

（6）公法线长度变动 ΔF_w（GB/T 10095.1~2—2008）。

公法线长度变动 ΔF_w 是指在齿轮一周范围内，实际公法线长度最大值与最小值之差，如图 10-12 所示，即

$$\Delta F_w = W_{k\max} - W_{k\min}$$

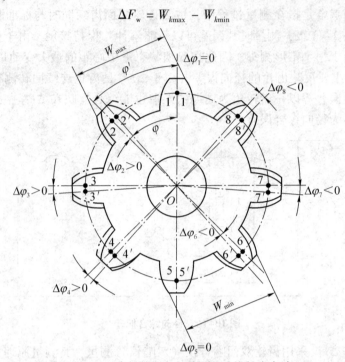

图 10-12　齿轮的切向误差及公法线长度变动

齿轮有切向误差时，实际齿廓沿分度圆切线方向相对于其理论位置将会产生位移，使得公法线长度发生变动。因此，公法线长度变动 ΔF_w 可以揭示齿轮的切向误差。控制 ΔF_w 就可控制齿轮的切向误差。但因为测量公法线长度时没有径向测量基准，故它不能反映出齿轮的径向误差。同理，切向误差也不会反映在属于径向性质的 F_r、F''_i 中。

测量公法线长度可用公法线百分尺，其分度值为 0.01 mm，用于一般精度齿轮的公法线长度测量，如图 10-13 所示；也可用公法线指示卡规，公法线指示卡规是根据比较法来进行测量的，其指示表的分度值为 0.005 mm，用于较高精度齿轮的测量，如图 10-14 所示；还可在万能测齿仪上测量。对于较低精度（10~12 级）的齿轮，由于齿轮机床已有足够的精度，不必检验 ΔF_w，必要时也可用分度值为 0.02 mm 的游标卡尺测量，由于该测量方法比较简单，生产中应用较普遍。

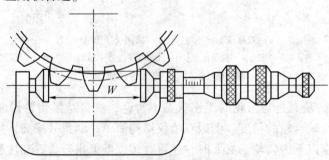

图 10-13　用公法线百分尺测量齿轮的公法线

GB/T 10095—2008 中无 ΔF_w 偏差项目。齿轮加工时，ΔF_w 用公法线千分尺可在线直接测量（不用卸下齿轮工件），不仅方便，且因测量为直线值（与 $\Delta F_i''$、F_P 比较），精度高，特别是从公法线长度计算公式中可知公法线长度变动包含基圆齿距和基圆齿厚对 ΔF_w 的影响，所以生产中用 ΔF_w 值作为制齿工序完成的依据。

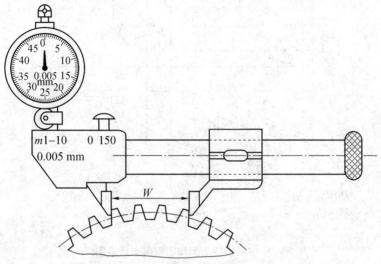

图 10-14　用公法线指示卡规测量齿轮的公法线

4. 影响传动平稳性的误差及检测

齿轮传动的平稳性是由任一瞬时传动比变化来体现的，是以齿轮一个齿距角为周期的，属于短周期误差，分别是 f_i'、f_i''、F_α、f_{pb}、f_{pt} 五个项目。

（1）一齿切向综合偏差 f_i'。

一齿切向综合偏差是被测齿轮与测量齿轮单面啮合时，在被测齿轮一个齿距内，齿轮分度圆上实际圆周位移与理论圆周位移的最大差值。可见，一齿切向综合偏差是一个齿距内的切向综合偏差，如图 10-4 所示，图中小波纹的幅度值即为 f_i'。

（2）一齿径向综合偏差 f_i''。

一齿径向综合偏差是当产品齿轮与测量齿轮双面啮合一整圈时，对应一个齿距（360°/z）的径向综合偏差值，可见它是一个齿距内的双啮中心距的最大变动量。

（3）齿廓总偏差 F_α。

① 齿廓偏差。实际齿廓偏离设计齿廓的量为齿廓偏差，该量在端平面内且垂直于渐开线齿廓的方向计值，包括齿廓总偏差 F_α、齿廓形状偏差 $f_{f\alpha}$ 和齿廓倾斜偏差 $f_{H\alpha}$ 三项内容。下面先来了解一些定义，以便于更好地理解齿廓偏差的知识内容，如图 10-15 所示。

可用长度 L_{AF}：可用长度等于两条端面基圆切线长度之差。其中一条是从基圆延伸到可用齿廓的外界限点，另一条是从基圆到可用齿廓的内界限点。

依据设计，可用长度被齿顶、齿顶倒棱或齿顶倒圆的起始点（图 10-15 中点 A）限定，在朝齿根方向上，可用长度的内界限点被齿根圆角或清根的起始点（图 10-15 中点 F）所限定。

有效长度 L_{AE}：可用长度对应于有效齿廓的部分。对于齿顶，有效长度的界限点与可用长度限定点（点 A）相同。对于齿根，有效长度延伸到与之配对齿轮有效啮合的终点 E（即有效齿廓的起始点）。如不知道配对齿轮，则 E 点为与基本齿条相啮合的有效齿廓的起始点。

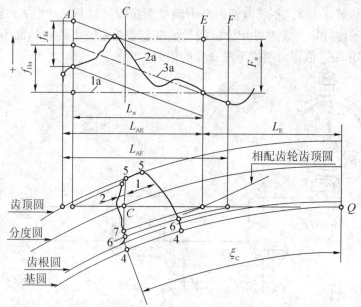

图 10-15　齿轮齿廓和齿廓偏差示意图

齿廓计值范围 L_α：可用长度中的一部分，在 L_α 内应遵照规定精度等级的公差。除另有规定外，其长度等于从 E 点开始的有效长度 L_{AE} 的 92%。齿轮设计者应确保齿廓计值范围满足使用要求。

设计齿廓：符合设计规定的齿廓，当无其他限定时，是指端面齿廓在端面曲线图中，未经修形的渐开线齿廓迹线，一般为直线。齿廓迹线若偏离了直线，其偏离量即为与被检齿轮的基圆所展成的渐开线齿廓的偏差。齿廓计值范围 L_α 等于从有效长度 L_{AE} 的顶端和倒棱处减去 8%。

被测齿面的平均齿廓：被测齿面的平均齿廓是设计齿廓迹线的纵坐标减去一条斜直线的相应纵坐标后得到的一条迹线。它使得在计值范围内，实际齿廓迹线偏离平均齿廓迹线的偏差的平方和最小。因此，平均齿廓迹线的位置和倾斜度可用最小二乘法确定。

② 齿廓形状偏差 $f_{f\alpha}$。齿廓形状偏差是指在计值范围 L_α 内，包容实际齿廓迹线的两条与平均齿廓迹线完全相同的曲线间的距离，且两条曲线与平均齿廓迹线的距离为常数，如图 10-15 所示。

③ 齿廓倾斜偏差 $f_{H\alpha}$。在计值范围 L_α 内，两端与平均齿廓迹线相交的两条设计齿廓迹线间的距离称为齿廓倾斜偏差，如图 10-15 所示。

齿廓总偏差是由刀具设计的制造误差、安装误差及机床传动链误差等引起的。齿廓总偏差 f_α 是指在计值范围 L_α 内，包容实际齿廓迹线的两条设计齿廓迹线间的距离，其中包括齿廓偏差、齿廓形状偏差 $f_{f\alpha}$、齿廓倾斜偏差 $f_{H\alpha}$。

通常，齿廓工作部分为理论渐开线，也可以是采用理论渐开线齿廓为基础的修正齿廓，其目的是减小基圆齿距偏差和轮齿弹性变形引起的冲击、振动和噪声。

齿廓偏差可在渐开线检查仪上测量，利用精密机构产生正确的渐开线轨迹与实际齿形进行比较，以确定齿廓偏差。图 10-16 为单盘式渐开线检查仪原理图。被测齿轮 2 与一直径等于该齿轮基圆直径的基圆盘 1 同轴安装。转动手轮 4、螺杆 3 使拖板 5 移动，直尺 7 与基圆盘在一定的接触压力下做纯滚动。测头 8 一端与齿面接触，另一端与指示表 6 相连。直尺 7 与基圆盘 1 的接触点在其切平面上。滚动时，测头与齿廓相对运动的轨迹就是正确的渐开线。若被测齿廓不是理想渐开线，则测头摆动并在指示表 6 上显示出数据。

单盘式渐开线检查仪，由于齿轮基圆不同，基圆盘数量较多，故只适用于成批生产齿轮的检验。万能式渐开线检查仪可测不同基圆大小的齿轮而不需要更换基圆盘，但其结构复杂，价格较贵，适用于多品种、小批量生产齿轮的检验。

（4）基圆齿距偏差 f_{Pb}（GB/T 10095.1～2—2008）。

基圆齿距偏差 f_{Pb} 指的是实际基圆齿距与公称基圆齿距之差。实际基圆齿距是指基圆柱切平面所截两相邻同侧齿面的交线之间的法向距离，如图 10-17 所示。

f_{Pb} 主要是由齿轮滚刀或齿轮插刀的齿距偏差及齿廓偏差造成的。

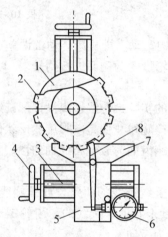

1—基圆盘；2—被测齿轮；3—螺杆；4—手轮；
5—拖板；6—指示表；7—直尺；8—测头
图 10-16　单盘式渐开线检查仪原理图

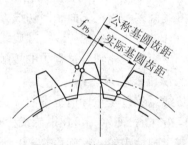

图 10-17　基圆齿距偏差

两个齿轮正确啮合的条件之一是两个齿轮的基圆齿距相等。当两个齿轮的基圆齿距不相等，轮齿在进入啮合或退出啮合的过程时，瞬时传动比就会发生变化。

如图 10-18（a）所示，设齿轮 1 为主动轮，其实际基圆齿距为 p_{b1}；齿轮 2 为从动轮，其实际基圆齿距为 p_{b2}。不考虑其他因素，若 $p_{b1} > p_{b2}$［图 10-18（a）］，当轮齿 a_1 和 a_2 正常啮合结束时，后一对轮齿 b_1 和 b_2 还不能立即啮合，致使 a_1 齿只能以其齿顶推动 a_2 的齿面，使从动轮继续转动。但此时 a_1 和 a_2 两齿的接触点脱离了啮合线，因而使得从动轮的转速突然减慢，直至间隙减小而达到零，b_1 齿撞击 b_2 齿，使从动轮的转速突然加快，并使 a_1 和 a_2 脱离啮合，从动轮才能恢复正常的转速。若 $p_{b1} < p_{b2}$［图 10-18（b）］，则 a_1 和 a_2 尚在正常啮合，后一对轮齿 b_1 和 b_2 就开始接触，致使 b_1 齿的齿面提前于啮合线外撞上 b_2 齿的齿顶边，从而使从动轮受到撞击后转速突然加快，并使 a_1 和 a_2 提前脱离啮合。之后 b_1 的齿面和 b_2 的齿顶边接触，从动轮降速，直至两轮齿的接触点进入啮合线，从动轮才恢复正常转动。

由上述分析可知，若相互啮合的轮齿基圆齿距有偏差，在换齿过程时，瞬时传动比就会发生变化，从而使轮齿产生撞击，引起振动和噪声，影响传动的平稳性。两齿轮的基圆齿距差值越大，引起换齿过程瞬时传动比的变化就越大，引起的振动和噪声也就越大。

基圆齿距偏差常用基节检查仪或万能测齿仪来测量。

（5）单个齿距偏差 f_{Pt}。

端平面上，在接近齿高中部的一个与齿轮轴线同心的圆上，实际齿距与理论齿距的代数差称为单个齿距偏差 f_{Pt}，如图 10-19 所示。

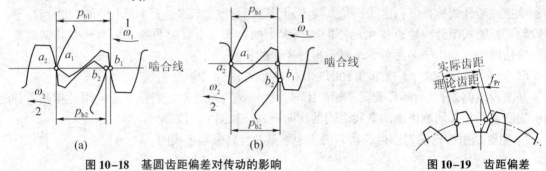

(a)	(b)

图 10-18　基圆齿距偏差对传动的影响　　　　　图 10-19　齿距偏差

滚齿加工时，f_{Pt} 主要是由分度蜗杆跳动及轴向窜动，即机床传动链误差造成的。测量方法及使用仪器与 F_P 的测量方法相同，但 f_{Pt} 需对轮齿的两侧面进行测量。

5. 影响荷载分布均匀性的误差及检测

螺旋线偏差是指在端面基圆切线方向上测得的实际螺旋线偏离设计螺旋线的量。设计螺旋线为符合设计规定的螺旋线。螺旋线偏差包括螺旋线总偏差、螺旋线形状偏差、螺旋线倾斜偏差，它影响齿轮啮合过程中的接触情况，影响齿面荷载分布的均匀性。

（1）螺旋线总偏差 F_{β}。

螺旋线总偏差是在计值范围内，包容实际螺旋线迹线的两条设计螺旋线迹线间的距离，如图 10-20（a）所示。可在螺旋线检查仪上测量未修形螺旋线的斜齿轮螺旋线偏差。对于渐开线直齿圆柱齿轮，螺旋角 $\beta = 0$，此时 F_{β} 称为齿向偏差。

螺旋线总偏差 F_{β} 主要由机床导轨倾斜、夹具和齿坯安装误差引起。

（2）螺旋线形状偏差 $f_{F\beta}$。

螺旋线形状偏差是在计值范围内，包容实际螺旋线迹线的两条与平均螺旋线迹线完全相同的曲线间的距离，且两条曲线与平均螺旋线迹线的距离为常数，如图 10-20（b）所示。

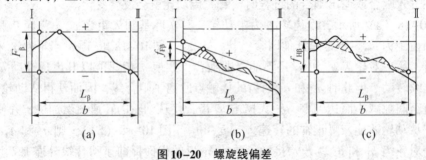

(a)	(b)	(c)

图 10-20　螺旋线偏差

（3）螺旋线倾斜偏差 $f_{H\beta}$。

螺旋线倾斜偏差是在计值范围内的两端与平均螺旋线迹线相交的设计螺旋线迹线的距离，如图 10-20（c）所示。

螺旋线计值范围 L_{β} 是指在轮齿两端各减去下面两个数值中较小的一个后的"迹线长度"：5% 的齿宽或等于一个模数的长度。

螺旋线偏差影响齿轮的承载能力和传动质量，其测量方法有展成法和坐标法。展成法测量的仪器是渐开线螺旋线检查仪、导程仪等；坐标法测量的仪器是螺旋线样板检查仪、齿轮测量中心和三坐标测量机等。

6. 影响齿轮副侧隙的偏差及检测

齿轮副的侧隙是齿轮副装配后自然形成的。对于单一一对非工作的齿廓是不相等的，因为齿轮在加工时不可避免地会有一定的运动偏心，导致各轮齿厚度不均，同时齿圈径向跳动也会影响侧隙。考虑到齿轮工作时，轮齿受力有弹性变形，发热时会膨胀，为了防止工作温度升高而卡死，就要求预先将齿轮的齿厚减薄一些，使齿轮工作时留有一定的保证侧隙来补偿这些影响。另外，齿轮在啮合时，需要正常润滑，因此也要求有一定的保证侧隙。但是，如果侧隙过大，对于要求经常正、反转的齿轮和仪器中的读数齿轮是不利的。为了避免齿轮反转时的过大冲击和空程误差，必须控制最大侧隙。圆周侧隙便于测量，但法向侧隙是基本的，它可以与法向齿厚、公法线平均长度、轮齿变形量、油膜厚度等建立函数关系。因此，需要将测得的圆周侧隙通过关系式换算成法向侧隙（$j_n = j_t \cos\beta_b \cos\alpha_t$）。齿轮副的侧隙要求应按用途、工作条件等，用最小法向极限侧隙 $j_{n\min}$ 与最大法向极限侧隙 $j_{n\max}$ 来规定。侧隙选择是独立于齿轮精度等级选择之外的另一类问题，现借鉴旧标准经验处理。

（1）最小法向极限侧隙 $j_{n\min}$ 的计算。

① 保证正常润滑所必需的法向侧隙 j_{n1}。其取决于齿轮副的润滑方式和齿轮工作时的圆周速度，一般参照表 10-1 选用。

表 10-1　保证正常润滑的最小侧隙量

润滑方式	圆周速度 v / （m/s）			
	≤10	>10 ~ 25	>25 ~ 60	>60
油池润滑	（0.005 ~ 0.01）m_n			
喷油润滑	0.01 m_n	0.02 m_n	0.03 m_n	（0.03 ~ 0.05）m_n

注：m_n 为法向模数，单位为 mm。

② 补偿温升引起齿轮和箱体的热变形所需的最小的法向侧隙 j_{n2}。按式（10-2）计算：

$$j_{n2} = a(\alpha_1 \Delta t_1 - \alpha_2 \Delta t_2) 2\sin\alpha_n \qquad (10\text{-}2)$$

式中：a——齿轮传动的中心距，mm；

α_1、α_2——齿轮、箱体材料的线膨胀系数；

Δt_1、Δt_2——齿轮、箱体工作温度与标准温度 20 ℃的偏差，即 $\Delta t_1 = t_1 - 20$ ℃，$\Delta t_2 = t_2 - 20$ ℃；

α_n——法向压力角。

最小法向极限侧隙是保证润滑条件所需的侧隙与补偿热变形所需的侧隙之和，即

$$j_{n\min} = j_{n1} + j_{n2} \qquad (10\text{-}3)$$

（2）最大法向极限侧隙 $j_{n\max}$ 的计算。

当最小法向极限侧隙和齿轮制造与安装精度确定后，最大极限侧隙自然形成，一般不必再计算。但对精密读数机构或对回转角有严格要求的齿轮副，还需要验算最大法向极限侧隙。

（3）齿厚极限偏差的计算。

① 齿厚上偏差 E_{sns} 的确定。所选择的齿厚上偏差 E_{sns}，不仅要保证齿轮副传动所需的最小法向极限侧隙 j_{nmin}，同时还要补偿由加工、安装误差所引起的侧隙减小量 J_n。J_n 的值按式（10-4）计算：

$$J_n = \sqrt{f_{Pb1}^2 + f_{Pb2}^2 + 2(F_\beta\cos\alpha_n)^2 + (f_{\Sigma\delta}\sin\alpha_n)^2 + (f_{\Sigma\beta}\cos\alpha_n)^2} \qquad (10\text{-}4)$$

式中：f_{Pb}——基圆齿距偏差，可由表 10-2 查出；

F_β——螺旋线总偏差；

$f_{\Sigma\delta}$、$f_{\Sigma\beta}$——轴线平面内、垂直平面内的轴线平行度公差；

α_n——法向压力角。

当 $\alpha_n = 20$ ℃时，又因 $f_{\Sigma\beta} = 0.5F_\beta$、$f_{\Sigma\delta} = 2f_{\Sigma\beta} = F_\beta$，得

$$J_n = \sqrt{f_{Pb1}^2 + f_{Pb2}^2 + 2.104F_\beta^2} \qquad (10\text{-}5)$$

表 10-2　基圆齿距极限偏差 $\pm f_{Pb}$（GB/T 10095.1~2—2008）　（单位：μm）

分度圆直径	法向模数	精度等级				
d/mm	m_n/mm	5	6	7	8	9
	$1 < m_n \leqslant 3.5$	5	9	13	18	25
$d \leqslant 125$	$3.5 < m_n \leqslant 6.3$	7	11	16	22	32
	$6.3 < m_n \leqslant 10$	8	13	18	25	36
	$1 < m_n \leqslant 3.5$	6	10	14	20	30
$125 < d \leqslant 400$	$3.5 < m_n \leqslant 6.3$	8	13	18	25	36
	$6.3 < m_n \leqslant 10$	9	14	20	30	40

由于 J_n 的存在，实际上应是 $j_{nmin} + J_n$ 的数值再平均分配给两个相互啮合的齿轮，换算成齿厚减薄量，同时，齿轮中心距的极限偏差也影响侧隙，也换算为齿厚减薄量。一般两个齿轮的齿厚上偏差数值相等，因此，每个齿轮的齿厚上偏差 E_{sns} 的计算公式为

$$E_{sns} = -\left(f_a\tan\alpha_n + \frac{j_{nmin} + J_n}{2\cos\alpha_n}\right) \qquad (10-6)$$

式中：f_a——中心距极限偏差。

将计算得到的齿厚上偏差 E_{sns} 除以单个齿距偏差 f_{Pt}，并圆整成整数，再按表 10-3 选择适当的齿厚上偏差代号。

表 10-3　齿厚极限偏差

$C = +1f_{Pt}$	$G = -6f_{Pt}$	$L = -16f_{Pt}$	$R = -40f_{Pt}$
$D = 0$	$H = -8f_{Pt}$	$M = -20f_{Pt}$	$S = -50f_{Pt}$
$E = -2f_{Pt}$	$J = -10f_{Pt}$	$N = -25f_{Pt}$	
$F = -4f_{Pt}$	$K = -12f_{Pt}$	$P = -32f_{Pt}$	

GB/T 10095.1～2—2008 中规定的齿厚极限偏差有 C～S 共 14 种代号，其大小用齿距偏差 f_{Pt} 的倍数表示，上、下偏差可分别选择一种偏差代号表示。

当侧隙要求严格，而齿厚极限偏差又不能以标准规定的 14 个代号选取时，允许直接用数值表示齿厚极限偏差。

② 齿厚公差 T_{sn} 的计算。齿厚公差 T_{sn} 的大小反映切齿加工的难易程度，其数值与切齿加工时径向进刀误差 Δb_r 和反映一周中各齿厚度变动的齿圈径向跳动 F_r 有关，因此，齿厚公差 T_{sn} 的计算公式为

$$T_{sn} = 2\tan\alpha_n \times \sqrt{b_r^2 + F_r^2} \tag{10-7}$$

b_r 的数值与齿轮的精度等级关系如表 10-4 所示。

表 10-4　切齿径向进刀公差值

切齿工艺	磨		滚插		铣	
齿轮的精度等级	4	5	6	7	8	9
b_r 值	1.26IT7	IT8	1.26IT8	IT9	1.26IT9	IT10

注：IT 的值按分度圆查标准公差数值表。

③ 齿厚下偏差 E_{sni} 的确定。齿厚下偏差 E_{sni} 由齿厚上偏差 E_{sns} 减去齿厚公差 T_{sn} 求得，其计算公式为

$$E_{sni} = E_{sns} - T_{sn} \tag{10-8}$$

（4）公法线平均长度极限偏差 E_{Wm} 的计算（上偏差 E_{Wms}、下偏差 E_{Wmi}）。

测量公法线长度比测量齿厚方便、准确，还能同时评定齿轮传递运动的准确性和侧隙。因此，实际应用中，对于中等精度及其以上的齿轮，常用公法线平均长度极限偏差检测取代齿厚极限偏差检测。但标准中没有直接给出公法线平均长度极限偏差的数值，只给出了它与齿厚极限偏差的换算公式。对于外齿轮：

公法线平均长度上偏差 E_{Wms} 为

$$E_{Wms} = E_{sns}\cos\alpha - 0.72F_r\sin\alpha \tag{10-9}$$

公法线平均长度公差 T_W 为

$$T_W = T_{sn}\cos\alpha - 1.44F_r\sin\alpha \tag{10-10}$$

公法线平均长度下偏差 E_{Wmi} 为

$$E_{Wmi} = E_{sni}\cos\alpha + 0.72F_r\sin\alpha \tag{10-11}$$

或

$$E_{Wmi} = E_{Wms} - T_W \tag{10-12}$$

保证齿轮副侧隙，是传动正常工作的必要条件。侧隙是齿轮装配后自然形成的，与两齿轮的中心距和齿厚偏差有关。国家标准采用基中心距制，通过控制齿厚偏差来保证侧隙。为此，要保证合理的侧隙，就要限制齿厚偏差，齿轮加工时的齿厚的减薄量用齿厚偏差或公法线长度偏差来评定。

a. 齿厚偏差 E_{sn}（齿厚上偏差 E_{sns}、齿厚下偏差 E_{sni}、齿厚公差 T_{sn}）。

图 10-21　齿厚偏差

E_{sn}是指在分度圆柱面上，齿厚的实际值与公称齿厚值之差。对于斜齿轮，指法向实际齿厚与公称齿厚之差，如图10–21所示。

按齿厚定义，齿厚以分度圆弧长计值（弧齿厚），但弧长不便于测量。因此，实际上是按分度圆上的弦齿高定位来测量弦齿厚。对于非变位的直齿轮，公称弦齿厚 $\bar{s}$ 和公称弦齿高 $\bar{h}_a$ 按式（10–13）和式（10–14）计算：

$$\bar{s} = mz\sin\frac{90°}{z} \tag{10–13}$$

$$\bar{h}_a = m + \frac{zm}{2}\left(1 - \cos\frac{90°}{z}\right) \tag{10–14}$$

式中：m——齿轮的模数；

z——齿轮的齿数。

测量齿厚常用的工具是齿厚游标卡尺，如图10–22所示。齿厚按定义是指分度圆弧齿厚，但为了方便，一般测量分度圆弦齿厚。测量时，以齿顶圆为基准，调整纵向游标尺来确定分度圆弦齿高 $\bar{h}$，再用横向游标尺测出齿厚的实际值，将实际值减去公称值，即为分度圆齿厚偏差。在齿圈上每隔90°测量一个齿厚，取最大的齿厚偏差值作为该齿轮的齿厚偏差 E_{sn}。

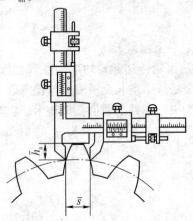

图10–22　齿厚游标卡尺测量齿厚

用齿厚极限偏差限制齿厚偏差，其合格条件为

$$E_{sni} \leqslant E_{sn} \leqslant E_{sns}$$

由于测量 E_{sn} 时，以齿顶圆为基准，齿顶圆直径偏差和径向跳动对测量结果有较大的影响，而且齿厚游标卡尺的精度不高，故它只适用于测量精度较低或模数较大的齿轮。

b. 公法线平均长度偏差 E_{Wm}（上偏差 E_{Wms}、下偏差 E_{Wmi}）。

公法线平均长度偏差是指齿轮一周内，公法线实际长度的平均值与公称值之差。

公法线公称长度平均值是按规定必须在齿轮圆周上6个或6个以上部位测出的实际值所取的平均值 $\bar{W}$。公法线实际长度的公称值 W 由 $(k-1)$ 个基圆齿距 P_b 和一个基圆齿厚 S_b 所组成，即

$$W = (k-1)P_b + S_b$$

或

$$W = m[1.476(2k-1) + 0.014z] \tag{10–15}$$

式中：m——模数；

k——跨齿数，对标准直齿圆柱齿轮，有

$$k = \frac{1}{9}z + 0.5 \tag{10–16}$$

因此，公法线长度偏差为 $\bar{W} - W$。

由式（10–15）可见，齿轮齿厚减薄时，公法线长度亦相应减小，反之亦然。由于基圆

齿距偏差的数值与基圆齿厚偏差的数值相比小得多，因此公法线平均长度偏差主要反映齿厚偏差，可用测量公法线长度来代替测量齿厚，以评定传动侧隙的合理性。

用公法线平均长度极限偏差控制公法线平均长度偏差，其实质是间接控制齿厚偏差。其合格条件为 $E_{Wmi} \leq E_{Wm} \leq E_{Wms}$。

公法线长度的测量与 F_W 的测量一样，可用公法线千分尺、公法线指示卡规和游标卡尺等测量。在测量公法线长度变动量 F_W 的同时，可测得公法线平均长度偏差 E_{Wm}。

测量公法线长度时不需要以齿顶圆为基准，因此测量结果不受齿顶圆直径偏差和径向跳动的影响，测量的精度较高。但为排除切向误差对齿轮公法线长度的影响，应在齿轮 1 周内至少测量均布的 6 段公法线长度，并取其平均值计算公法线平均长度偏差 E_{Wm}。

还应特别注意，公法线平均长度偏差和公法线长度变动量，尽管两者的测量方法、测量部位、所用量具都相同，也都在圆周上 6 处或 6 处以上测量取值，但它们的概念不同，要注意区分。公法线长度变动量是影响传递运动准确性的指标，不必与公法线公称长度比较，是指一个齿轮上公法线长度变动的范围。而公法线平均长度偏差是影响侧隙的指标，与公法线长度有关，是公法线长度的平均值对公称值的偏差，既有大小，又有方向。测量对象为斜齿轮时，某些计算公式应加以修正，并应在法向平面内测量。

子任务 2　圆柱齿轮副误差检测方法

● 工作任务

掌握影响齿轮副传动要求的误差项目有哪些，齿轮副的侧隙是如何形成的，影响齿轮副侧隙大小的因素有哪些。

● 知识准备

为了保证传动质量，除了控制单个齿轮的制造精度外，还需对产品齿轮副可能出现的误差加以限制，而 GB/Z 18620.1—2008 中对传动总误差 F' 仅给出符号，对一齿传动偏差仅给出代号。若对产品齿轮有这两项要求时，仍按 GB/T 10095.1 ~ 2—2008 规定的 $\Delta F'_{ic}$ 和 $\Delta f'_{ic}$ 执行。

1. 齿轮副的切向综合误差 $\Delta F'_{ic}$（GB/T 10095.1 ~ 2—2008）

齿轮副的切向综合误差 $\Delta F'_{ic}$ 是指安装好的齿轮副，在啮合转动足够多的转数内，一个齿轮相对于另一个齿轮的实际转角与公称转角之差的总幅度值，以分度圆弧长计值。

齿轮副切向综合误差 $\Delta F'_{ic}$ 是齿轮副传递运动准确性的综合性评定指标。按定义规定，$\Delta F'_{ic}$ 应在装配后用传动精度检查仪实测。但因这种仪器应用尚不普遍，或因齿轮轴封闭在箱体内无法测量，所以也允许在齿轮型单啮仪上装上相配的两个齿轮进行测量，或按两个齿轮分别在单啮仪上测得的切向综合误差之和（$\Delta F'_{ic} = \Delta F'_{i1} + \Delta F'_{i2}$）来推定。

2. 齿轮副的一齿切向综合误差 $\Delta f'_{ic}$（GB/T 10095.1 ~ 2—2008）

齿轮副的一齿切向综合误差 $\Delta f'_{ic}$ 是指安装好的齿轮副，在啮合转动足够多的转数内，一个齿轮相对于另一个齿轮在一个齿距内实际转角与公称转角之差的最大幅度值，以分度圆弧长计值。

齿轮副的一齿切向综合误差 $\Delta f'_{ic}$ 是齿轮副传动平稳性的综合评定指标，其测量和评定的方法与 $\Delta F'_{ic}$ 相同。也可用两个齿轮的一齿切向综合误差来推定。

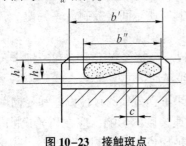

图 10-23　接触斑点

3. 齿轮副的接触斑点

齿轮副的接触斑点是指安装好后的齿轮副，在轻微制动下，运转后齿面上分布的接触擦亮痕迹，如图 10-23 所示。它是齿面接触精度的综合评定指标。接触痕迹的大小在齿面展开图上用百分数计算。

沿齿长方向：接触痕迹的长度 b''（扣除超过模数值的断开部分 c）与工作长度 b' 之比的百分数，即 $(b''-c)/b' \times 100\%$。

沿齿高方向：接触痕迹的平均高度 h'' 与工作高度 h' 之比的百分数，即 $h''/h' \times 100\%$。

接触斑点是评定齿轮副荷载分布均匀性的综合指标。齿轮副擦亮痕迹的大小是在齿轮副装配后的工作装置中测定的，也就是在综合反映齿轮加工误差和安装误差的条件下测定的。因此，其所测得的接触擦亮痕迹最接近工作状态，较为真实。故这项综合指标比检验单个齿轮荷载分布均匀性的指标更为理想，测量过程也较简单和方便。

接触斑点的检验应在机器装配后或出厂前进行。所谓轻微制动，是指检验中所加的制动力矩应以不使啮合的齿面脱离，而又不致使任何零件（包括被检齿轮）产生可以察觉到的弹性变形为限。检验时不应采用涂料来反映接触斑点，必要时才允许使用规定的薄膜涂料。此外，必须对两个齿轮的所有齿面进行检查，并以接触斑点百分数最小的那个齿作为齿轮副的检验结果。对接触斑点的形状和位置有特殊要求时，应在图上标明，并按此进行检验。

若齿轮副的接触斑点不小于规定的百分数，则齿轮副的荷载分布均匀性满足要求。

4. 齿轮副的侧隙

齿轮副的侧隙是指两相啮合齿轮工作时，在非工作齿面间形成的间隙，分为圆周侧隙和法向侧隙，如图 10-24 所示。

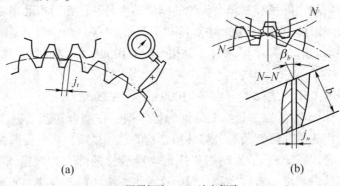

(a)　　　　　　　　　　　　　　　　(b)

（a）圆周侧隙；（b）法向侧隙

图 10-24　齿轮副的侧隙

（1）圆周侧隙 j_t（圆周最大极限侧隙 j_{tmax}、圆周最小极限侧隙 j_{tmin}）。

圆周侧隙 j_t 是指装配好后的齿轮副，当一个齿轮固定时，另一个齿轮的圆周晃动量，以分度圆弧长计值，如图 10-24（a）所示。

（2）法向侧隙 j_n（法向最大极限侧隙 j_{nmax}、法向最小极限侧隙 j_{nmin}）。

　　法向侧隙 j_n 是指装配好后的齿轮副，当工作齿面接触时，非工作齿面之间的最短距离，如图 10-24（b）所示。

　　圆周侧隙 j_t 和法向侧隙 j_n 之间的关系为

$$j_n = j_t \cos\beta_b \cos\alpha_t \tag{10-17}$$

式中：β_b——基圆螺旋角；

　　　α_t——端面齿形角。

　　若 j_n（或 j_t）满足下式要求，即

$$j_{n\min} \leqslant j_n \leqslant j_{n\max}$$

或

$$j_{t\min} \leqslant j_t \leqslant j_{t\max}$$

则齿轮副侧隙满足要求。

　　j_n 可用塞尺测量，也可用压铅丝法测量。j_t 可用指示表测量。测量 j_n 和测量 j_t 是等效的。

　　上述对齿轮副的四方面要求如均能满足，该齿轮副即被认为是合格的。

　　5. 齿轮副中心距偏差 f_a

　　齿轮副中心距偏差 f_a 是指在齿轮副的齿宽中间平面内实际中心距与公称中心距之差，如图 10-25 所示。

　　中心距偏差 f_a 的大小直接影响装配后侧隙的大小，故对于轴线不可调节的齿轮传动，必须对其加以控制。

　　公称中心距是在考虑了最小侧隙及两齿轮齿顶和与其相啮合的非渐开线齿廓齿根部分的干涉后确定的。

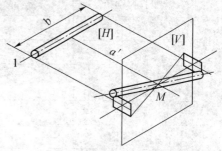

图 10-25　齿轮副的中心距偏差

因 GB/Z 18620.3—2008 中未给出中心距偏差值，仍用 GB/T 10095.1～2—2008 的中心距极限偏差 $\pm f_a$ 表中的数值。

　　中心距可用卡尺、千分尺等普通量具进行测量。

　　6. 齿轮副轴线的平行度偏差 $f_{\Sigma\delta}$、$f_{\Sigma\beta}$

　　除单个齿轮的误差项目，齿轮副轴线的平行度偏差也同样影响接触精度。齿轮副轴线的平行度偏差是指一对齿轮的轴线在两轴线的"公共平面"或"垂直平面"内投影和平行度偏差，如图 10-26 所示。

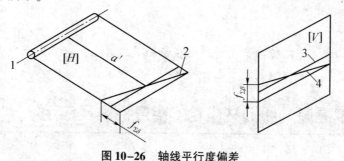

图 10-26　轴线平行度偏差

　　（1）轴线平面内的轴线平行度偏差 $f_{\Sigma\delta}$。

　　轴线平面内的轴线平行度偏差是一对齿轮的轴线在两轴线的公共平面内投影的平行度偏差。偏差的最大值推荐值为 $f_{\Sigma\delta} = (L/b) F_\beta$。

（2）垂直平面内的轴线平行度偏差。

垂直平面内的轴线平行度偏差是一对齿轮的轴线在两轴线的公共平面的垂直平面上投影的平行度偏差。偏差的最大值推荐值为 $f_{\Sigma\beta} = 0.5(L/b) F_{\beta}$。

● **工作步骤**

明确齿轮传动要求 → 分析并确定齿距累计总偏差 → 分析并确定径向跳动偏差及径向综合总偏差

工作评价与反馈

影响齿轮及齿轮副传动的误差项目及检测		任务完成情况		
		全部完成	部分完成	未完成
自我评价	子任务1			
	子任务2			
工作成果 （工作成果形式）				
任务完成心得				
任务未完成原因				
本项目教与学存在的问题				

TASK 任务2

圆柱齿轮的精度指标及设计

情境导入

设计师小李要设计一对传动齿轮，应用在齿轮减速器上，除考虑生产成本外，还应该根据哪些条件去确定其精度等级呢？下面介绍这一部分内容。

子任务1 掌握渐开线圆柱齿轮的精度标准及应用

● **工作任务**

国家标准规定单个齿轮同侧齿面的精度等级为_____；径向综合偏差的精度等级为_____；径向跳动的精度等级为_____。

A. 1~12   B. 4~12   C. 0~12   D. 1~13

● **知识准备**

1. 精度标准的适用范围

GB/T 10095.1—2008 只适用于单个齿轮的每一个要素，不包括齿轮副。

GB/T 10095.2—2008 中径向综合偏差的公差仅适用于产品齿轮与测量齿轮的啮合检验，而不适用于两个产品齿轮的啮合检验。

GB/Z 18620.1~4—2008 是关于齿轮检验方法的描述和意见。指导性技术文件所提供的数值不作为严格的精度判据，而作为共同协议的关于钢或铁制齿轮的指南来使用。

在适用范围上，新标准仅适用于单个渐开线圆柱齿轮，不适用于齿轮副；对于 0.5mm< m ［模数（法向模数）］<70 mm、5 mm≤ d（分度圆直径）<10 000 mm、4 mm≤ b（齿宽）<1000 mm 的齿轮规定了偏差的允许值；F''_i、f''_i 为 0.2 mm≤ m <10 mm、5 mm≤ d <1000 mm 时的值。

基本齿廓按 GB/T 1356—2001《通用机械和重型机械用圆柱齿轮　标准基本齿条齿廓》的规定。

2. 精度等级

GB/T 10095.1—2008 对轮齿同侧齿面公差规定了 13 个精度等级，由高到低依次为 0，1，2，…，12 级，其中 0 级最高，12 级最低。

GB/T 10095.2—2008 对径向综合公差规定了 9 个精度等级，由高到低依次为 4，5，6，…,12 级，其中 4 级最高，12 级最低。

0~2 级目前生产工艺尚未达到；3~5 级为高精度级；6~8 级为中精度级；9~12 级为低精度级。5 级为基础级，可推算出其他各级的公差值或极限偏差值。

3. 偏差的允许值

齿轮精度等级是通过实测的偏差值与标准规定的数值进行对比后来评定的。轮齿同侧齿面偏差的公差值或极限偏差如表 10-5 ~ 表 10-8 所示，径向综合偏差的允许值如表 10-9、表 10-10 所示，径向跳动公差值如表 10-11 所示。

表 10-5　单个齿距偏差±f_{Pt}（GB／T 10095.1—2008）　　　　（单位：μm）

分度圆直径 d/mm	模数 m/mm	精度等级				
		5	6	7	8	9
20< d≤50	2< m ≤3.5	5.5	7.5	11.0	15.0	22.0
	3.5< m ≤6	6.0	8.5	12.0	17.0	24.0
50< d ≤125	2< m ≤3.5	6.0	8.5	12.0	17.0	23.0
	3.5< m ≤6	6.5	9.0	13.0	18.0	26.0
	6< m ≤10	7.5	10.0	15.0	21.0	30.0
125< d ≤280	2< m ≤3.5	6.5	9.0	13.0	18.0	26.0
	3.5< m ≤6	7.0	10.0	14.0	20.0	28.0
	6< m ≤10	8.0	11.0	16.0	23.0	32.0

表 10-6   齿距累积总偏差 F_P （GB / T 10095. 1—2008）　　　　（单位：μm）

分度圆直径 d /mm	模数 m /mm	精度等级				
		5	6	7	8	9
20< d ≤50	2< m ≤3. 5	15. 0	21. 0	30. 0	42. 0	59. 0
	3. 5< m ≤6	15. 0	22. 0	31. 0	44. 0	62. 0
50< d ≤125	2< m ≤3. 5	19. 0	27. 0	38. 0	53. 0	76. 0
	3. 5< m ≤6	19. 0	28. 0	39. 0	55. 0	78. 0
	6< m ≤10	20. 0	29. 0	41. 0	58. 0	82. 0
125< d ≤280	2< m ≤3. 5	25. 0	35. 0	50. 0	70. 0	100. 0
	3. 5< m ≤6	25. 0	36. 0	51. 0	72. 0	102. 0
	6< m ≤10	26. 0	37. 0	53. 0	75. 0	106. 0

表 10-7   齿廓总偏差 F_α （GB / T 10095. 1—2008）　　　　（单位：μm）

分度圆直径 d /mm	模数 m /mm	精度等级				
		5	6	7	8	9
20< d ≤50	2< m ≤3. 5	7. 0	10. 0	14. 0	20. 0	29. 0
	3. 5< m ≤6	9. 0	12. 0	18. 0	25. 0	35. 0
50< d ≤125	2< m ≤3. 5	8. 0	11. 0	16. 0	22. 0	31. 0
	3. 5< m ≤6	9. 5	13. 0	19. 0	27. 0	38. 0
	6< m ≤10	12. 0	16. 0	23. 0	33. 0	46. 0
125< d ≤280	2< m ≤3. 5	9. 0	13. 0	18. 0	25. 0	36. 0
	3. 5< m ≤6	11. 0	15. 0	21. 0	30. 0	42. 0
	6< m ≤10	13. 0	18. 0	25. 0	36. 0	50. 0

表 10-8   螺旋线总偏差 F_β （GB / T 10095. 1—2008）　　　　（单位：μm）

分度圆直径 d /mm	齿宽 b /mm	精度等级				
		5	6	7	8	9
20< d ≤50	10< b ≤20	7. 0	10. 0	14. 0	20. 0	29. 0
	20< b ≤40	8. 0	11. 0	16. 0	23. 0	32. 0
50< d ≤125	10< b ≤20	7. 5	11. 0	15. 0	21. 0	30. 0
	20< b ≤40	8. 5	12. 0	17. 0	24. 0	34. 0
	40< b ≤80	10. 0	14. 0	20. 0	28. 0	39. 0
125< d ≤280	10< b ≤20	8. 0	11. 0	16. 0	22. 0	32. 0
	20< b ≤40	9. 0	13. 0	18. 0	25. 0	36. 0
	40< b ≤80	10. 0	15. 0	21. 0	29. 0	41. 0

表 10-9　径向综合总偏差 f_i''（GB／T 10095.2—2008）　　　　（单位：μm）

分度圆直径 d／mm	模数 m／mm	精度等级				
		5	6	7	8	9
20< d ≤50	1.0< m ≤1.5	16	23	32	45	64
	1.5< m ≤2.5	18	26	37	52	73
50< d ≤125	1.0< m ≤1.5	19	27	39	55	77
	1.5< m ≤2.5	22	31	43	61	86
	2.5< m ≤4.0	25	36	51	72	102
125< d ≤280	1.0< m ≤1.5	24	34	48	68	97
	1.5< m ≤2.5	26	37	53	75	106
	2.5< m ≤4.0	30	43	61	86	121
	4.0< m ≤6.0	36	51	72	102	144

表 10-10　一齿径向综合偏差 f_i''（GB／T 10095.2—2008）　　　　（单位：μm）

分度圆直径 d／mm	模数 m／mm	精度等级				
		5	6	7	8	9
20< d ≤50	1.0< m ≤1.5	4.5	6.5	9.0	13	18
	1.5< m ≤2.5	6.5	9.5	13	19	26
50< d ≤125	1.0< m ≤1.5	4.5	6.5	9.0	13	18
	1.5< m ≤2.5	6.5	9.5	13	19	26
	2.5< m ≤4.0	10	14	20	29	41
125< d ≤280	1.0< m ≤1.5	4.5	6.5	9.0	13	18
	1.5< m ≤2.5	6.5	9.5	13	19	27
	2.5< m ≤4.0	10	15	21	29	41
	4.0< m ≤6.0	15	22	31	44	62

表 10-11　径向跳动公差 F_r（GB／T 10095.2—2008）　　　　（单位：μm）

分度圆直径 d/mm	法向模数 m_n/mm	精度等级				
		5	6	7	8	9
20< d ≤50	2.0< m_n ≤3.5	12	17	24	34	47
	3.5< m_n ≤6.0	12	17	25	35	49
50< d ≤125	2.0< m_n ≤3.5	15	21	30	43	61
	3.5< m_n ≤6.0	16	22	31	44	62
	6.0< m_n ≤10	16	23	33	46	65
125< d ≤280	2.0< m_n ≤3.5	20	28	40	56	80
	3.5< m_n ≤6.0	20	29	41	58	82
	6.0< m_n ≤10	21	30	42	60	85

对于没有提供数值表的偏差的允许值，可参考 GB/T 10095—2008 中的相关公式求出。

4. 精度等级的选择

齿轮精度等级选择得是否恰当，不仅会影响传动质量，还会影响制造成本，因此选择齿轮精度等级的主要依据是用途、使用条件及对它的技术要求等，即要考虑传递运动的精度、齿轮的圆周速度、传递的功率和荷载、工作持续时间、振动与噪声、润滑条件、传动效率、使用寿命及生产成本等方面的要求。一般可用类比法和计算法。

在实际工作中，常用的是类比法。类比法是依据以往产品设计、性能试验及使用过程中所积累的经验，以及较可靠的各种齿轮精度等级选择的技术资料，经过与所设计的齿轮在用途、工作条件及技术性能上作对比后，选定其精度等级。

表 10-12 为各类机械中的齿轮传动常用的精度等级；表 10-13 为 5~9 级精度齿轮的工作条件与应用范围，可供设计时参考。

表 10-12　各类机械中的齿轮传动常用的精度等级

应用范围	精度等级	应用范围	精度等级	应用范围	精度等级
测量齿轮	3~5	内燃或电气机车	6~7	起重机机构	7~10
汽轮减速器	3~6	轻型汽车	5~8	轧钢机	5~10
精密切削机床	3~7	重型汽车	6~9	地质矿山绞车	7~10
航空发动机	4~7	一般用途减速器	6~9	农业机械	8~11
一般切削机床	5~8	拖拉机	6~10		

表 10-13 5~9 级精度齿轮的工作条件与应用范围

精度等级	工作条件与应用范围	圆周速度/（m/s）	齿面的最终加工
5	用于高平稳且低噪声的高速传动的齿轮；精密机构中的齿轮；涡轮机齿轮；检验 8、9 级精度齿轮的齿轮；重要的航空、船用齿轮箱齿轮	>20	精密磨齿；对于尺寸大的齿轮，精密滚齿后研齿或剃齿
6	用于高速下平稳工作，需要高效率及低噪声的齿轮；航空、汽车及机床中的重要齿轮；读数机构齿轮；分度机构的齿轮	<15	磨齿或精密剃齿
7	用于高速和功率较小或大功率和速度不太高工况下工作的齿轮；普通机床中的进给齿轮和主传动链的变速齿轮；航空中的一般齿轮；速度较高的减速器齿轮；起重机的齿轮；读数机构齿轮	<10	对于不淬硬的齿轮：用精确的刀具滚齿、插齿、剃齿。对于淬硬的齿轮：磨齿、珩齿或研齿
8	用于一般机器中无特殊精度要求的齿轮；汽车、拖拉机中的一般齿轮；通用减速器的齿轮；航空、机床中的不重要齿轮；农业机械中的重要齿轮	<6	滚齿、插齿，必要时剃齿、珩齿或研齿
9	用于无精度要求的较粗糙齿轮；农业机械中的一般齿轮	<2	滚齿、插齿、铣齿

5. 齿轮检验项目的确定

按误差的特性以及对传动性能的影响，将齿轮的指标分成 Ⅰ、Ⅱ、Ⅲ三个性能组，见表 10-14。

表 10-14 齿轮误差特性对传动的影响

性能组别	公差与极限偏差项目	误差特性	对传动性能的主要影响
Ⅰ	F_i', F_P, F_{Pk}, F_i'', F_r	以齿轮一转为周期的误差	传递运动的准确性
Ⅱ	f_i', f_i'', F_α, $\pm f_{Pt}$, $\pm f_{Pb}$	在齿轮一周内，多次周期地重复出现的误差	传动的平稳性、噪声、振动
Ⅲ	F_β	齿螺旋线总误差	荷载分布的均匀性

注：项目符号与 GB/T 10095.1—2008 中项目符号相同。

为了评定齿轮的三项精度，GB/T 10095.1—2008 规定的应检指标是齿距偏差（ $\pm f_{Pt}$、F_{Pk}、F_P）、齿廓总偏差 F_α 和螺旋线总偏差 F_β。为了评定齿轮齿厚减薄量，常用的指标是齿厚偏差 E_{sn} 或公法线长度偏差 E_{Wm}。

用某种切齿方法生产第一批齿轮时，为了掌握该齿轮加工后的精度是否达到规定的要求,需要按上述的应检精度指标对齿轮进行检测。按应检精度指标检测合格后,在工艺条件不变(尤其是切齿机床精度得到保证)的情况下,用这种切齿方法继续生产同样的齿轮时及作分析研究时,可用下列指标来评定齿轮传递运动准确性和齿轮传动平稳性的精度,即 F_i'、f_i'、F_r、F_i''、f_i'' 等项目。

① 新标准没有规定检验组,根据旧标准的技术成果、目前齿轮生产的技术与质量控制水平,建议在下述检验组中选取一个检验组评定齿轮质量,见表 10-15。

表 10-15　推荐的齿轮检验组

组别	检验项目
(1)	f_{Pt} , F_P , F_α , F_β , F_r
(2)	F_{Pk} , f_{Pt} , F_P , F_α , F_β , F_r
(3)	F_i'' , f_i''
(4)	f_{Pt} , F_r (10 ~ 12 级)
(5)	f_i' , F_i' (有协议要求时)

检验组的选择要综合考虑齿轮及齿轮副的功能要求、生产批量、齿轮规格、计量条件和经济效益。

② 新标准中,齿轮的检验可分为单项检验和综合检验,综合检验又分为单面啮合检验和双面啮合检验,见表 10-16。

表 10-16　齿轮的检验项目

单项检验项目	综合检验项目	
	单面啮合检验	双面啮合检验
齿距偏差 f_{Pt} , F_{Pk} , F_P	切向综合总偏差 F_i'	径向综合总偏差 F_i''
齿廓总偏差 F_α	一齿切向综合总偏差 f_i'	一齿径向综合总偏差 f_i''
螺旋线总偏差 F_β		
齿厚偏差		
径向跳动 F_r		

③ 选择检验项目时应注意以下事项:高精度齿轮选择综合指标检验;低精度齿轮可选择单项指标组合检验。为了掌握工艺过程中工艺误差产生的原因,应有目的地选择单项指标组合检验。成品验收则应选择供需双方共同认定的检验项目。批量生产时,宜选择综合指标;单件小批量生产时,则用单项组合的指标检验。

6. 图样上齿轮精度等级的标注

同一齿轮的三项精度要求,可以取相同的精度等级,也可以以不同的精度等级组合。

当齿轮所有精度指标的公差同为某一精度等级时,图样上可标注该精度等级和标准号。例如,同为 7 级精度时,可标注为

7 GB/T 10095.1—2008

当齿轮各个精度指标的公差的精度等级不同时，图样上可按齿轮传递运动准确性、齿轮传动平稳性和轮齿荷载分布均匀性的顺序分别标注它们的精度等级及带括号的对应公差、极限偏差符号和标准号，或分别标注它们的精度等级和标准号。

例 10-1　齿距累积总偏差 F_P、单个齿距偏差 f_{Pt} 和齿廓总偏差 F_α 同为 8 级精度，而螺旋线总偏差 F_β 为 7 级精度时，可标注为

$$8（F_P、f_{Pt}、F_\alpha）、7（F_\beta）\ GB/T\ 10095.1—2008$$

或标注为

$$8-8-7\ GB/T\ 10095.1—2008$$

例 10-2　按照 GB/T 10095.1～2—2008 的规定，标注如下：

7 -6 -6　G　M　GB/T 10095—2008
- 精度标准代号
- 齿厚下偏差代号
- 齿厚上偏差代号
- 第Ⅲ公差组的精度等级
- 第Ⅱ公差组的精度等级
- 第Ⅰ公差组的精度等级

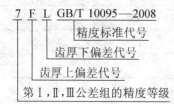

7　F　L　GB/T 10095—2008
- 精度标准代号
- 齿厚下偏差代号
- 齿厚上偏差代号
- 第Ⅰ，Ⅱ，Ⅲ公差组的精度等级

$6\left(\begin{smallmatrix}-0.330\\-0.495\end{smallmatrix}\right)$ GB/T 10095—2008
- 精度标准代号
- 齿厚上偏差，齿厚下偏差
- 第Ⅰ，Ⅱ，Ⅲ公差组的精度等级

子任务 2　齿坯、箱体的公差及齿轮主要表面的粗糙度

● 工作任务

图 10-27 中，齿轮的精度等级为 7 级，根据其精度等级确定其公差等级和表面粗糙度，并在齿轮上标注出粗糙度符号。

● 知识准备

1. 齿坯公差的确定

齿坯公差是指齿轮的设计基准面、工艺基准面和测量基准面的尺寸公差和几何公差。

带孔齿轮的基准面是齿轮安装在轴上的孔；切齿时的定位端面；齿顶圆柱面（当成测量基准或加工时作为找正基面使用）。

轴齿轮的基准面是齿轮安装在支承的两个轴颈及其端面；齿顶圆柱面（当成测量基准或加工时作为找正基面使用）。

齿坯的加工精度对齿轮的加工精度、测量准确度和安装精度影响很大。在一定条件下，通过控制齿坯精度来保证和提高齿轮的加工精度，这是一项积极的技术措施。为此，标准规定了齿坯

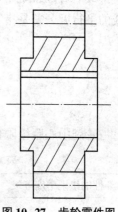

图 10-27　齿轮零件图

的公差，各项公差的数值按表 10-17 和表 10-18 确定。

表 10-17　齿坯公差（GB/T 10095.1~2—2008）

齿坯精度等级①		5	6	7	8	9	10
孔	尺寸公差形状公差	IT5		IT6		IT7	IT8
轴	尺寸公差形状公差	IT5		IT6			IT7
齿顶圆直径②		IT7		IT8			IT9

注：① 当各项的精度等级不同时，按最高的精度等级确定公差值。
　　② 当顶圆不作为测量齿厚的基准时，尺寸公差按 IT11 给定，但不大于 0.1m_n。

表 10-18　齿坯基准面径向①跳动和端面跳动公差（GB/T 10095.1~2—2008）

（单位：μm）

分度圆直径/mm	齿轮精度等级					
	5	6	7	8	9	10
$d \leq 125$	11		18		28	
$125 < d \leq 400$	14		22		36	
$400 < d \leq 800$	20		32		50	

注：① 当以顶圆作为基面时，基准面径向圆跳动就指顶圆的径向跳动。

2. 箱体公差的确定

箱体公差是指齿轮箱体支承孔中心线间的中心距极限偏差 f'_a 和平行度公差 $f'_{\Sigma\delta}$、$f'_{\Sigma\beta}$。在生产实践中，通常是以箱体支承孔的中心线代替齿轮副的中心线，用测量箱体孔中心线的中心距和平行度来评定齿轮副的安装精度。但除箱体外，影响齿轮副中心距的大小和齿轮副轴线平行度误差的还有其他零件，如轴承等，因此，箱体孔中心距的极限偏差 f'_a 和轴线平行度公差 $f'_{\Sigma\delta}$、$f'_{\Sigma\beta}$ 的取值应分别比齿轮副的中心距极限偏差 f_a 和轴线平行度公差 $f_{\Sigma\delta}$、$f_{\Sigma\beta}$ 要小。通常可取后者的80%。同时应注意，齿轮副轴线平行度公差是指齿轮齿宽 b 上的，而箱体孔轴线的平行度公差是指箱体支承间距 L 上的。f'_a、$f'_{\Sigma\delta}$ 和 $f'_{\Sigma\beta}$ 可按下式计算：

$$f'_a = 0.8f_a \tag{10-18}$$

$$f'_{\Sigma\delta} = 0.8f_{\Sigma\delta}\frac{L}{b} \tag{10-19}$$

$$f'_{\Sigma\beta} = 0.8f_{\Sigma\beta}\frac{L}{b} \tag{10-20}$$

齿轮副中心距极限偏差 f_a 见表 10-19。

表 10-19　中心距极限偏差 f_a（GB/T 10095.1~2—2008）

第Ⅱ性能组别精度等级	5~6	7~8	9~10
f_a	$\frac{1}{2}$ IT7	$\frac{1}{2}$ IT8	$\frac{1}{2}$ IT9

3. 轮齿齿面及其他表面粗糙度

轮齿主要表面的参数值按表 10-20 和表 10-21 确定。

表 10-20　齿面 Ra 的推荐值（GB／Z 18620.4—2008）　　　　（单位：μm）

模数 m /mm	齿轮精度等级					
	5	6	7	8	9	10
$m <6$	0.50	0.80	1.25	2.00	3.20	5.00
$6 \leqslant m \leqslant 25$	0.63	1.00	1.60	2.50	4.00	6.30
$m >25$	0.80	1.25	2.00	3.20	5.00	8.00

注：当以顶圆作为基准面时，基准面径向圆跳动就指顶圆的径向跳动。

表 10-21　齿坯其他表面的 Ra 推荐值　　　　（单位：μm）

齿轮精度等级	6	7	8	9
基准孔	1.25	1.25 ~ 2.50		5
基准轴颈	0.63	1.25	2.50	
基准端面	2.50 ~ 5		5	
顶圆柱面	5			

● 工作步骤

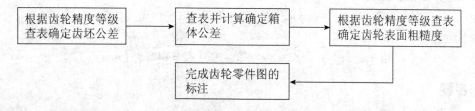

工作评价与反馈

圆柱齿轮的精度指标及设计		任务完成情况		
		全部完成	部分完成	未完成
自我评价	子任务 1			
	子任务 2			
工作成果 （工作成果形式）				
任务完成心得				
任务未完成原因				
本项目教与学存在的问题				

任务 3

圆柱齿轮精度设计实训

● **工作任务**

某直齿圆柱齿轮减速器，其传递的功率为 5 kW，高速轴转速 $n = 1\,420$ r/min，齿轮的模数 $m = 3$ mm，齿形角 $\alpha = 20°$，小齿轮为齿轮轴，材料为 40 Cr，齿数 $z_1 = 20$，齿宽 $b_1 = 60$ mm，大齿轮材料为 45 钢，齿数 $z_2 = 79$。该减速器为小批量生产，试确定小齿轮的精度等级、检验项目及其公差、齿厚偏差（或公法线平均长度偏差）。

● **知识准备**

设齿轮的材料为钢，线膨胀系数 $\alpha_1 = 11.5 \times 10^{-6}$ ℃$^{-1}$；箱体的材料为铸铁，线膨胀系数 $\alpha_2 = 10.5 \times 10^{-6}$ ℃$^{-1}$；齿轮的工作温度 $t_1 = 60$ ℃，箱体的温度 $t_2 = 40$ ℃。

首先由题目条件得

小齿轮分度圆直径为

$$d_1 = mz_1 = 3 \times 20 = 60 \ （\text{mm}）$$

大齿轮分度圆直径为

$$d_2 = mz_2 = 3 \times 79 = 237 \ （\text{mm}）$$

中心距为

$$a = m\,（z_1 + z_2）\,/2 = 3 \times \,（20 + 79）\,/2 = 148.5 \ （\text{mm}）$$

● **工作步骤**

求出以上参数作为基本条件，开始齿轮精度的设计。

1. 确定齿轮精度等级

传递动力的齿轮一般可按其分度圆的圆周速度来确定传递运动平稳性的精度等级。齿轮的圆周速度为

$$v = \pi \cdot d_1 n/(60 \times 10^3) = \frac{3.14 \times 60 \times 1420}{60 \times 1000} = 4.46 \ （\text{m/s}）$$

参考表 10-13，传递运动平稳性的精度等级选用 8 级。因减速器传递动力，其荷载分布均匀性的要求应高一些，参考表 10-13，故选用 7 级。一般减速器对传递运动准确性要求不高，故选用 8 级。

2. 确定各齿轮检验项目及其公差

参考表 10-15，考虑该齿轮为小批量生产，中等精度，中等尺寸，故检验项目如下：传递运动的准确性选用 F_p 和 F_r，传递运动的平稳性选用 f_{Pt} 和 F_α，荷载分布的均匀性选用 F_β。各性能组别检验项目的公差值或极限偏差如下（以小齿轮为研究对象）。

传递运动的准确性：

$$F_P = 0.053 \text{ mm （表 } 10\text{-}6），\qquad F_r = 0.043 \text{ mm （表 } 10\text{-}11）$$

传递运动的平稳性：

$$f_{Pt} = \pm 0.017 \text{ mm （表 } 10\text{-}5），\qquad F_\alpha = 0.022 \text{ mm （表 } 10\text{-}7）$$

荷载分布的均匀性：

$$F_\beta = 0.02 \text{ mm （表 } 10\text{-}8）$$

3. 确定齿厚偏差（或公法线平均长度偏差）

（1）确定最小法向极限侧隙。

按表 10-1，保证正常润滑条件所需的侧隙 j_{n1} 为

$$j_{n1} = 0.01 m_n = 0.01 \times 3 = 0.03 \text{ （mm）}$$

由式（10-2），补偿热变形所需的侧隙 j_{n2} 为

$$j_{n2} = a(\alpha_1 \Delta t_1 - \alpha_2 \Delta t_2) 2 \sin\alpha_n$$

$$= 148.5 \times (11.5 \times 10^{-6} \times 40 - 10.5 \times 10^{-6} \times 20) \times 2 \times \sin 20° = 0.025 \text{ （mm）}$$

由式（10-3）得最小法向极限侧隙为

$$j_{n\min} = j_{n1} + j_{n2} = 0.03 + 0.025 = 0.055 \text{ （mm）}$$

（2）选择齿厚上偏差。

查表 10-2，得

$$f_{Pb1} = 0.018 \text{ mm}, \qquad f_{Pb2} = 0.02 \text{ mm}$$

由式（10-5），得

$$J_n = \sqrt{f_{Pb1}^2 + f_{Pb2}^2 + 2.104 F_\beta^2} = \sqrt{0.018^2 + 0.02^2 + 2.104 \times 0.02^2} = 0.039\,6 \text{ （mm）}$$

查表 10-19 得

$$f_a = \text{IT8}/2 = 0.063/2 = 0.031\,5 \text{ （mm）}$$

则由式（10-6），得

$$E_{sns} = -\left(f_a \tan\alpha_n + \frac{j_{n\min} + J_n}{2\cos\alpha_n} \right)$$

$$= -\left(0.031\,5 \times \tan 20° + \frac{0.055 + 0.039\,6}{2\cos 20°} \right) = -0.062 \text{ （mm）}$$

将计算得到的齿厚上偏差除以 f_{Pt}，得

$$E_{sns}/f_{Pt} = -0.062/0.017 = -3.65$$

查表 10-3 得齿厚上偏差代号为 $F = -4f_{Pt}$。为保证最小极限侧隙要求，取齿厚上偏差代号为 F，即齿厚上偏差为

$$E_{sns} = -4f_{Pt} = -4 \times 0.017 = -0.068 \text{ （mm）}$$

（3）选择齿厚下偏差。

查表 10-4，得

$$b_r = 1.26 \text{IT9} = 1.26 \times 0.074 = 0.093 \text{ （mm）}$$

查表 10-11，得 $F_r = 0.043$ mm，则由式（10-5），齿厚公差为

$$T_{sn} = \sqrt{F_r^2 + b_r^2} \times 2\tan\alpha_n = \sqrt{0.043^2 + 0.093^2} \times 2\tan 20° = 0.075 \text{ （mm）}$$

由式（10-8）得齿厚下偏差为

$$E_{sni} = E_{sns} - T_{sn} = -0.068 - 0.075 = -0.143 \text{ （mm）}$$

将计算得到的齿厚下偏差除以 f_{Pt}，即

$$E_{sni} / f_{Pt} = -0.143/0.017 = -8.41$$

查表 10-3 得齿厚下偏差代号为 J= $-10f_{Pt}$，即齿厚下偏差为

$$E_{sni} = -10f_{Pt} = -10 \times 0.017 = -0.17 \ （mm）$$

在图样上可标注为

$$8 （F_p、F_r、f_{Pt}、F_\alpha）7(F_\beta) \ GB/T \ 10095—2008$$

或

$$8-8-7 \ FJ \ GB/T \ 10095.1 \sim 2—2008$$

（4）确定侧隙评定指标。

生产为中等精度齿轮，则侧隙评定指标选用公法线平均长度极限偏差 E_{Wms}。

由式（10-9）、式（10-11）得公法线平均长度极限偏差如下。

上偏差：

$$E_{Wms} = E_{sns}\cos\alpha - 0.72F_r\sin\alpha = -0.068\cos20° - 0.72 \times 0.043\sin20° = -0.074 \ （mm）$$

下偏差：

$$E_{Wmi} = E_{sni}\cos\alpha + 0.72F_r\sin\alpha = -0.143\cos20° + 0.72 \times 0.043\sin20° = -0.124 \ （mm）$$

由式（10-16）、式（10-15）得跨齿数 k 和公法线长度公称值 W 为

$$k = \frac{1}{9}z + 0.5 = 20 \times \frac{20°}{180°} + 0.5 = 2.7$$

取 $k = 3$。

$$\begin{aligned}
W &= m \left[1.476(2k-1) + 0.014z \right] \\
&= 3 \times \left[1.476 \times (2 \times 3 - 1) + 0.014 \times 20 \right] \\
&= 22.980 \ （mm）
\end{aligned}$$

由此得公法线长度的标注为 $22.980_{-0.124}^{-0.074}$ mm。

4. 确定齿坯精度

齿轮结构由设计时所确定，齿轮副中的两个齿轮一般取相同的等级精度，本例只对小齿轮进行精度设计。本例中小齿轮为齿轮轴，$\phi40$ mm 是安装轴承的轴颈，$\phi49$ mm 的端面为定位面。

齿坯公差：查表 10-17，$\phi40$ mm 轴颈的公差等级一般选择为 IT6；基准端面的径向圆跳动公差为 0.018 mm，但该端面圆跳动公差指的是齿轮分度圆直径处的跳动，故应把它折算到 $\phi50$ mm 的端面上，即 $\phi50$ mm 端面的圆跳动为 $0.018 \times 49/60 = 0.015$ （mm）。

$\phi40$ mm 轴颈与轴承内圈的配合，公差带代号应为 j6，$\phi49$ mm 端面的圆跳动为 0.012 mm。

比较两者，取 $\phi40$ mm 轴颈的公差带代号为 j6，$\phi49$ mm 端面的圆跳动为 0.012 mm。

齿顶圆不作为基准时，按表 10-17 注出，其直径的公差带代号为 h11。

5. 齿轮轮齿表面粗糙度

查表 10-20，齿轮轮齿表面粗糙度 $Ra \leq 2$ μm。具体标注见齿轮工作图。

6. 齿轮工作图及有关参数

齿轮工作图如图 10-28 所示，齿轮有关参数在齿轮工作图的右上角位置列表，如表 10-22 所示。

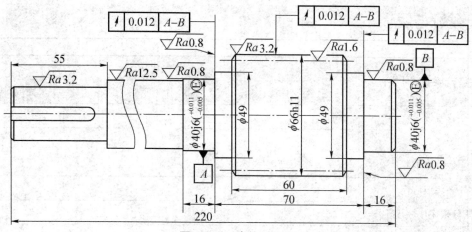

图 10-28　齿轮工作图

表 10-22　齿轮参数表

模数	m	3
齿数	z	20
齿形角	a	20°
齿顶高系数	h_a^*	1
精度等级		$8(f_{Pb}、F_a、F_P、F_r)7(F_\beta)\,\mathrm{GB/T}\ 10095.1\sim2—2008$
中心距及其偏差	$a\pm f_z$	148.5±0.031 5
配对齿轮	z_2	79
单个齿距偏差	$\pm f_{Pt}$	±0.017
齿距累积总偏差	F_P	0.053
齿廓总偏差	F_α	0.022
螺旋线总偏差	F_β	0.020
径向跳动公差	F_r	0.043
公法线及其偏差	W_{kn}	$22.980^{-0.074}_{-0.124}$
	k	3

● **工作步骤**

工作评价与反馈

圆柱齿轮精度设计实训	任务完成情况		
	全部完成	部分完成	未完成
自我评价			
工作成果 （工作成果形式）			
任务完成心得			
任务未完成原因			
本项目教与学存在的问题			

巩固与提高

一、选择题

1. 对于汽车、拖拉机和机床变速箱齿轮，主要的要求是_____；对于读数装置和分度机构的齿轮，主要的要求是_____；对于矿山机械、起重机械中的齿轮，主要的要求是_____。

　　A. 传递运动的准确性　　　　　　　　B. 传动平稳性

　　C. 荷载分布均匀性

2. 单个齿距偏差 f_{Pt} 主要影响齿轮的_____；齿距累积总偏差 F_P 主要影响齿轮的_____；齿廓总偏差 F_α 主要影响齿轮的_____；螺旋线总偏差 F_β 主要影响齿轮的_____。

　　A. 传递运动的准确性　　　　　　　　B. 传动平稳性

　　C. 荷载分布均匀性

3. 国家标准规定单个齿轮同侧齿面的精度等级为_____；径向综合偏差的精度等级为_____；径向跳动的精度等级为_____。

　　A. 1～12　　　　　　　　　　　　　　B. 4～12

　　C. 0～12　　　　　　　　　　　　　　D. 1～13

4. 有一直齿轮，齿数 $z=36$，模数 $m=3.5$ mm，齿宽 $b=40$ mm，齿形角 $\alpha=20°$，其精度标注为 7 GB/T 10095.1—2008，查出单个齿距偏差 f_{Pt}、齿距累积总偏差 F_P、齿廓总偏差 F_α、螺旋线总偏差 F_β 数值正确的一组是_____。

　　A. 13、50、18、21　　　　　　　　　B. 14、50、23、21

　　C. 13、51、18、18　　　　　　　　　D. 14、51、23、18

二、简答题

1. 齿轮传动有哪些使用要求？影响这些使用要求的主要误差是哪些？它们之间有何异同？

2. 对汽车、拖拉机和机床变速箱齿轮，读数装置和分度机构的齿轮，矿山机械、起重机械中的齿轮各有哪些要求？

3. 单个齿距偏差 f_{Pt}、齿距累积总偏差 F_P、齿廓总偏差 F_α、螺旋线总偏差 F_β 对齿轮的主要影响是什么？

4. 选择齿轮精度等级时，应考虑哪些因素？

5. 齿轮新的标准中，没有明确规定检验组，要合理地选择检验方式，应考虑哪些问题？

三、综合实训题

有一减速器用标准渐开线直齿圆柱齿轮，已知：模数 $m=4$ mm，齿形角 $\alpha=20°$，齿数 $z_1=40$，$z_2=80$，齿宽 $b_1=25$ mm，$b_2=20$ mm，转速 $n=960$ r/min。要求传动均匀，生产类型为小批量生产。两齿轮采用同一牌号的钢，线膨胀系数 $\alpha_1=11.5\times10^{-6}$ ℃$^{-1}$；箱体材料为铸铁，线膨胀系数 $\alpha_2=10.5\times10^{-6}$ ℃$^{-1}$。齿轮和箱体的工作温度分别为 70 ℃ 和 50 ℃。试计算确定齿轮副法向最小侧隙、确定齿厚极限偏差代号及计算公法线平均长度极限偏差，并设计这一对齿轮的结构，画出工作图。

光滑极限量规

▶ **项目导学**

　　检验光滑工件尺寸时，可使用通用测量器具，也可使用极限量规。通用测量器具能测量出工件实际尺寸的具体数值，借此可了解产品质量情况，有利于对生产过程进行分析；而光滑极限量规是一种没有刻线的专用量具，它不能测量出工件的实际尺寸，只能判断工件是否合格。光滑极限量规是一种专用量具，其结构简单、使用方便、检验效率高，故在大批量生产中得到广泛应用。

▶ **学习目标**

　　认知目标：理解光滑极限量规的测量原理；了解光滑极限量规的设计过程；掌握光滑极限量规的使用方法；初步掌握光滑极限量规公差带的设计方法。

　　情感目标：针对光滑工件尺寸检测，能根据生产批量的大小合理选择通用测量器具或光滑极限量规，培养学生严谨务实、具备经济成本意识的职业素养。

　　技能目标：能够根据实际情况正确选用光滑极限量规；能够正确使用光滑极限量规检测工件；能够设计简单的光滑极限量规。

TASK 任务 1

认识光滑极限量规

情境导入

　　某工厂生产了一批零件，需要检测其尺寸是否合格，检验员应该选用通用测量器具还是光滑极限量规呢？如果工件是大批量生产，选用光滑极限量规检测其尺寸的经济性会更好些。那么如何选用合适的光滑极限量规呢？本任务将详细介绍这部分内容。

任务要求

理解光滑极限量规的测量原理；了解光滑极限量规的结构和设计原则；会选用合适的量规。

子任务 1 了解光滑极限量规

● **工作任务**

检测大批量光滑孔轴尺寸时，用专用光滑极限量规经济性会更好些，了解什么是光滑极限量规，它又是如何分类的。

● **知识准备**

1. 光滑极限量规的功用

光滑极限量规包括塞规和环规（图 11-1），塞规和环规又分为通规和止规，且它们成对使用。塞规是指用于孔径检验的光滑极限量规，其测量面为外圆柱面，其中圆柱直径具有被检测孔径下极限尺寸的为孔用通规，具有被检测孔径上极限尺寸的为孔用止规，如图 11-2 所示；环规是指用于轴径检验的光滑极限量规，其测量面为内圆环面，其中圆环面具有被测轴径上极限尺寸的为轴用通规，具有被测轴径下极限尺寸的为轴用止规，如图 11-3 所示。

光滑极限量规的代号、使用规则如表 11-1 所示。

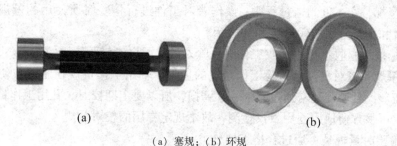

(a)　　　　　　　　　　　(b)

（a）塞规；（b）环规

图 11-1 光滑极限量规

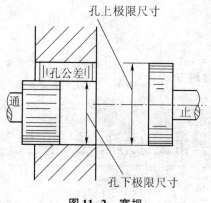

图 11-2 塞规

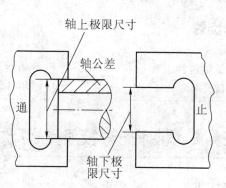

图 11-3 环规

表11-1　光滑极限量规的代号及使用规则

名称	代号	使用规则
通端工作环规	T	通端工作环规应通过轴的全长
"校通—通"塞规	TT	"校通—通"塞规的整个长度都应进入新制造的通端工作环规孔内，而且应在孔的全长上进行检验
"校通—损"塞规	TS	"校通—损"塞规不应进入完全磨损的校对工作环规孔内，如有可能，应在孔的两端进行检验
止端工作环规	Z	沿着和环绕不少于四个位置上进行检验
"校止—通"塞规	ZT	"校止—通"塞规的整个长度都应进入新制造的通端工作环规孔内，而且应在孔的全长上进行检验
通端工作塞规	T	通端工作塞规的整个长度都应进入孔内，而且应在孔的全长上进行检验
止端工作塞规	Z	止端工作塞规不能通过孔内，如有可能，应在孔的两端进行检验

2. 光滑极限量规的分类

（1）按被检验工件分类。

光滑极限量规按被检验工件分为轴用量规（环规或卡规）和孔用量规（塞规）。

（2）按用途分类。

光滑极限量规按用途分为工作量规、验收量规和校对量规。

① 工作量规。在工件制造过程中，操作者对工件进行检验时所使用的量规称为工作量规，它的通规和止规分别用代号 T 和 Z 表示。

② 验收量规。验收量规是验收工件时检验人员或用户代表所使用的量规。

③ 校对量规。校对量规是检验工作量规的量规。轴用工作量规在制造或使用过程中常会发生碰撞变形，且通规经常通过零件，易磨损，所以要定期校对。孔用工作量规虽也需定期校对，但它可很方便地用通用量仪检测，故不规定专用的校对量规。

（3）按检验时量规是否通过合格工件分类。

光滑极限量规按检验时量规是否通过合格工件分为通规（检验时量规通过工件）和止规（检验时量规不通过工件）。

● **工作步骤**

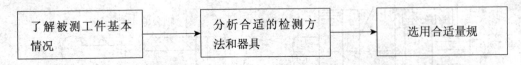

● 了解被测工件基本情况 → 分析合适的检测方法和器具 → 选用合适量规

子任务2　掌握光滑极限量规尺寸公差带设计方法

● **工作任务**

量规是专用检测器具，需要针对被检测零件尺寸专门设计，这样我们就需要设计和计算光滑极限量规的尺寸公差带，掌握如何计算量规的极限尺寸。

● 知识准备

1. 量规制造公差

量规的制造精度比工件高得多，但量规在制造过程中，不可避免地会产生误差，因而规范对量规规定了制造公差。通规在检验零件时，要经常通过被检验零件，其工作表面会逐渐磨损以致报废。为了使通规有一个合理的使用寿命，还必须留有适当的磨损量。因此，通规公差由制造公差（T）和磨损公差两部分组成。止规由于不经常通过零件，磨损极少，所以只规定了制造公差。量规设计时，以被检验零件的极限尺寸作为量规的公称尺寸。光滑极限量规公差带如图 11-4 所示，标准规定量规的公差带不得超越工件的公差带。

通规尺寸公差带的中心到工件最大实体尺寸之间的距离 Z（称为公差带位置要素）体现了通规的平均使用寿命。通规在使用过程中会逐渐磨损，所以在设计时应留出适当的磨损储量，其允许磨损量以工件的最大实体尺寸为极限；止规的制造公差带是从工件的最小实体尺寸算起，分布在尺寸公差带之内。

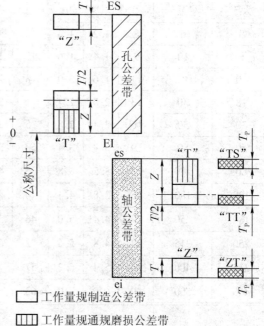

　　□ 工作量规制造公差带
　　▥ 工作量规通规磨损公差带
　　▨ 校对量规制造公差带

图 11-4　量规公差带分布

制造公差 T 和通规公差带位置要素 Z 是综合考虑了量规的制造工艺水平和一定的使用寿命，按工件的公称尺寸、公差等级给出的。由图 11-4 可知，量规公差 T 和位置要素 Z 的数值大，对工件的加工不利，但 T 值小则量规制造困难，Z 值小则量规使用寿命短。因此根据我国目前量规制造的工艺水平，合理规定了量规公差，具体数值见表 11-2。

国家标准规定的工作量规的形状和位置误差，应在工作量规制造公差范围内，其几何公差为量规尺寸公差的 50%，考虑到制造和测量的困难，当量规制造公差 ≤ 0.002 mm 时，其形状位置公差为 0.001 mm。

表 11-2　IT6 ~ IT16 级工作量规制造公差和位置要素值

工件孔或轴的公称尺寸/mm		工件孔或轴的公差等级											
		IT6			IT7			IT8			IT9		
		公差值	T	Z	公差值	T	Z	公差值	T	Z	公差值	T	Z
大于	至	μm											
—	3	6	1.0	1.0	10	1.2	1.6	14	1.6	2.0	25	2.0	3.0

工件孔或轴的 公称尺寸/mm		工件孔或轴的公差等级											
		IT6			IT7			IT8			IT9		
		公差值	T	Z	公差值	T	Z	公差值	T	Z	公差值	T	Z
大于	至						μm						
3	6	8	1.2	1.4	12	1.4	2.0	18	2.0	2.6	60	2.4	4.0
6	10	9	1.4	1.6	15	1.8	2.4	22	2.4	3.2	36	2.8	5.0
10	18	11	1.6	2.0	18	2.0	2.8	27	2.8	4.0	43	3.4	6.0
18	30	13	2.0	2.4	21	2.4	3.4	33	3.4	5.0	52	4.0	7.0
30	50	16	2.4	2.8	25	3.0	4.0	39	4.0	6.0	62	5.0	8.0
50	80	19	2.8	3.4	60	3.6	4.6	46	4.6	7.0	74	6.0	9.0
80	120	22	3.2	3.8	35	4.2	5.4	54	5.4	8.0	87	7.0	10.0
120	180	25	3.8	4.4	40	4.8	6.0	63	6.0	9.0	100	8.0	12.0
180	250	29	4.4	5.0	46	5.4	7.0	72	7.0	10.0	115	9.0	14.0
250	315	32	4.8	5.6	52	6.0	8.0	81	8.0	11.0	130	10.0	16.0
315	400	36	5.4	6.2	57	7.0	9.0	89	9.0	12.0	140	11.0	18.0
400	500	40	6.0	7.0	63	8.0	10.0	97	10.0	14.0	155	12.0	20.0

工件孔或轴的 公称尺寸/mm		工件孔或轴的公差等级											
		IT10			IT11			IT12			IT13		
		公差值	T	Z	公差值	T	Z	公差值	T	Z	公差值	T	Z
大于	至						μm						
—	3	40	2.4	4	60	3	6	100	4	9	140	6	14
3	6	48	3	5	75	4	8	120	5	11	180	7	16
6	10	58	3.6	6	90	5	9	150	6	13	220	8	20
10	18	70	4	8	110	6	11	180	7	15	270	10	24
18	30	84	5	9	130	7	13	210	8	18	330	12	28
30	50	100	6	11	160	8	16	250	10	22	390	14	34
50	80	120	7	13	190	9	19	300	12	26	460	16	40
80	120	140	8	15	220	10	22	350	14	30	540	20	46
120	180	160	9	18	250	12	25	400	16	35	630	22	52
180	250	185	10	20	290	14	29	460	18	40	720	26	60
250	315	320	12	22	320	16	32	520	20	45	810	28	66
315	400	230	14	25	360	18	36	570	22	50	890	32	74
400	500	250	16	28	400	20	40	630	24	55	970	36	80

工件孔或轴的 公称尺寸/mm		工件孔或轴的公差等级								
		IT14			IT15			IT16		
		公差值	T	Z	公差值	T	Z	公差值	T	Z
大于	至	μm								
—	3	250	9	20	400	14	30	600	20	40
3	6	300	11	25	480	16	35	750	25	50
6	10	360	13	30	580	20	40	900	30	60
10	18	430	15	35	700	24	50	1100	35	75
18	30	520	18	40	840	28	60	1300	40	90
30	50	620	22	50	1000	34	75	1600	50	110
50	80	740	26	60	1200	40	90	1900	60	130
80	120	870	30	70	1400	46	100	2200	70	150
120	180	1000	35	80	1600	52	120	2500	80	180
180	250	1150	40	90	1850	60	130	2900	90	200
250	315	1300	45	100	2100	66	150	3200	100	220
315	400	1400	50	110	2300	74	170	3600	110	250
400	500	1550	55	120	2500	80	190	4000	120	280

2. 量规极限偏差的计算

量规极限偏差的计算步骤如下：首先，确定工件的公称尺寸及极限偏差；其次，根据工件的公称尺寸及极限偏差确定工作量规的制造公差 T 和位置要素值 Z；最后，计算工作量规的极限偏差，如表 11-3 所示。

表 11-3　工作量规极限偏差的计算

偏　　差	检验孔的量规	检验轴的量规
通端上偏差	$T_s = EI + Z + \dfrac{T}{2}$	$T_{sd} = es - Z + \dfrac{T}{2}$
通端下偏差	$T_i = EI + Z - \dfrac{T}{2}$	$T_{id} = es - Z - \dfrac{T}{2}$
止端上偏差	$Z_s = ES$	$Z_{sd} = ei + T$
止端下偏差	$Z_i = ES - T$	$Z_{id} = ei$

3. 验收量规的公差带

光滑极限量规国家标准没有单独规定验收量规的公差带，但规定了检验部门应使用磨损较多的通规，用户代表应使用接近工件最大实体尺寸的通规，以及接近工件最小实体尺寸的止规。

4. 校对量规的公差带

校对量规的尺寸公差带完全位于被校对量规的制造公差和磨损极限内:尺寸公差等于被校对量规尺寸公差的一半,形状误差应控制在其尺寸公差带内。

① 校通—通 (代号 TT):用在轴用通规制造时,其作用是防止通规尺寸小于其下极限尺寸,故其公差带是从通规的下偏差起向轴用通规公差带内分布。

② 校止—通 (代号 ZT):用在轴用止规制造时,其作用是防止止规尺寸小于其下极限尺寸,故其公差带是从止规的下偏差起向轴用止规公差带内分布。

③ 校通—损 (代号 TS):用于检验使用中的轴用通规是否磨损,其作用是防止通规在使用中超过磨损极限尺寸,故其公差带是从通规的磨损极限起向轴用通规公差带内分布。

● **工作步骤**

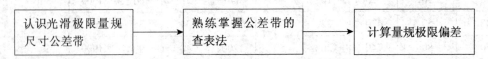

工作评价与反馈

认识光滑极限量规		任务完成情况		
		全部完成	部分完成	未完成
自我评价	子任务 1			
	子任务 2			
工作成果 (工作成果形式)				
任务完成心得				
任务未完成原因				
本项目教与学存在的问题				

T ASK
任务 2

圆柱齿轮精度指标及设计

【情境导入】

某工厂新近接到一批订单,大批量生产某零件,每个零件上都有多个尺寸和精度要求相同孔,小王是质检员,根据批量生产,选择专用塞规检查最为经济,但是手头并没有塞规,那么就必须针对检测尺寸专门设计塞规。

任务要求

由于光滑极限量规是专用检测器具，要根据被测零件专门设计，所以就要求我们能独立设计光滑极限量规。

子任务 1　光滑极限量规的设计原则

● **工作任务**

了解光滑极限量规的设计原则是什么，量规都有哪些形式和规格。

● **知识准备**

量规的设计原则是极限尺寸判断原则（泰勒原则）。泰勒原则是指遵守包容要求的单一尺寸要素（孔或轴）的实际尺寸和形状误差综合形成的体外作用尺寸不允许超过最大实体尺寸，在孔或轴的任何位置上的实际尺寸不允许超过最小实体尺寸。对于通规，其测量面应具有与孔或轴相应的完整表面（通常称为全形量规），其尺寸等于被检工件的最大实体尺寸，且长度等于配合长度，通规域工件的接触是面接触，它是控制工件的作用尺寸。对于止规，其测量面应是点状的，两点测量面之间的尺寸等于被检工件的最小实体尺寸。止规与工件的接触是点接触，它是控制工件的局部实体尺寸。

可以看出，泰勒原则的内容与几何公差中介绍的包容原则的要求是一致的，只不过包容原则是从设计的角度讲的，而泰勒原则是从检验的角度讲的。

1. 量规尺寸要求

通规的公称尺寸应等于工件的最大实体尺寸（MMS）；止规的公称尺寸应等于工件的最小实体尺寸（LMS）。

2. 量规的形状要求

泰勒原则规定，光滑极限量规的通规测量面应该是全形（轴向剖面为整圆），且长度与零件长度相同，用于控制工件的作用尺寸。止规测量面应该是点状的，测量面的长度则应短些，用于控制工件的实际尺寸。通规和止规的形状对检验的影响分别如图 11-5 和图 11-6 所示。

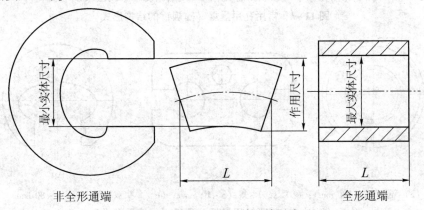

非全形通端　　　　　　　　　　　　　全形通端

图 11-5　通规形状对检验的影响

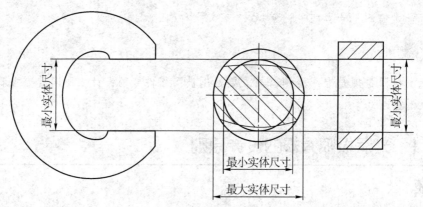

图 11-6　止规形状对检验的影响

3. 量规的形式与结构

量规按用途分为孔用量规和轴用量规两大类，即塞规和环规，图 11-7 和图 11-8 分别为常用塞规和环规的形式。

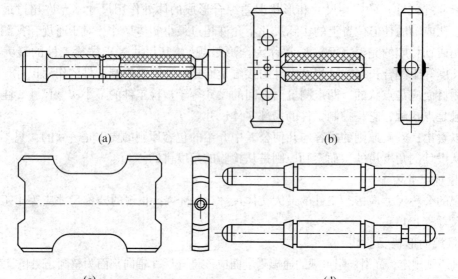

(a)　　　　　　　　　　　　(b)

(c)　　　　　　　　　　　　(d)

(a) 锥柄双头圆柱塞规 (1~50 mm)；(b) 单头不全形塞规 (80~180 mm)；

(c) 片形双头塞规 (18~315 mm)；(d) 球端杆双头塞规 (315~500 mm)

图 11-7　常用孔用量规 (塞规) 的结构形式

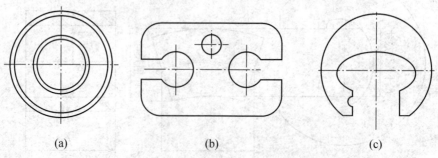

(a)　　　　　　　(b)　　　　　　　(c)

(a) 环规 (1~100 mm)；(b) 双头卡规 (3~10 mm)；(c) 单头双极限卡规 (1~80 mm)

图 11-8　常用轴用量规 (环规) 的结构形式

　　泰勒原则是设计极限量规的依据，用这种极限量规检验零件，基本可以保证零件公差与配合要求。但是，在极限量规的实际应用中，由于量规制造和使用方面的原因，要求量规形状完全符合泰勒原则是有困难的。因此国家标准规定，允许在被测零件的形状误差不影响配合性质的条件下，使用偏离泰勒原则的量规。工作量规的形式和应用尺寸范围如图 11-9 和表 11-4 所示。

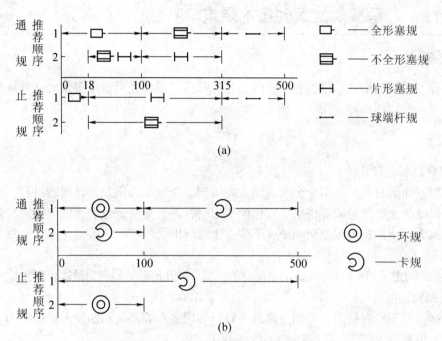

（a）孔用量规形式和应用尺寸范围；（b）轴用量规形式和应用尺寸范围

图 11-9　工作量规的形式和应用尺寸范围

表 11-4　工作量规的形式和应用尺寸范围

用　　途	推荐顺序	量规工作尺寸/mm			
		≤18	18 ~ 100	100 ~ 315	315 ~ 500
孔用通端量规形式	1	全形塞规		不全形塞规	球端杆规
	2	—	不全形塞规 或片形塞规	片形塞规	—
孔用止端量规形式	1	全形塞规	全形或片形塞规		球端杆规
	2	—	不全形塞规		—
轴用通端量规形式	1	环规		卡规	
	2	卡规			
轴用止端量规形式	1	卡规			
	2	环规	—		

● **工作步骤**

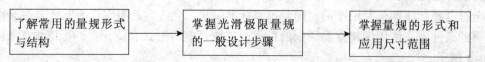

子任务2　了解量规的其他技术要求

● **工作任务**

了解除了量规的形式、结构和公差带，还有哪些是设计光滑极限量规时必须注意的；量规所用材质、形位误差和表面粗糙度等有哪些要求。

● **知识准备**

1. 量规材料及硬度

量规测量面的材料，可用合金工具钢、渗碳钢、碳素工具钢及其他耐磨材料，或在测量表面镀以厚度大于磨损量的镀铬层、氮化层等耐磨材料。量规测量表面的硬度对量规使用寿命的影响很大，钢制量规测量面的硬度不应小于60 HRC。

2. 几何公差

国家标准规定了 IT6 ~ IT12 工件的量规公差。量规的几何公差一般为量规制造公差的50%。

3. 表面粗糙度

量规测量面不应有锈迹、毛刺、黑斑、划痕等明显影响外观和使用质量的缺陷。量规测量面的表面粗糙度 Ra 值不应大于表 11-5 的规定。

表 11-5　量规测量表面粗糙度

工作量规	工作量规的公称尺寸/mm		
	≤120	120 ~ 315	315 ~ 500
	Ra 最大允许值/μm		
IT6 级孔用量规	0.05	0.10	0.20
IT7 ~ IT9 级孔用工作量规	0.10	0.20	0.40
IT10 ~ IT12 级孔用工作量规	0.20	0.40	0.80
IT13 ~ IT16 级孔用工作量规	0.40	0.80	
IT6 ~ IT9 级轴用工作量规	0.10	0.20	0.40
IT10 ~ IT12 级轴用工作量规	0.20	0.40	0.80
IT13 ~ IT16 级轴用工作量规	0.40	0.80	

4. 量规工作尺寸的计算

光滑极限量规工作尺寸计算的一般步骤如下：

① 查出被检验工件的极限偏差；

② 查出工作量规的制造公差 T 和位置要素 Z 值，并确定量规的几何公差；

③ 画出工件和量规的公差带图；

④ 计算量规的极限偏差；

⑤ 计算量规的极限尺寸以及磨损极限尺寸；

⑥ 按量规的常用形式绘制并标注量规图样。

例 11-1 设计检验 $\phi25$H8/f7 孔、轴用工作量规。

解 （1）确定被测孔、轴的极限偏差。

查极限与配合标准：

$\phi25$H8 孔的上偏差 ES = +0.033 mm，下偏差 EI = 0；

$\phi25$f7 轴的上偏差 es = -0.02 mm，下偏差 ei = -0.041 mm。

（2）选择量规的结构形式分别为锥柄双头圆柱塞规和单头双极限圆形片状卡规。

（3）确定工作量规制造公差 T 和位置要素 Z，由表 11-2 查得

塞规：$T = 0.003\ 4$ mm，$Z = 0.005$ mm；

卡规：$T = 0.002\ 4$ mm，$Z = 0.003\ 4$ mm。

（4）计算工作量规的极限偏差。

① $\phi25$H8 孔用塞规。

通规：

$$上偏差 = EI + Z + \frac{T}{2} = 0 + 0.005 + \frac{0.003\ 4}{2} = +0.006\ 7 \text{（mm）}$$

$$下偏差 = EI + Z - \frac{T}{2} = 0 + 0.005 - \frac{0.003\ 4}{2} = +0.003\ 3 \text{（mm）}$$

磨损极限 EI = 0。

所以塞规通端尺寸为 $\phi25^{+0.006\ 7}_{+0.003\ 3}$ mm，磨损极限尺寸为 $\phi25$ mm。

止规：

$$上偏差 = ES = +0.033 \text{ mm}$$

$$下偏差 = ES - T = +0.033 - 0.003\ 4 = 0.029\ 6 \text{（mm）}$$

所以塞规止端尺寸为 $\phi25^{+0.033}_{+0.029\ 6}$ mm。

② $\phi25$f7 轴用卡规。

通规：

$$上偏差 = es - Z + \frac{T}{2} = -0.02 - 0.003\ 4 + \frac{0.002\ 4}{2} = -0.022\ 2 \text{（mm）}$$

$$下偏差 = es - Z - \frac{T}{2} = -0.02 - 0.003\ 4 - \frac{0.002\ 4}{2} = -0.024\ 6 \text{（mm）}$$

$$磨损极限 = es = -0.02 \text{ mm}$$

所以卡规通端尺寸为 $\phi25^{-0.022\ 2}_{-0.024\ 6}$ mm，磨损极限尺寸为 $\phi29.980$ mm。

止规：

$$上偏差 = ei + T = -0.041 + 0.002\ 4 = -0.038\ 6 \text{（mm）}$$

$$下偏差 = ei = -0.041 \text{ mm}$$

所以卡规止端尺寸为 $\phi25^{-0.038\ 6}_{-0.041}$ mm。

（5）绘制工作量规的工作图，并标注几何精度等方面的技术要求。$\phi25$H8 的塞规和 $\phi25$f7 的卡规工作图分别如图 11-10 和图 11-11 所示。

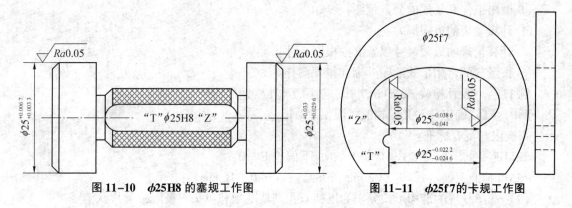

图 11-10 ϕ25H8 的塞规工作图   图 11-11 ϕ25f7的卡规工作图

● **工作步骤**

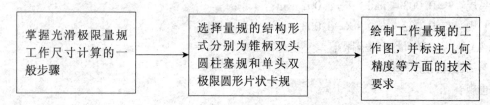

掌握光滑极限量规工作尺寸计算的一般步骤 → 选择量规的结构形式分别为锥柄双头圆柱塞规和单头双极限圆形片状卡规 → 绘制工作量规的工作图，并标注几何精度等方面的技术要求

工作评价与反馈

圆柱齿轮精度指标及设计		任务完成情况		
		全部完成	部分完成	未完成
自我评价	子任务 1			
	子任务 2			
工作成果 （工作成果形式）				
任务完成心得				
任务未完成原因				
本项目教与学存在的问题				

巩固与提高

一、选择题

1. 光滑极限量规是检验孔、轴的尺寸公差和形状公差之间的关系采用_____的零件。
   A. 独立原则　　B. 相关原则　　C. 最大实体原则　　D. 包容原则
2. 光滑极限量规通规的设计尺寸应为工件的_____。
   A. 上极限尺寸　　　　　　　B. 下极限尺寸
   C. 最大实体尺寸　　　　　　D. 最小实体尺寸

3. 为了延长量规的使用寿命，国家标准除规定量规的制造公差外，还对_____规定了磨损公差。

　　A. 工作量规　　　　　　　　　B. 验收量规

　　C. 校对量规　　　　　　　　　D. 止规

　　E. 通规

4. 用符合光滑极限量规标准的量规检验工件时，如有争议，使用的通规尺寸应接近_____。

　　A. 工件的上极限尺寸　　　　　B. 工件的下极限尺寸

　　C. 工件的最小实体尺寸　　　　D. 工件的最大实体尺寸

5. 用符合光滑极限量规标准的量规检验工件时，如有争议，使用的止规尺寸应接近_____。

　　A. 工件的下极限尺寸　　　　　B. 工件的上极限尺寸

　　C. 工件的最大实体尺寸　　　　D. 工件的最小实体尺寸

二、判断题

1. 光滑量规止规的公称尺寸等于工件的上极限尺寸。　　　　　　　　（　　　）

2. 通规公差由制造公差和磨损公差两部分组成。　　　　　　　　　　（　　　）

3. 光滑极限量规是一种没有刻线的专用量具，不能确定工件的实际尺寸。（　　　）

4. 止规和通规都需规定磨损公差。　　　　　　　　　　　　　　　　（　　　）

5. 通规、止规都制造成全形塞规，容易判断零件的合格性。　　　　　（　　　）

三、简答题

1. 什么是验收极限？什么是安全裕度？如何确定验收极限和安全裕度 A 值？

2. 什么是塞规？什么是环规？各有何功用？

3. 用光滑极限量规检验工件时，通规和止规分别用来检验什么尺寸？被检测工件的合格条件是什么？

4. 光滑极限量规是如何分类的？

5. 光滑极限量规的通规和止规及其校对量规的尺寸公差带是如何设置的？

四、综合实训题

试计算 $\phi 45H7$ 孔的工作量规和 $\phi 45k6$ 轴的工作量规工作部分的极限尺寸，并画出孔、轴工作量规的尺寸公差带图。

参考文献

[1] 刘越. 公差配合与测量技术 [M]. 2版. 北京: 化学工业出版社, 2011.

[2] 郭连湘, 黄小平. 机械零件加工质量检测 [M]. 北京: 高等教育出版社, 2012.

[3] 王伯平. 互换性与测量技术基础 [M]. 4版. 北京: 机械工业出版社, 2013.

[4] 徐茂功. 公差配合与技术测量 [M]. 4版. 北京: 机械工业出版社, 2017.

[5] 韩进宏. 互换性与技术测量 [M]. 2版. 北京: 机械工业出版社, 2017.

[6] 齐新丹. 互换性与测量技术 [M]. 3版. 北京: 中国电力出版社, 2018.

[7] 朱超, 段玲, 胡照海. 互换性与零件几何量检测 [M]. 北京: 清华大学出版社, 2009.

[8] 甘永立. 几何量公差与检测 [M]. 10版. 上海: 上海科学技术出版社, 2013.